新文京開發出版股份有限公司

NEW WCDP 新世紀．新視野．新文京 — 精選教科書．考試用書．專業參考書

第 9 版

化學性

作業環境監測

含甲、乙級技能檢定
學科試題

陳淨修 
編著

Chemical
Workplace Environment Monitoring

9th Edition

九版序 PREFACE

化學性因子作業環境監測是施行職業衛生管理的一個必要步驟。亦即沒有實施化學性因子作業環境監測，事業單位就無法擬定適切的衛生管理策略，保護勞工健康。因此，作業環測人員是目前就業市場的搶手貨。化學性因子作業環境監測及其實驗是職業安全衛生系所有同學必修的兩門科目，其重要性不可言喻。此外，化學性因子作業環境監測更是化學性因子作業環境監測甲、乙級技術士證照及高考專技工礦衛生技師證照的必考科目，每年皆吸引相當多的同學報考，但多數是屢戰屢敗導致望之生畏，其實只是不知準備方向及欠缺練習之故，而坊間亦少有化學性因子作業環境監測教科書可資參考。有鑑於此，本人乃就教授化學性因子作業環境監測之經驗心得，並考量同學報考工礦衛生技師之需要，收集資料加以整理成本書，盼能使化學性作業環境監測的理論與實務兼備，協助同學一窺化測之堂奧，並能成為箇中高手。

本書內容共計七章：第一章摘列化學性作業環境監測相關法規以為基礎；第二章介紹化學性因子作業環境監測之規劃及容許濃度之觀念；第三章說明採樣前之準備及所需之採樣設備、組合及如何校正流率；第四、五章則針對氣態污染物、粒狀物如何實施現場採樣及結果評估作說明；第六章簡介標準分析參考方法及所需儀器設備、原理以了解樣品應如何分析；第七章則針對各類直讀式儀器加以介紹，尤其是檢知管之原理及操作。此外，每一章末皆附有歷屆高考專技及甲級衛生管理師證照的考古題，以增加同學學習應用與廣度。本次改版新增近 3 年化測甲、乙級證照學科試題及解析供為練習之用。相信本書在手，勝券在握，職安之路將無限寬闊。

本書為配合教學之用，匆促付梓，疏漏之處，在所難免，期望諸賢達先進不吝指正是幸。

陳淨修 謹識

於嘉南藥理大學職安系

目錄 CONTENTS

CHAPTER 01 勞工作業環境監測相關法規 1

1.1 前　言 2
1.2 職業安全衛生法 2
1.3 勞工作業環境監測實施辦法 8
1.4 有機溶劑中毒預防規則 13
1.5 特定化學物質危害預防標準 18
1.6 勞工健康保護規則 21
1.7 危害性化學品評估及分級管理辦法 26
習　題 27

CHAPTER 02 化學性危害因子與作業環境監測 31

2.1 化學性危害因子概論 32
2.2 作業環境監測的意義 42
2.3 作業環境監測計畫 43
2.4 容許濃度之認識與運用 47
2.5 現行法定容許暴露標準 48
2.6 生物偵測 58
習　題 62

CHAPTER 03 採樣技術 67

3.1 採樣目的 68
3.2 採樣前初步調查 68
3.3 採樣規劃 69
3.4 採樣準備 75
3.5 流率校準 76
習　題 101

CHAPTER 04 氣狀有害物之採樣 103

4.1 前　言 104
4.2 影響捕集效率之因素 104
4.3 採樣技術 105
4.4 目前常用之採樣系列組合 113
4.5 空白樣品 114
4.6 作業環境空氣中有害物濃度之估算 115
4.7 採樣實務 123
4.8 監測實施問題研討 126
習　題 127

CHAPTER 05 粒狀物之採樣分析 129

5.1 捕集方法概要 130
5.2 監測方法之種類 130
5.3 粒狀物之特性 131
5.4 粒狀污染物的捕集原理 134
5.5 粒狀污染物的採樣方法 139
5.6 採氣體積、流率之決定及樣品之保存、運送 149
5.7 採樣實務 159
5.8 監測實務問題研討 159
習　題 160

CHAPTER 06 儀器分析 163

6.1 標準分析參考方法 164
6.2 採樣方法 171
6.3 儀器分析原理及功能 172

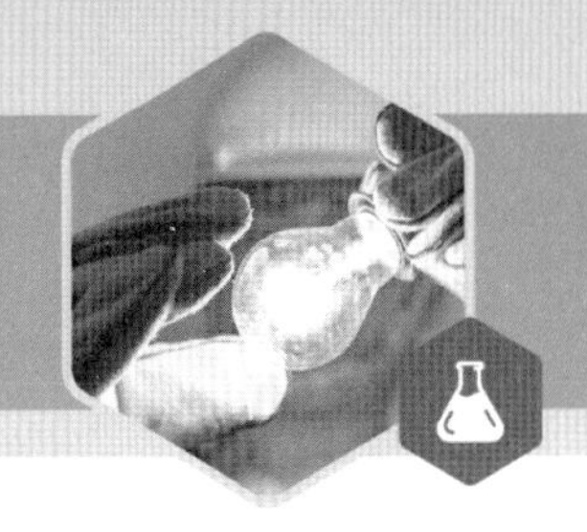

6.4 氣相層析儀 173
6.5 高效率液相層析儀 177
6.6 離子層析儀 179
6.7 原子吸收光譜儀 181
6.8 分光光度儀 186
6.9 紫外光－可見光光譜儀 189
6.10 紅外光光譜儀 191
6.11 X-光繞射分析 192
6.12 位相差顯微鏡 194
習 題 195

CHAPTER 07 直讀式儀器 199

7.1 概 說 200
7.2 檢知管法 201
7.3 可燃性氣體與蒸氣監測器 207
7.4 氧氣監測器 209
7.5 一氧化碳監測器 210
習 題 211

APPENDIX 附 錄

附錄一 模擬選擇題 213
附錄二 108 年 3 月甲級技能檢定學科測試試題 217
附錄三 108 年 11 月甲級技能檢定學科測試試題 225
附錄四 108 年 3 月乙級技能檢定學科測試試題 234
附錄五 109 年 3 月甲級技能檢定學科測試試題 242
附錄六 109 年 11 月甲級技能檢定學科測試試題 251
附錄七 109 年 3 月乙級技能檢定學科測試試題 260
附錄八 110 年 3 月甲級技術士技能檢定學科 測試試題 268
附錄九 110 年 3 月乙級技能檢定學科測試試題 276
附錄十 111 年 3 月甲級技術士技能檢定學科 測試試題 284
附錄十一 111 年 3 月乙級技術士技能檢定學科 測試試題 292
附錄十二 112 年 3 月甲級技術士技能檢定學科 測試試題 300
附錄十三 112 年 3 月乙級技術士技能檢定學科 測試試題 308

REFERENCES 參考文獻 316

CHEMICAL
WORKPLACE ENVIRONMENT MONITORING

勞工作業環境監測相關法規

01
CHAPTER

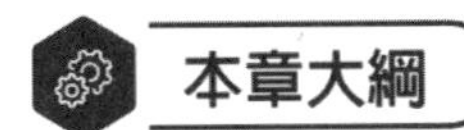

1.1 前　言
1.2 職業安全衛生法
1.3 勞工作業環境監測實施辦法
1.4 有機溶劑中毒預防規則
1.5 特定化學物質危害預防標準
1.6 勞工健康保護規則
1.7 危害性化學品評估及分級管理辦法
習　題

1.1 前 言

職業安全衛生法之目的在保障工作者作業之安全與健康，避免職業災害之發生，因此有關職業安全與健康之保護事項均在職業安全衛生法及其附屬法規中有詳盡的規範，而作業環境監測之實施僅為其中工作之一環。惟實施勞工作業環境監測之前，應先認知危害因子是否存在，才能決定使用何種設備或裝置來實施監測，再依監測結果加以評估是否需進一步採取必要之措施，增加必要之設備以達實施勞工作業環境監測之積極目的。因此，勞工作業環境監測相關法規相當多，茲就較為相關之法規扼要說明如下：

1.2 職業安全衛生法

本法適用所有行業。茲就雇主及工作者之責任分述如下：

1.2.1 職業安全衛生法上雇主之責任

1. 雇主應有預防就業場所發生職業災害及防止勞工遭受危害之必要安全衛生設備或措施。
   (1) 雇主：謂事業主或事業之經營負責人。
   (2) 勞工：謂受僱從事工作獲致工資者。
   (3) 就業場所：指於勞動契約存續中，由雇主所提示，使勞工履行契約提供勞務之場所。
   (4) 職業災害：謂因勞動場所之建築物、機械、設備、原料、材料、化學物品、氣體、蒸氣、粉塵等或作業活動及其他職業上原因引起之工作者疾病、傷害、失能或死亡。
2. 不得設置不符中央主管機關所定防護標準之機械、器具，供勞工使用。
   應有防護標準之機械、器具包括：
   (1) 動力衝剪機械。
   (2) 手推刨床。
   (3) 木材加工用圓盤鋸。
   (4) 動力堆高機。
   (5) 研磨機。
   (6) 研磨輪。

(7) 防爆電氣設備。

(8) 動力衝剪機械之光電式安全裝置。

(9) 手推刨床之刃部接觸預防裝置。

(10) 木材加工用圓盤鋸之反撥預防裝置及鋸齒接觸預防裝置。

(11) 其他經中央主管機關指定公告者。

3. 指定之作業場所應依規定實施作業環境監測，對危害性化學品應予標示，並註明必要之安全衛生注意事項。

(1) 作業場所：指工作場所中，從事特定工作目的之場所。

(2) 工作場所：指勞動場所中，接受雇主或代理雇主指示處理勞工事務之人所能支配、管理之場所。

(3) 應有標示之危險物：指爆炸性物質、著火性物質（易燃固體、自燃物質、禁水性物質）、氧化性物質、引火性液體、可燃性氣體及其他之物質，經中央主管機關指定者。

(4) 應有標示之有害物：指通識規則附表一所列舉者，符合國家標準 15030 化學品分類及標示系列具有物理性危害或健康危害之化學品。

(5) 主管機關：在中央為勞動部；在直轄市為直轄市政府；在縣（市）為縣（市）政府。

(6) 應實施作業環境監測之作業場所。

A. 設置中央管理方式之空氣調節設備之建築物室內作業場所。

B. 坑內作業場所。

C. 顯著發生噪音之作業場所。

D. 下列場所經中央主管機關指定者：

a. 高溫作業場所。

b. 粉塵作業場所。

c. 鉛作業場所。

d. 四烷基鉛作業場所。

e. 有機溶劑作業場所。

f. 特定化學物質作業場所。

(7) 危害性化學品應標示事項：

A. 圖式。

B. 內容。

a. 名稱。

b. 危害成分。

c. 警示語。

d. 危害警告訊息。

e. 危害防範措施。

f. 製造商或供應商之名稱、地址及電話。

有關作業環境監測及危害性化學品之標示，已分別訂頒有「勞工作業環境監測實施辦法」暨「危害性化學品標示及通識規則」以資遵循。

4. 具有危險性之機械或設備，非經檢查機構或中央主管機關指定之代行檢查機構檢查合格，不得使用；其使用超過規定期間者，非經再檢查合格，不得繼續使用。

(1) 危險性機械

A. 固定式起重機。

B. 移動式起重機。

C. 人字臂起重桿。

D. 營建用升降機。

E. 營建用提升機。

F. 吊籠。

G. 其他經中央主管機關公告具有危險性之機械。

(2) 危險性設備

A. 鍋爐。

B. 壓力容器。

C. 高壓氣體特定設備。

D. 高壓氣體容器。

E. 其他經中央主管機關指定具有危險性之設備。

5. 勞工工作場所之建築物，應由依法登記開業之建築師，依建築法規及職業安全衛生法有關安全衛生之規定設計。

6. 工作場所有立即發生危險之虞時，雇主或工作場所負責人應即令停止作業，並使勞工退避至安全場所。

(1) 有立即發生危險之虞者，指：

A. 自設備洩漏大量危害性化學品，致有發生爆炸、火災或中毒等危險之虞時。

B. 從事河川工程、河堤、海堤或圍堰等作業，因強風、大雨或地震，致有發生危險之虞時。

C. 從事隧道等營建工程或管溝、沉箱、沉筒、井筒等之開挖作業，因落磐、出水、崩塌或流砂侵入等，致有發生危險之虞時。

D. 於作業場所有易燃液體之蒸氣或可燃性氣體滯留，達爆炸下限值之百分之三十以上，致有發生爆炸、火災危險之虞時。

E. 於儲槽等內部或通風不充分之室內作業場所，致有發生中毒或窒息危險之虞時。

F. 從事缺氧危險作業，致有發生缺氧危險之虞時。

G. 於高度二公尺以上作業，未設置防墜設施及未使勞工使用適當之個人防護具，致有發生墜落危險之虞時。

H. 於道路或鄰接道路從事作業，未採取管制措施及未設置安全防護設施，致有發生危險之虞時。

I. 其他經中央主管機關指定者。

(2) 工作場所負責人：指於該工作場所中代表雇主從事管理、指揮或監督勞工從事工作之人。

7. 具有特殊危害之作業應依規定減少勞工工作時間，並在工作時間中予以適當之休息。具有特殊危害之作業包括高溫作業、異常氣壓作業、高架作業、精密作業、重體力勞動作業等。

8. 僱用勞工時應施行體格檢查；在職勞工應施行定期健康檢查。對於特別危害健康作業，應定期施行指定項目之特殊健康檢查，並建立健康檢查手冊，發給勞工。

(1) 體格檢查：指於僱用勞工從事新工作時，為識別其工作適性之檢查，應分別就可識別適於從事 -般工作或從事特別危害健康作業所必要之項目實施之。

(2) 定期健康檢查：指勞工在職中，於一定期間，依其從事之作業內容實施必要之檢查。

(3) 特別危害健康作業：

A. 高溫作業。

B. 勞工噪音暴露工作日八小時日時量平均音壓級在八十五分貝以上之作業。

C. 游離輻射線作業。

D. 異常氣壓作業。

E. 鉛作業。

F. 四烷基鉛作業。

G. 粉塵作業。

H. 製造、處置或使用下列有機溶劑之作業：

a. 1, 1, 2, 2-四氯乙烷。

b. 四氯化碳。

c. 二硫化碳。

d. 三氯乙烯。

e. 四氯乙烯。

f. 二甲基甲醯胺。

g. 正己烷。

I. 製造、處置或使用下列化學物質之作業：

a. α-苯胺及其鹽類。

b. 鈹及其化合物。

c. 氯乙烯。

d. 苯。

e. 二異氰酸甲苯。

f. 石綿。

(4) 健康檢查手冊：指受檢勞工依規定實施之體格檢查、定期健康檢查及特別危害健康作業實施特定項目之健康檢查之紀錄，依規定應記載事項彙集成冊者。

(5) 健康檢查費用由雇主負擔，並應保存體格檢查及健康檢查紀錄。

(6) 作業場所之濃度連續三年均在容許濃度值之二分之一以下，且安全衛生設施符合規定，經檢查機構核實，得免實施規定期限內之特殊健康檢查。

9. 體格檢查發現新僱勞工不適於從事某種工作時，不得僱用其從事該項工作。健康檢查發現勞工有異常情形者，應由醫護人員提供其健康指導；其經醫師健康評估結果，不能適應原有工作者，應參採醫師之建議，變更其作業場所、更換工作或縮短工作時間，並採取健康管理措施。

10. 雇主應依其事業之規模、性質，實施職業安全衛生管理；並依「職業安全衛生管理辦法」之規定設置職業安全衛生組織、人員。對於應有之必要安全衛生設備及其作業，應訂定自動檢查計畫實施自動檢查。

11. 危險性機械或設備之操作人員，雇主應僱用經中央主管機關認可之訓練或經技能檢定之合格人員充任之。

12. 交付承攬時，應於事前告知承攬人有關其事業工作環境、危害因素暨職業安全衛生法及有關安全衛生規定應採取之措施；共同作業時，為防止職業災害，應採取必要之措施，如設置協議組織等；職業災害補償與承攬人負連帶責任。

13. 不得僱用童工、女工、妊娠中或產後未滿一年之女工從事危險性或有害性工作。

14. 應對勞工施以從事工作及預防災變所必要之安全衛生教育、訓練。

15. 應負責宣導職業安全衛生法及安全衛生有關之規定，使勞工周知。

16. 應依職業安全衛生法及有關規定會同勞工代表訂定適合其需要之安全衛生工作守則，報經檢查機構備查後，公告實施。
   安全衛生工作守則之內容應參酌下列事項訂定之：
   (1) 事業之勞工安全衛生管理及各級之權責。
   (2) 設備之維護與檢查。
   (3) 工作安全與衛生標準。
   (4) 教育與訓練。
   (5) 健康指導及管理措施。
   (6) 急救與搶救。
   (7) 防護設備之準備、維持與使用。
   (8) 事故通報與報告。
   (9) 其他有關安全衛生事項。

17. 事業單位如發生職業災害，雇主應即採取必要之急救、搶救等措施，並會同勞工代表實施調查、分析及作成紀錄。如發生重大職業災害應於八小時內通報檢查機構。
   重大職業災害係指下列職業災害之一：
   (1) 發生死亡災害者。
   (2) 發生災害之罹災人數在三人以上者。
   (3) 發生災害之罹災人數在一人以上，且需住院治療。
   (4) 其他經中央主管機關指定公告之災害。

18. 中央主管機關指定之事業，雇主應按月依規定填載職業災害統計，報請檢查機關備查。

1.2.2 勞工之義務

1. 接受一般體格檢查、健康檢查、特殊體格檢查、特殊健康檢查。
2. 接受從事工作及預防災變所必要之安全衛生教育訓練。
3. 遵守安全衛生工作守則之規定。

違反之勞工依法處新臺幣三千元以下罰鍰。

1.3 勞工作業環境監測實施辦法

本辦法已列舉之應實施作業環境監測之項目列為勞工作業環境監測之內涵外，其他勞工作業環境監測實施辦法未納入而職業安全衛生法規規定雇主應監測，或勞工暴露不得超過規定，須實施監測以瞭解其暴露實況者，如有缺氧之虞工作場所之事前監測、作業場所有引火性液體之蒸氣或可燃性氣體滯留，而有爆炸、火災之虞者作業前之監測等皆應實施作業環境監測。

1. 作業環境監測之目的及內涵

指為掌握勞工作業環境實態與評估勞工暴露狀況，所採取之規劃、採樣、測定及分析之行為。

2. 作業環境監測分類、監測項目及期限

(1) 化學性因子作業環境監測：

A. 設置中央管理方式之空氣調節設備之建築物室內作業場所，應每六個月監測二氧化碳濃度一次以上。

B. 坑內作業場所為礦場、地下礦物之試掘、採掘場所、隧道掘削之建設工程之場所暨此等試掘、採掘或建設工程之場所已完工可通行之地下通道，應每六個月監測粉塵、二氧化碳濃度一次以上。

C. 粉塵危害預防標準所稱特定粉塵作業場所，應每六個月監測粉塵濃度一次以上。

D. 有機溶劑中毒預防規則所稱之四十八種有機溶劑之室內作業場所及其他經中央主管機關指定之有機溶劑作業場所，如三氯甲烷、四氯化碳、二硫化碳、三氯乙烯、丙酮、丁酮、甲苯、二甲苯、異丙醇、甲醇、正己烷等，應每六個月監測其濃度一次以上。

E. 特定化學物質危害預防標準所稱之三十五種特定化學物質如苯、丙烯腈、氯、氰化氫、氯乙烯、氟化氫、硫化氫、石綿、硫酸、鉻酸等之室內作業場所暨其他經中央主管機關指定者，應每六個月監測其濃度一次以上。

F. 接近煉焦爐或於其上方從事煉焦之場所，應每六個月監測溶於苯之煉焦爐生成物之濃度一次以上。

G 鉛中毒預防規則所稱鉛作業之作業場所，應每一年監測鉛濃度一次以上。

H. 四烷基鉛中毒預防規則所稱四烷基鉛作業之作業場所，應每一年監測四烷基鉛濃度一次以上。

I. 其他經中央主管機關指定者。

(2) 物理性因子作業環境監測：

A. 於噪音之室內作業場所，其勞工工作日時量平均音壓級超過八十五分貝時，應每六個月監測一次以上。

B. 下列之一之作業場所，其勞工工作日時量平均綜合溫度熱指數超過中央主管機關規定值時，應每三個月監測綜合溫度熱指數一次以上。

a. 於鍋爐房或鍋爐間從事工作之作業場所。

b. 灼熱鋼鐵或其他金屬條塊壓軋及鍛造之作業場所。

c. 鑄造間處理熔融鋼鐵或其他金屬之作業場所。

d. 鋼鐵或其他金屬類物料加熱或熔煉之作業場所。

e. 處理搪瓷、玻璃、電石及熔爐高溫熔料之作業場所。

f. 蒸氣火車、輪船機房從事工作之作業場所。

g. 從事蒸氣操作、燒窯等之作業場所。

以上場所如為臨時性作業、作業時間短暫或作業期間短暫之作業場所，不在此限。

(1) 臨時性作業：指正常作業以外之作業，其作業期間不超過三個月，且在一年內不再重複者。

(2) 作業時間短暫：指雇主使勞工連日作業時，每日作業時間在一小時以內者。

(3) 作業期間短暫：指作業期間不超過一個月，且確知自該作業終了日起六個月，不再實施該作業者。

3. 實施作業環境監測之人員或機構

(1) 僱用乙級以上作業環境監測人員辦理。

(2) 委由執業之工礦衛生技師辦理。

(3) 委由經中央主管機關認可之作業環境監測機構辦理。
監測機構應具備下列資格條件：
A. 必要之採樣及測定儀器設備。
B. 三人以上甲級監測人員或一人以上執業工礦衛生技師。
C. 專屬之認證實驗室。
D. 二年內未經撤銷或廢止認可。

4. 作業環境監測人員之分類

(1) 化學性因子作業環境監測人員：
A. 甲級化學性因子作業環境監測人員。
B. 乙級化學性因子作業環境監測人員。

(2) 物理性因子作業環境監測人員：
A. 甲級物理性因子作業環境監測人員。
B. 乙級物理性因子作業環境監測人員。

5. 作業環境監測人員應具之資格

(1) 甲級化學性因子作業環境監測人員應具有下列資格之一者：
A. 領有工礦衛生技師證書者。
B. 領有中央主管機關發給作業環境監測服務人員證明並經講習者。
C. 領有化學性因子作業環境監測甲級技術士證照者。

(2) 甲級物理性因子作業環境監測人員應具有下列資格之一者：
A. 領有工礦衛生技師證書者。
B. 領有中央主管機關發給作業環境監測服務人員證明並經講習者。
C. 領有物理性因子作業環境監測甲級技術士證照者。

(3) 乙級化學性因子作業環境監測人員應具之資格如下：
領有化學性因子作業環境監測乙級技術士證照者。

(4) 乙級物理性因子作業環境監測人員應具之資格如下：
領有物理性因子作業環境監測乙級技術士證照者。

6. 參加作業環境監測技術士技能檢定之資格要件

(1) 具有下列資格之一者，得參加化學性（物理性）因子作業環境監測甲級技術士技能檢定：
A. 專科以上學校畢業，曾修習化學性（物理性）因子作業環境監測相關課程十二學分（九學分）以上者。

B. 專科以上學校理、工、農、醫科系畢業，參加中央主管機關核備之甲級化學性（物理性）因子作業環境監測訓練結業者。

C. 具化學性（物理性）因子作業環境監測乙級技術士資格，且有現場五年以上作業環境監測經驗，並經中央主管機關核備之甲級化學性（物理性）因子作業環境監測訓練結業者。

(2) 具有下列資格者，得參加化學性（物理性）因子作業環境監測乙級技術士技能檢定：

高中（職）以上學校畢業或普通考試及格，參加中央主管機關核備之乙級化學性（物理性）因子作業環境監測訓練結業者。

7. 作業環境監測紀錄及紀錄保存

應依規定記錄之內容：

(1) 監測時間（年、月、日、時）。

(2) 監測方法。

(3) 監測處所。

(4) 監測條件。

(5) 監測結果。

(6) 監測人員姓名（含資格文號及簽名），委託監測時需包含監測機構名稱。

(7) 依據監測結果採取之必要防範措施事項。

8. 作業環境監測實施、紀錄及管理

(1) 雇主實施作業環境監測前，應就作業環境危害特性及中央主管機關公告之相關指引，規劃採樣策略，並訂定含採樣策略之作業環境監測計畫確實執行，並依實際需要檢討更新。前項監測計畫，雇主應於作業勞工顯而易見之場所公告或以其他公開方式揭示之，必要時應向勞工代表說明。

雇主於實施監測十五日前，應將監測計畫依中央主管機關公告之網路登錄系統及格式，實施通報。但依前條規定辦理之作業環境監測者，得於實施後七日內通報。

前條監測計畫，應包括下列事項：

A. 危害辨識及資料收集。

B. 相似暴露族群之建立。

C. 採樣策略之規劃及執行。

D. 樣本分析。

E. 數據分析及評估。

(2) 事業單位從事特別危害健康作業之勞工人數在一百人以上，或依本辦法規定應實施化學性因子作業環境監測，且勞工人數五百人以上者，監測計畫應由下列人員組成監測評估小組研訂之：

A. 工作場所負責人。

B. 依職業安全衛生管理辦法設置之職業安全衛生人員。

C. 受委託之執業工礦衛生技師。

D. 工作場所作業主管。

(3) 雇主實施作業環境監測時，應設置或委託監測機構辦理。但監測項目屬物理性因子或得以直讀式儀器有效監測之下列化學性因子者，得僱用乙級以上之監測人員或委由執業之工礦衛生技師辦理：

A. 二氧化碳。

B. 二硫化碳。

C. 二氯聯苯胺及其鹽類。

D. 次乙亞胺。

E. 二異氰酸甲苯。

F. 硫化氫。

G. 汞及其無機化合物。

H. 其他經中央主管機關指定公告者。

(4) 雇主所定監測計畫，實施作業環境監測時，應會同職業安全衛生人員及勞工代表實施。監測結果記錄，應保存三年。但屬二氯聯苯胺及其鹽類、α-萘胺及其鹽類、鄰－二甲基聯基胺及其鹽類、二甲氧基聯苯胺及其鹽類、鈹及其化合物、次乙亞胺、氯乙烯、苯、石綿、煤焦油及三氧化二砷等特定管理物質之測定紀錄應保存三十年；粉塵之監測紀錄應保存十年。監測結果，雇主應於作業勞工顯而易見之場所公告或以其他公開方式揭示之，必要時應向勞工代表說明。

雇主應於採樣或測定後四十五日內完成監測結果報告，通報至中央主管機關指定之資訊系統。所通報之資料，主管機關得作為研究及分析之用。

(5) 作業環境監測機構或工礦衛生技師於執行作業環境監測二十四小時前，應將預定辦理作業環境監測之行程，依中央主管機關公告之網路申報系統辦理登錄。

(6) 監測機構應訂定作業環境監測之管理手冊，並依管理手冊所定內容，記載執行業務及實施管理，相關紀錄及文件應保存三年。

(7) 作業環境監測機構之甲級作業環境監測人員及執業工礦衛生技師，應參加中央主管機關認可之各種勞工作業環境監測相關講習會、研討會或訓練，每年不得低於十二小時。

(8) 監測機構應具備下列資格條件：

A. 必要之採樣及測定儀器設備。

B. 三人以上甲級監測人員或一人以上執業工礦衛生技師。

C. 專屬之認證實驗室。

D. 二年內未經撤銷或廢止認可。

1.4 有機溶劑中毒預防規則

1.4.1 有機溶劑之種類

常用之有機溶劑約有二百多個，有機溶劑中毒預防規則列管者僅將毒性比較大，且在作業場所用途較多之有機溶劑納入，同時又為了便於管理，將此五十五個列管之有機溶劑依其毒性及揮發性大小分為三種，按其種類之不同分別規定其應有之預防設備措施要求，而有機溶劑使用時，多與其他物質混合使用，因此有機溶劑與其他物質之混合物、混存物也與純有機溶劑一樣加以列管。

1. 第一種有機溶劑

指三氯甲烷、1.1.2.2-四氯乙烷、四氯化碳、1.2-二氯乙烯、1.2-二氯乙烷、二硫化碳、三氯乙烯等七種物質及此等物質之混合物，毒性最大。

2. 第二種有機溶劑

指丙酮、異戊醇、異丁醇、異丙醇、乙醚、乙二醇乙醚、乙二醇乙醚醋酸、乙二醇丁醚、乙二醇甲醚、鄰－二氯苯、二甲苯、甲酚、氯苯、乙酸戊酯、苯乙烯、四氯乙烯、甲苯、二氯甲烷、甲醇、丁酮、正已烷等四十一個物質及此等物質之混合物。

3. 第三種有機溶劑

指汽油、煤焦油精、石油醚、石油精、輕油精、松節油、礦油精等七個物質及此等物質之混合物，毒性最小。

4. 有機溶劑混存物

指有機溶劑與其他物質混合時，所含之有機溶劑占其重量百分之五以上者。

1.4.2 設置換氣裝置應注意事項

於室內作業場所或儲槽等之作業場所，從事有機溶劑或其混存物之作業時，應視有機溶劑之種類於各該作業場所設置密閉設備、局部排氣裝置或整體換氣裝置，該等設備或裝置其意義為：

1. **密閉設備**：指密閉有機溶劑蒸氣之發生源使其蒸氣不致發散之設備。
2. **局部排氣裝置**：指藉動力強制吸引排出已發散有機溶劑蒸氣之設備。
3. **整體換氣裝置**：指藉動力稀釋已發散有機溶劑蒸氣之設備。

茲就局部排氣裝置或整體換氣裝置之功能要求及注意事項分述如後：

1. 局部排氣裝置

(1) 裝設上應注意事項：

A. 氣罩應設置於每一有機溶劑蒸氣發生源。

B. 外裝型氣罩應盡量接近有機溶劑發生源。

C. 氣罩應視作業方法、有機溶劑蒸氣之擴散狀況及其有機溶劑比重等，選擇適宜吸引該有機溶劑蒸氣之型式及大小。

D. 應盡量縮短導管長度、減少彎曲數目，且應於適當處所設置易於清掃之清潔孔與測定孔。

E. 設有空氣清淨裝置之局部排氣裝置，其排氣機應置於空氣清淨裝置後之位置。

F. 排氣口應直接向大氣開放。

G. 未設空氣清淨裝置之局部排氣裝置、排氣煙囪，應使排氣不致回流至作業場所。

H. 有機溶劑作業時間內不得停止運轉。

I. 應置於使排氣或換氣不受阻礙之處，使之有效運轉。

2. 整體換氣裝置

(1) 應達之換氣能力

利用產生至作業環境空氣中有機溶劑蒸氣之量，相等於整體換氣裝置之排氣量中該有機溶劑量之原則，得

$$必要換氣量(Q, m^3/min) = \frac{1000 \times 每小時消費量(W, g/h)}{60 \times 容許濃度(PEL, mg/m^3)}$$

$$= \frac{24.45 \times 10^3 \times 每小時消費量(W, g/h)}{60 \times 容許濃度(PEL)(ppm) \times 分子量(M)}$$

將三種有機溶劑之平均容許濃度及分子量代入上式，可得不同種類有機溶劑或其混存物之必要換氣能力，如下表：

消費之有機溶劑或其混存物之種類	換氣能力(m^3/min)
第一種有機溶劑或其混存物	每分鐘換氣量＝作業時間內一小時之有機溶劑或其混存物之消費量×0.3
第二種有機溶劑或其混存物	每分鐘換氣量＝作業時間內一小時之有機溶劑或其混存物之消費量×0.04
第三種有機溶劑或其混存物	每分鐘換氣量＝作業時間內一小時之有機溶劑或其混存物之消費量×0.01

※消費量單位為 g/hr

(2) 裝設上應注意事項

A. 同時使用種類相異之有機溶劑或其存物，每分鐘所需之換氣量應分別計算後合計之。

B. 整體換氣裝置之送風機、排氣機或其導管之開口部應盡量接近有機溶劑蒸氣發生源。

C. 排氣口應直接向大氣開放。

D. 於有機溶劑作業時間內，不得停止運轉。

E. 應置於使排氣或換氣不受阻礙之處，使之有效運轉。

1.4.3 有機溶劑作業管理

1. 預防有機溶劑中毒之必要注意事項，應通告全體有關之勞工。
2. 應每週對有機溶劑作業之室內作業場所及儲槽等之作業場所檢點一次以上，檢點結果將有關通風設備運轉狀況、勞工作業情形、空氣流動效果及有機溶劑或其混存物使用情形等記錄之。
3. 設置之密閉設備、局部排氣裝置、或整體換氣裝置應置備各該設備之主要構造概要及其性能之書面資料。
4. 設置之局部排氣裝置及吹吸型換氣裝置每年應依規定項目定期實施自動檢查一次以上，發現異常時應即採取必要措施。紀錄並應保存三年。
5. 設置之局部排氣裝置及吹吸型換氣裝置，於開始使用、拆卸、改裝或修理時，應依規定項目實施自動檢查，並依規定記錄、發現異常時應即加以整補，紀錄保存三年。
6. 室內作業場所從事有機溶劑作業時，應將有機溶劑對人體之影響與處置、有機溶劑或其混存物應注意事項、及發生有機溶劑中毒事故時之緊急措施公告於作業場所中顯明之處，使作業勞工周知。
7. 應於每一班次指定現場主管擔任有機溶劑作業管理員，從事監督作業。但僅從事實驗或研究時，得免設置有機溶劑作業管理員。應實施之監督工作包括：
   (1) 決定作業方法，並指揮勞工作業。
   (2) 實施每週有機溶劑作業之內作業場所及儲槽等之作業場所檢點。
   (3) 監督個人防護具之使用。
   (4) 勞工於儲槽之內部作業時，確認應採取之必要措施已完成。
   (5) 其他為維護作勞工之健康所必要之措施。

有機溶劑作業主管應使其接受勞工安全衛生教育訓練規則規定之有機溶劑作業主管安全衛生教育，不得低於十八小時。

公告內容 使用有機溶劑應注意事項

一、有機溶劑可使人體發生

1.頭痛、2.疲倦感、3.目眩、4.貧血、5.肝臟障害等不良影響，應謹慎處理。

二、從事有機溶劑作業時，須注意

1. 有機溶劑的容器，不論是否在使用中或不使用，都應隨手蓋緊。
2. 作業場所只可以存放當天所需要使用的有機溶劑。
3. 盡可能在上風位置工作，以避免吸入有機溶劑之蒸氣。
4. 盡可能避免皮膚直接接觸。

三、如果勞工發生急性中毒時

1. 立即將中毒勞工移到空氣流通的地方，放低頭部使其側臥或仰臥，並保持他的體溫。
2. 立即通知現場負責人、安全衛生管理人員或其他負責衛生工作人員。
3. 中毒勞工如果失去知覺時，應立即將嘴中東西拿出來。
4. 中毒勞工如果停止呼吸時，應立即替他施行人工呼吸。

註：1. 公告方式
(1) 公告應以木質、金屬或其他硬質材料之公告板行之。
(2) 公告板長應為 1.0 公尺以上，寬為 0.4 公尺以上。
(3) 公告板之表面應為白色，記載文字應為黑色，橫式或直式不拘。
2. 公告位置－每一有機溶劑作業場所中明顯之處，使作業勞工周知。
3. 公告板應懸掛於作業場所中明顯之處，並經常擦拭保持清潔。

8. 於儲槽內部從事有機溶劑作業時，應依規定採取必要措施。
   (1) 派遣有機溶劑作業管理員從事監督作業。
   (2) 決定作業方法及順序於事前告知從事作業之勞工。
   (3) 確實將有機溶劑或其混存物自儲槽排出，並應有防止連接於儲槽之配管流入有機溶劑或其混存物之措施。
   (4) 避免有機溶劑或其混存物流入儲槽，所採措施之閥、旋塞應予加鎖或設置盲板。
   (5) 作業開始前應全部開放儲槽之人孔及其他無虞流入有機溶劑或其混存物之開口部。
   (6) 以水、水蒸氣、或化學藥品清洗儲槽之內壁，並將清洗後之水、水蒸氣或化學藥品排出儲槽。
   (7) 應送入並吸出三倍於儲槽容積之空氣，或以水灌滿儲槽後予以全部排出。

(8) 應以測定方法確認儲槽之內部有機溶劑濃度未超過容許濃度。
(9) 應置備適當的救難設施。
(10) 勞工如被有機溶劑或其混存物污染時，應即使其離開儲槽內部，並使該勞工清洗身體除卻污染。

9. 中央主管機關指定之有機溶劑之室內作業場所應依勞工作業環境監測實施辦法之規定，每六個月應定期監測有機溶劑濃度以上，依規定記錄，並保存三年。

1.5 特定化學物質危害預防標準

1. **適用範圍**：適用於特定化學物質等之製造、處置、使用作業。
   (1) 特定化學物質：包括甲類物質、乙類物質、丙類物質及丁類物質，共六十四個化學物質。
      A. 甲類物質：指黃磷火柴、聯苯胺及其鹽類、4-氨基聯苯及其鹽類、4-硝基聯苯及其鹽類、β-萘胺及其鹽類、二氯甲基醚，多氯聯苯等及含有此等物質占其重量超過百分之一之製劑及其他之物及含苯膠糊共 12 種。
      B. 乙類物質：指二氯聯苯胺及其鹽類、鈹及其化合物、及含有此等物質占其重量超過百分之一之製劑及其他之物，共 6 種。
      C. 丙類物質：
         a. 丙類第一種物質：指氯乙烯、氯、硫化氫、苯、氟化氫等 21 種物質。
         b. 丙類第二種物質：指奧黃、苯胺紅等 2 種有機化學物質。
         c. 丙類第三種物質：指石綿、氰化鉀等 14 種化學物質。
      D. 丁類物質：指氨、一氧化碳、氯化氫、硝酸、二氧化硫、光氣、甲醛、硫酸、酚等 9 種物質。
   (2) 特定化學設備：指製造或處理、置放（處置）、使用丙類第一種物質、丁類物質之固定式設備。
   (3) 特定化學管理設備：指特定化學設備中進行放熱反應之反應槽等，且有因異常反應致漏洩丙類第一種物質、丁類物質之虞者。

2. **特定化學物質之分類原則及目的**
   (1) 甲類特定化學物質
   除黃磷火柴外，屬致癌物質。
   除供試驗或研究經中央主管機關許可者外，雇主不得使勞工從事製造或使用。

(2) 乙類特定化學物質

屬致癌物質或疑似致癌物質，製造此類物質時，應報請勞工檢查機構許可。

(3) 丙類特定化學物質

除非急性暴露，否則一般僅會引起暴露勞工慢性健康障害者。

(4) 丁類特定化學物質：屬氣態或液態等易因腐蝕產生漏洩之有害性物質。

3. 應有之控制設施

(1) 一般規定

應致力確認所使用物質之毒性，尋求替代物之使用、建立適當作業方法、改善有關設施與作業環境並採取其他必要措施。

(2) 特別規定

A. 製造設備應為密閉設備（甲類、乙類、丙類第一種物質及丙類第二種物質）。

B. 製造場所及製程中之處置場所應與其他場所隔離（甲類、乙類、丙類第一種物質及丙類第二種物質）。

C. 製造室內作業場所之地板及牆壁應以不浸透性材料構築，且應為易於用水清洗之構造。

D. 甲類物質儲存時應採用不漏洩、不溢出之堅固容器。

E. 計量、投入容器、自容器取出或裝袋作業應置於隔離室內自室外遙控操作，如為粒狀物質時應將其充分濕潤，或採用不致使作業勞工之身體與其直接接觸之方法且於該作業場所設置包圍式氣罩之局部排氣裝置。（乙類、丙類第一種物質及丙類第二種物質）。

F. 為預防異常反應引起原料、材料或反應物質之溢出，應在冷凝器內充分注入冷卻水（乙類物質）。

G. 為預防反應槽內之放熱反應或吸熱反應，自其連接部分漏洩氣體或蒸氣，應使用墊圈等密接。（乙類、丙類第一種物質及丙類第三種物質）。

H. 為預防特定化學物質之漏洩及其曝露對勞工之影響，應訂定必要之工作守則（乙類、丙類第一種物質及丁類物質）。

I. 有特定化學物質之氣體、蒸氣或粉塵散布之室內作業場所，應於各該發生源設置密閉設備或局部排氣裝置。

設置有困難或臨時性作業時，應設置整體換氣裝置或將各物質充分濕潤至不致危害勞工健康之程度。（丙類第一種物質及丙類第三種物質）。

J. 處置丙類第一種物質或丁類物質合計在 100 公升（氣體以其容積 $1m^3$ 換算為二公升）以上時，應置備該物質等漏洩能迅速告知有關人員之警報用器具及除卻危害之必要藥劑、器具等設施。

K. 為防止供輸原料、材料及其他物料於特定化學設備之勞工有因誤操作致丙類第一種物質或丁類物質之漏洩，應於勞工易見之處，標示該原料、材料及其他物料之種類、輸送對象設備及其他必要事項。

L. 特定管理設備應設置適當之溫度計、流量計及壓力表等計測裝置，以早期掌握異常反應等之發生。

M. 應設置特定管理設備及其配管或其附屬設備動力源異常之備用動力源。

N. 進入特定化學物質等之設備之內部作業時，應採取必要措施、保證安全後始得進入作業。

O. 應禁止非從事作業人員進入製造、處置乙類物質或丙類物質之作業場所、設置特定化學設備之作業場所及其他處置丙類第一種物質、丁類物質之合計在 100 公升以上之作業場所。

P. 設置特定化學設備之作業場所應設搶救組織，並訓練有關人員急救、避難知識。

Q. 應設置洗眼、沐浴、漱口及更衣、洗衣等設備供勞工使用，丙一或丁類物質之作業場所應設置緊急沖淋設備。

4. 應採取之管理措施

(1) 應指定特定化學物質作業管理員從事監督作業。

(2) 每月使特定化學物質作業管理員檢點局部排氣裝置及其他預防勞工健康危害之裝置一次以上，並予記錄。

(3) 設置之局部排氣裝置及空氣清淨裝置應每年依指定項目實施自動檢查一次以上，並依規定記錄及保存三年。

(4) 局部排氣裝置及空氣清淨裝置於開始使用、改造、修理之際應依規定項目實施重點檢查，並依規定記錄及保存三年。

(5) 設置之特定化學設備或其附屬設備應依規定項目每二年實施自動檢查一次以上，並依規定記錄及保存三年。

(6) 特定化學設備或其附屬設備應於開始使用、改造、修理之際，依規定項目實施重點檢查，並依規定記錄及保存三年。

(7) 指定之特定化學物質作業場所應依勞工作業環境監測實施辦法之規定實施作業環境監測。

(8) 應禁止勞工在特定化學物質作業場所吸菸或飲酒，且應將其意旨揭示於該作業場所之顯明易見之處。

(9) 特定管理物質之製造、處置作業場所，應將該物質之名稱、對勞工之影響、處置上應注意事項、及應使用之防護具，揭示於該作業場所顯明易見之處。

(10) 特定管理物質之作業應記錄該作業場所勞工之姓名、從事之作業概況及作業期間勞工顯著遭受污染時，其經過概況及雇主所採取之緊急措施等事項，並自該作業勞工從事作業之日起保存三十年。

5. 通風換氣裝置設上應注意事項

(1) 局部排氣裝置：

A. 氣罩應置於每一氣體、蒸氣或粉塵發生源，如為外裝式氣罩或接受式氣罩，則應接近各該發生源設置。

B. 應盡量縮短導管長度，減少彎曲數目，且應於適當處所設置易於清掃之清潔孔與測定孔。

C. 設置有除塵裝置或空氣清淨裝置者，其排氣機應置於各該裝置之後。

D. 排氣口應置於室外。

E. 製造或處置特定化學物質之作業時間內有效運轉。

(2) 整體換氣裝置：

其能力應達下列要求

$$Q(m^3/min)=\frac{1000\times\text{每小時消費量}(g/h)}{60\times\text{容許濃度}\left(PEL, mg/m^3\right)}$$

$$=\frac{24.45\times10^3\times\text{每小時消費量}}{60\times\text{容許濃度}(PEL, ppm)\times M\,(\text{分子量};g/mole)}$$

1.6 勞工健康保護規則

1. 事業單位之同一工作場所，勞工人數在三百人以上者或從事特別危害健康作業之勞工人數在五十人以上者，應視該場所之規模及性質，分別依表 1-1 與表 1-2 所定之人力配置及臨廠服務頻率，僱用或特約從事勞工健康服務之醫師及僱用從事勞工健康服務之護理人員（以下簡稱醫護人員），辦理臨廠健康服務。

　　事業單位勞工人數在五十人以上未達三百人者，應視其規模及性質，依表 1-3 所定特約醫護人員臨場服務頻率，辦理勞工健康服務。

表 1-1　從事勞工健康服務之醫師人力配置及臨廠服務頻率表

事業性質分類	勞工人數	人力配置或臨場服務頻率	備註
各類	特別危害健康作業 50~99 人	職業醫學科專科醫師：1 次／4 個月	一、勞工人數超過 6,000 人者，每增勞工 1,000 人，應依下列標準增加其從事勞工健康服務之醫師臨場服務頻率： （一）第一類：3 次／月。 （二）第二類：2 次／月。 （一）第三類：1 次／月。 二、每次臨場服務之時間，應至少 3 小時以上。
	特別危害健康作業 100 人以上	職業醫學科專科醫師：1 次／月	
第一類	300~999 人	1 次／月	
	1,000~1,999 人	3 次／月	
	2,000~2,999 人	6 次／月	
	3,000~3,999 人	9 次／月	
	4,000~4,999 人	12 次／月	
	5,000~5,999 人	15 次／月	
	6,000 人以上	專任職業醫學科專科醫師一人或 18 次／月	
第二類	300~999 人	1 次／2 個月	
	1,000~1,999 人	1 次／月	
	2,000~2,999 人	3 次／月	
	3,000~3,999 人	5 次／月	
	4,000~4,999 人	7 次／月	
	5,000~5,999 人	9 次／月	
	6,000 人以上	12 次／月	
第三類	300~999 人	1 次／3 個月	
	1,000~1,999 人	1 次／2 個月	
	2,000~2,999 人	1 次／月	
	3,000~3,999 人	2 次／月	
	4,000~4,999 人	3 次／月	
	5,000~5,999 人	4 次／月	
	6,000 人以上	6 次／月	

表 1-2　從事勞工健康服務之護理人員人力配置表

<table>
<tr><th rowspan="2">勞工人數</th><th colspan="3">特別危害健康作業勞工人數</th><th>備註</th></tr>
<tr><th>0~99</th><th>100~299</th><th>300 以上</th><td rowspan="7">一、勞工人數超過 6,000 人以上者，每增加 6,000 人，應增加護理人員至少 1 人。
二、事業單位設置護理人員數達 3 人以上者，得置護理主管 1 人。</td></tr>
<tr><td>1~299 人</td><td></td><td>1 人</td><td></td></tr>
<tr><td>300~999 人</td><td>1 人</td><td>1 人</td><td>2 人</td></tr>
<tr><td>1,000~2,999 人</td><td>2 人</td><td>2 人</td><td>2 人</td></tr>
<tr><td>3,000~5,999 人</td><td>3 人</td><td>3 人</td><td>4 人</td></tr>
<tr><td>6,000 人以上</td><td>4 人</td><td>4 人</td><td>4 人</td></tr>
</table>

表 表 1-3　勞工人數 50 人以上未達 300 人之事業單位醫護人員臨場服務頻率表

<table>
<tr><th rowspan="2">事業性質分類</th><th rowspan="2">勞工人數</th><th colspan="2">臨場服務頻率</th><th rowspan="2">備註</th></tr>
<tr><th>醫師</th><th>護理人員</th></tr>
<tr><td>各類</td><td>50~99 人，並具特別危害健康作業 1~49 人</td><td>1 次／年</td><td>1 次／月</td><td rowspan="7">一、雇主應使醫護人員會同事業單位之職業安全衛生人員，每年度至少進行現場訪視 1 次，並共同研訂年度勞工健康服務之重點工作事項。
二、每年或每月安排臨場服務期程之間隔，應依事業單位作業特性及勞工健康需求規劃，每次臨場服務之時間應至少 2 小時以上，且每日不得超過 2 場次。
三、事業單位從事特別危店健康作業之勞工人數在 50 人以上者，應另分別依附表二及附表三所定之人力配置及臨場服務頻率，特約職業醫學科專科醫師及僱用從事勞工健康服務之護理人員，辦理勞工健康服務。</td></tr>
<tr><td rowspan="2">第一類</td><td>100~199 人</td><td>4 次／年</td><td>4 次／月</td></tr>
<tr><td>200~299 人</td><td>6 次／年</td><td>6 次／月</td></tr>
<tr><td rowspan="2">第二類</td><td>100~199 人</td><td>3 次／年</td><td>3 次／月</td></tr>
<tr><td>200~299 人</td><td>4 次／年</td><td>4 次／月</td></tr>
<tr><td rowspan="2">第三類</td><td>100~199 人</td><td>2 次／年</td><td>2 次／年</td></tr>
<tr><td>200~299 人</td><td>3 次／年</td><td>3 次／年</td></tr>
</table>

2. 雇主應使醫護人員及勞工健康服務相關人員臨場辦理下列勞工健康服務事項：
   (1) 勞工體格（健康）檢查結果之分析與評估、健康管理及資料保存。
   (2) 協助雇主選配勞工從事適當之工作。
   (3) 辦理健康檢查結果異常者之追蹤管理及健康指導。
   (4) 辦理未滿十八歲勞工、有母性健康危害之虞之勞工、職業傷病勞工與職業健康相關高風險勞工之評估及個案管理。
   (5) 職業衛生或職業健康之相關研究報告及傷害、疾病紀錄之保存。
   (6) 勞工之健康教育、衛生指導、身心健康保護、健康促進等措施之策劃及實施。
   (7) 工作相關傷病之預防、健康諮詢與急救及緊急處置。
   (8) 定期向雇主報告及勞工健康服務之建議。
   (9) 其他經中央主管機關指定公告者。

3. 事業單位應參照工作場所大小、分布、危險狀況與勞工人數，備置足夠急救藥品及器材，並置急救人員辦理急救事宜。但已具有急救功能之醫療保健服務業，不在此限。

   前項急救人員應具下列資格之一，且不得有失聰、兩眼裸視或矯正視力後均在零點六以下、失能及健康不良等，足以妨礙急救情形：
   (1) 醫護人員。
   (2) 經職業安全衛生教育訓練規則所定急救人員之安全衛生教育訓練合格。
   (3) 緊急醫療救護法所定救護技術員。

   第一項所定急救藥品與器材，應置於適當固定處所及保持清潔，至少每六個月定期檢查。對於被污染或失效之物品，應隨時予以更換及補充。

   第一項急救人員，每一輪班次應至少置一人；其每一輪班次勞工人數超過五十人者，每增加五十人，應再置一人。但事業單位有下列情形之一，且已建置緊急連線、通報或監視裝置等措施者，不在此限：
   (1) 第一類事業，每一輪班次僅一人作業。
   (2) 第二類或第三類事業，每一輪班次勞工人數未達五人。

   急救人員因故未能執行職務時，雇主應即指定具第二項資格之人員，代理其職務。

4. 設置之藥品及器材。應置於適當之一定處所，適時定期檢查並保持清潔，對於被污染或失效之藥品及器材，應予以更換及補充。

5. 雇主僱用勞工時，應就下列規定項目實施一般體格檢查：
   (1) 作業經歷、既往病史、生活習慣及自覺症狀之調查。
   (2) 身高、體重、腰圍、視力、辨色力、聽力、血壓及身體各系統或部位之理學檢查。

(3) 胸部X光（大片）攝影檢查。
(4) 尿蛋白及尿潛血之檢查。
(5) 血色素及白血球數檢查。
(6) 血糖、血清丙胺酸轉胺酶(ALT)、肌酸酐(creatinine)、膽固醇、三酸甘油酯、高密度脂蛋白膽固醇之檢查。
(7) 其他經中央主管機關指定之檢查。

體格檢查紀錄至少保存七年。

6. 雇主對在職勞工，應依下列規定，定期實施一般健康檢查：
   (1) 年滿六十五歲以上者，每年檢查一次。
   (2) 年滿四十歲以上未滿六十五歲者，每三年檢查一次。
   (3) 未滿四十歲者，每五年檢查一次。

7. 雇主使勞工從事第二條之特別危害健康作業時，應建立健康管理資料，並依下列規定分級實施健康管理：
   (1) 第一級管理：特殊健康檢查或健康追蹤檢查結果，全部項目正常，或部分項目異常，而經醫師綜合判定為無異常者。
   (2) 第二級管理：特殊健康檢查或健康追蹤檢查結果，部分或全部項目異常，經醫師綜合判定為異常，而與工作無關者。
   (3) 第三級管理：特殊健康檢查或健康追蹤檢查結果，部分或全部項目異常，經醫師綜合判定為異常，而無法確定此異常與工作之相關性，應進一步請職業醫學科專科醫師評估者。
   (4) 第四級管理：特殊健康檢查或健康追蹤檢查結果，部分或全部項目異常，經醫師綜合判定為異常，且與工作有關者。

   前項健康管理，屬於第二級管理以上者，應由醫師註明其不適宜從事之作業與其他應處理及注意事項；屬於第三級管理或第四級管理者，並應由醫師註明臨床診斷。

   雇主對於第一項屬於第二級管理者，應提供勞工個人健康指導；第三級管理以上者，應請職業醫學科專科醫師實施健康追蹤檢查，必要時應實施疑似工作相關疾病之現場評估，且應依評估結果重新分級，並將分級結果及採行措施依中央主管機關公告之方式通報；屬於第四級管理者，經醫師評估現場仍有工作危害因子之暴露者，應採取危害控制及相關管理措施。

8. 雇主於勞工經一般體格檢查、特殊體格檢查、一般健康檢查、特殊健康檢查或健康追蹤檢查後，應採取下列措施：
   (1) 參照醫師建議，告知勞工並適當配置勞工於工作場所作業。

(2) 對檢查結果異常之勞工，應由醫護人員提供其健康指導；其經醫師健康評估結果，不能適應原有工作者，應參採醫師之建議，變更其作業場所、更換工作或縮短工作時間，並採取健康管理措施。
(3) 將檢查結果發給受檢勞工。
(4) 彙整受檢勞工之歷年健康檢查紀錄。

前項勞工體格及健康檢查紀錄之處理，應考量勞工隱私權。

1.7 危害性化學品評估及分級管理辦法

1. 本辦法用詞，定義如下：
   (1) 暴露評估：指以定性、半定量或定量之方法，評量或估算勞工暴露於化學品之健康危害情形。
   (2) 分級管理：指依化學品健康危害及暴露評估結果評定風險等級，並分級採取對應之控制或管理措施。

2. 雇主使勞工製造、處置或使用之化學品，符合國家標準 CNS 15030 化學品分類，具有健康危害者，應評估其危害及暴露程度，劃分風險等級，並採取對應之分級管理措施。

3. 中央主管機關對於定有容許暴露標準之化學品，而事業單位從事特別危害健康作業之勞工人數在一百人以上，或總勞工人數五百人以上者，雇主應依有科學根據之採樣分析方法或運用定量推估模式，實施暴露評估。
   雇主應就前項暴露評估結果，依下列規定，定期實施評估：
   (1) 暴露濃度低於容許暴露標準二分之一之者，至少每三年評估一次。
   (2) 暴露濃度低於容許暴露標準但高於或等於其二分之一者，至少每年評估一次。
   (3) 暴露濃度高於或等於容許暴露標準者，至少每三個月評估一次。

4. 雇主對於化學品之暴露評估結果，應依下列風險等級，分別採取控制或管理措施：
   (1) 第一級管理：暴露濃度低於容許暴露標準二分之一者，除應持續維持原有之控制或管理措施外，製程或作業內容變更時，並採行適當之變更管理措施。
   (2) 第二級管理：暴露濃度低於容許暴露標準但高於或等於其二分之一者，應就製程設備、作業程序或作業方法實施檢點，採取必要之改善措施。
   (3) 第三級管理：暴露濃度高於或等於容許暴露標準者，應即採取有效控制措施，並於完成改善後重新評估，確保暴露濃度低於容許暴露標準。

EXERCISE 習題

1. 雇主依法不得設置不符中央主管機關所定防護標準之機械、器具供勞工使用，此處指的機械、器具包括哪些？
2. 依法應實施作業環境監測之作業場所為哪些場所？
3. 危害性化學品應如何標示？
4. 何謂危險性機械或設備？
5. 工作場所有立即發生危險之虞者，雇主或工作場所負責人應即令停止作業，並使勞工退避至安全場所，所謂立即發生危險之虞者指的是哪些狀況？
6. 特殊危害之作業包括哪些作業？
7. 特別危害健康之作業包括哪些作業？
8. 事業單位如發生職災應如何處理？若發生重大職災又應採何種措施？
9. 依法勞工有三大義務，違反之勞工應如何處罰？
10. 違反職安法哪些內容，經通知限期改善、不如期改善者，將處三萬元以上、六萬元以下罰鍰？
11. 依勞工作業環境監測辦法之規定，何謂作業環測？
12. 試述作業環境監測紀錄之內容及紀錄如何保存？
13. 局部排氣裝置裝設上應注意事項為何？
14. 有機溶劑作業管理員應實施之監督工作內容為何？
15. 急救人員設置規模及限制為何？
16. 依法事業單位工作場所設置醫療衛生單位之規定為何？
17. 體格檢查及健康檢查後應再採取之措施？
18. 局部排氣及整體換氣之定義，及其適用時機（場所）？

19. 甲公司員工達 1,200 人，依勞工健保規則規定（該公司屬第一類事業，且無特別危害健康作業），須僱用或特約從事勞工健康服務之醫護人員為其員工辦理臨廠健康服務，試問：
    (1) 醫護人員應具哪些資格？
    (2) 醫師臨廠服務之頻率為何？
    (3) 醫護人員臨廠辦理之事項為何？（至少列舉 5 項）
20. 依勞工健康保護規則規定，雇主使勞工從事特別危害健康作業時，應建立健康管理資料，分級實施健康管理。請回答下列問題：
    (1) 如何分級？
    (2) 如何實施健康管理？
21. 依危害性化學品評估及分級管理辦法，何謂暴露評估、分級管理？
22. 中央主管機關對於定有容許暴露標準之化學品，而事業單位從事特別危害健康作業之勞工人數在一百人以上，或總勞工人數五百人以上者，雇主應實施暴露評估並依暴露評估結果，如何定期實施評估？

心之靈糧

「小草，不論你多麼渺小，你卻覆蓋了大地。微雲，不管你多麼輕微，你卻占據了天空。」

世界上，千萬人中你獨一無二，你的指紋、你的聲音、你的眼膜都不會有翻版，你就是你。

所以，你非常特別，非常尊貴，非常有價值。

MEMO

CHEMICAL
WORKPLACE ENVIRONMENT MONITORING

化學性危害因子與作業環境監測

02
CHAPTER

2.1 化學性危害因子概論

2.2 作業環境監測的意義

2.3 作業環境監測計畫

2.4 容許濃度之認識與運用

2.5 現行法定容許暴露標準

2.6 生物偵測

習　題

依據國際勞工組織之定義，職業安全衛生活動之目的包括：

1. 增進勞工生理上、心理上與社會上之良好狀態。
2. 防止工作場所危害因素的產生。
3. 分配適當之工作給予勞工。
4. 及早發現勞工與工作有關的疾病。

而美國工業衛生協會(American Industrial Hygiene Association)曾經定義工業衛生如下：

「工業衛生是一門科學與藝術，用以認知(recognition)、評估(evaluation)及控制(control)工作場所存在的或產生的環境因素(factor)及壓力(stress)。該因素或壓力會使工作或者社區居民造成疾病、健康損害或不舒服與無效率」。因此，職業安全衛生工作目的在執行認知、評估及控制工作場所存在或產生之環境因素及壓力，以避免其對勞工產生危害。

在作業環境中，大多數之職業健康危害係屬於化學性因子或壓力所引起。化學性因子或壓力所引起之危害大多肇因於吸入，或者是皮膚接觸到這些化學性因子。這些化學性因子包括粉塵(dusts)、燻煙(fumes)、霧滴(mists)、煙塵(smoke)、纖維(fiber)、煙霧(smog)或氣體、蒸氣等。

以下各節將介紹工作場所中常見之化學性危害因子種類、特性、暴露途徑及其相關資料。

2.1 化學性危害因子概論

2.1.1 化學性危害因子之種類及特性

化學性危害因子係由化學物質所造成，其在空氣中依其形成之過程及存在之狀態可分為二大類，一為氣態污染物(gaseous contaminants)，一為粒狀污染物(particulates)。

1. 氣態污染物

(1) 氣體：在常溫(25°C)及常壓（一大氣壓）下為氣態物質，可膨脹充滿於其所存在之容器或空間。如果提升壓力或降低溫度，可使其液化或固化。例如氨、氯、二氧化硫、一氧化碳、臭氧、乙炔等。

(2) 蒸氣：在常溫及常壓下為液體或固體，經蒸發或昇華而成的氣態物質。若提高壓力或降低溫度亦可使之液化或固化，例如有機溶劑中之乙醇、丙酮、異丙醇、苯、甲苯、二甲苯等均屬之。

2. 粒狀污染物

所有懸浮於空氣中之固體或液體物質均屬粒狀污染物，依其粒徑、發生原因、存在狀態或化學特性等，可分為下列數種：

(1) 粉塵(dusts)：泛指由於物理性力量如機械作業所產生而懸浮於空氣中之固體微粒。粒徑在 5 微米(μm)以上之微粒因其重力沉降關係，比較不會長期存在於空氣中。在評估粉塵之暴露或健康危害時，須考慮其化學組成特性、粒徑、空氣濃度及分布狀況。一般而言，粒徑大於 10μm 以上之粉塵，比較不會進入人體深部呼吸道，然而粒徑較小者（小於 10μm 者），可深入至深部呼吸道而產生較嚴重之呼吸道健康危害。

(2) 燻煙(fumes)：所謂燻煙係指由氣態凝結而懸浮於空氣中之物質，通常燻煙之形成會伴隨著氧化等化學反應，燻煙之粒徑通常小於 1.0μm。常見之燻煙如鉛、鐵、銅之燻煙。

(3) 煙塵(smoke)：指化石燃料或其他含碳之燃料或有機物質在不完全燃燒下所產生之含碳懸浮微粒。其粒徑通常小於 0.1μm。例如香菸所產生之煙塵便含有焦油的微粒。

(4) 霧滴(mists)：指由氣態物質凝結而成之液態懸浮小滴；或液體噴布而成之霧狀懸浮粒子；或因發泡，或使之飛散生成之液態懸浮粒子。其粒徑約在 5~100μm 之間。例如：硫酸霧滴、鉻酸、苛性鹼、氰化物、鹽酸所形成之懸浮液滴均屬之。

(5) 纖維(fiber)：不論是礦物性、植物性或動物性，其以纖維狀浮游於空氣中者皆屬之。

(6) 煙霧(smog)：為霧與煙塵混合之懸浮微粒，可能含固體或液體微粒，濃度高時可降低能見度。例如光化學煙霧。

(7) 生物氣膠(bioaerosol)：指含有活的微生物（如濾過性病毒、細菌、真菌）的懸浮性固態或液態粒子，其大小範圍幾近於 1μm 至 100μm 以上。

3. 濃度表示法(ppm, mg/m³)

(1) 氣態污染物之濃度

氣態污染物之濃度表示法包括百萬分之一(ppm, part of per million)及毫克／立方公尺(mg/m^3)，茲說明如下：

ppm：係指在一大氣壓，25°C 下，每立方公尺空氣中氣態污染物之毫升數(mL)。

mg/m^3：係指在一大氣壓，25°C 下，每立方公尺空氣中氣態污染物之毫克數。

ppm 與 mg/m^3 間之單位換算可以下式表示：

$$y(mg/m^3) = x(ppm) \times \frac{M.W.}{V_M}$$

式中：

x：以 ppm 表示之濃度；

y：以 mg/m^3 表示之濃度；

M.W.：為該污染物之分子量(g/mole)；

V_M：為空氣之莫耳體積，在 1atm, 25°C 下，$V_M = 24.45$(L/mole)。

(2) 粒狀污染物之濃度(mg/m^3, f/c.c.)

粒狀物濃度之表示方法有 mg/m^3, f/c.c.、MPPCM 及 MPPCF 等，其意義如下：

mg/m^3：25°C 及一大氣壓下，每立方公尺空氣中粒狀物之毫克數。

f/c.c.：每毫升空氣中粒狀物之纖維數。

MPPCM：(millions of particles of a particulate per cubic meter of air)每立方公尺空氣中粒狀物之百萬顆粒數。

MPPCF：(millions of particles of a particulate per cubic foot of air)每立方呎空氣中粒狀物之百萬顆粒數。

化學物質因其本身之特性如反應性、氧化性、不穩定性、可燃性等，在特殊環境下可能會對人體健康或財物產生傷害或損害者統稱為危險物(dangerous materials)。危險物可分為爆炸性物質、著火性物質（易燃固體、自燃物質、禁水性物質）、氧化性物質、引火性液體、可燃性氣體等。此外，化學物質若屬致癌物、毒性物質、劇毒物質、生殖系統致毒物、刺激物、腐蝕性物質、致敏感物、肝臟致毒物、神經系統致毒物、腎臟致毒物、造血系統致毒物及其他造成肺部、皮膚、眼、黏膜危害之物質則稱為有害物(hazardous materials)。

2.1.2 暴露途徑

由於有害物欲對人體產生不良影響必須先進入人體或與人體細胞接觸。因此，首先須界定的即是人體暴露途徑。就化學性因子而言，有害物可經由呼吸、皮膚吸收及攝食進入人體。

1. 呼吸(inhalation)

   有害物可以氣體、蒸氣、粉塵、燻煙等各種型態直接被吸入呼吸系統中，對呼吸系統產生刺激性或其他危害，此外大多數有害物可直接被吸收後進入血液，分布到全身各器官組織造成健康影響。因此，吸入可說是在作業環境中有害物進入人體之最主要途徑。

2. 吸收(absorption)

   理論上，完整之皮膚應該對化學物質具有相當之抵抗性，除非皮膚有傷口，否則化學物質不能快速的被吸收。然而，事實上許多種化學物質均可透過皮膚而被吸收。例如：有機溶劑(organic solvent)甲苯、二甲苯可經由皮膚而吸收，進而造成健康影響。許多有機化合物如三硝酸甘油酯、氰化物、芳香胺、醯胺及酚化合物，均可直接被皮膚吸收，而造成系統毒性(systemic poisoning)。

3. 攝入(ingestion)

   在作業環境中，若允許在工作場所飲食，則工人常會在不知不覺中吃入或喝入有害物，產生嚴重之健康影響。因此，在工作場所中應絕對禁止飲食，而且工作結束飲食前應充分洗手後才可進食。

   環境中存在有害物並不表示就會造成人體之危險，有害物對人體產生不良之健康影響，首先必須先有暴露(exposure)，而瞭解有害物與健康影響之相關性或因果關係時，則應先進行暴露評估(exposure assessment)。

   所謂「暴露」係指某種有害物之進入人體或與人體之相接觸。就化學性因子而言，有害物進入人體之途徑包括由呼吸、吸收或攝食等三種，其中尤以呼吸為最主要之途徑，亦最不容易預防。暴露評估則指量測或估計人體暴露在某一存在於環境中之化學物質之期間，頻率及強度之過程。一般而言，在完整之暴露評估中應描述暴露之大小、期間、頻率及途徑，暴露之人群之大小、特性、種類及在量測或評估過程中所有的不確定性(uncertainty)。

   在暴露評估中各種暴露途徑之暴露量評估極為重要，由於經由不同途徑進入體內之吸收率(absorption rate)並不相同，例如鉛化合物經胃腸道之吸收率約為5~10%，然而經由呼吸道之吸收率可達 30~50%。因此，不同暴露途徑之暴露量須分別估算後再相加以得到暴露總量(total exposure)。

暴露評估是職業衛生管理計畫的核心，是所有衛生工作項目的基礎如圖 2-1 所示。例如：監測點位置、哪些勞工需要訓練、個人防護具所需功能等皆須暴露評估結果。

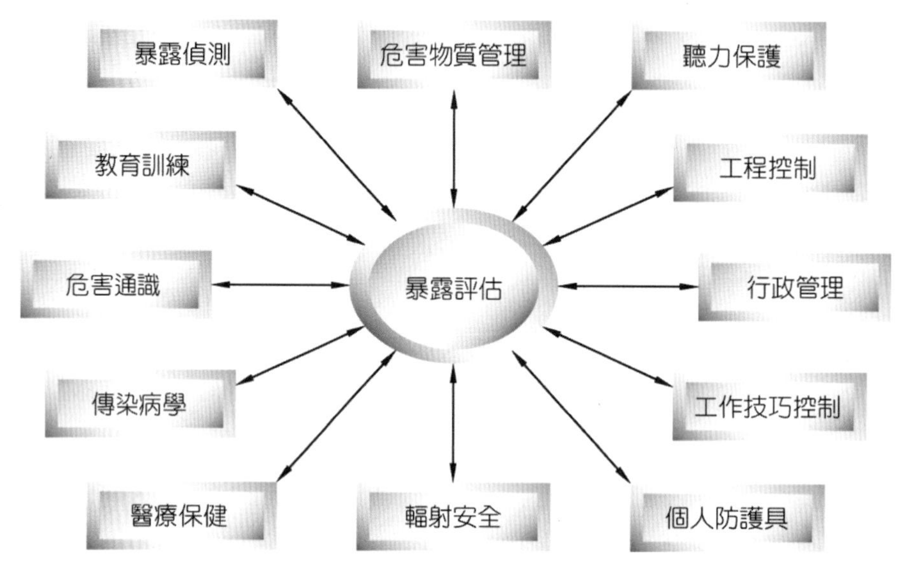

● 圖 2-1　暴露評估與衛生工作項目之關係架構圖

2.1.3　容許暴露標準

由於過量暴露於有害物質，可能引起健康危害，因此為了避免勞工因過量暴露於各種有害物而引起健康上的危害，許多國家之勞工主管部門均訂定了各種不同因素之容許暴露標準。如美國職業安全衛生署(OSHA)所頒布之容許暴露界限值(Permissible Exposure Limit, PEL)；美國政府工業衛生專業人員協會(ACGIH)所建議之恕限值(Threshold Limit Value, TLV)，前者具法令執行效力，後者僅為學術團體之建議值。我國亦公布「勞工作業場所容許暴露標準」，規定有害物之容許暴露濃度。

2.1.4　化學物質之毒性(Toxicity)

1. 基本概念

(1) 化學物質不一定有害。而是否會有害，乃決定於其用法是否妥當。如在密閉系統中使用有毒物質不一定會產生危害。

(2) 毒物是否會產生危害，主要取決於暴露量之大小或有無。

(3) 勞工之暴露途徑，除了可由鼻子吸入，經手或口之暴露亦很重要。

(4) 勞工之暴露場所，除了作業區以外，其他如宿舍、餐廳、飲水及個人衛生管理之良窳亦有很大關係。

(5) 受害的對象，除勞工本人外，其他如勞工之家屬、下一代及鄰近社區居民也可能會暴露受害。

(6) 廠內所用之有毒物質，如在作業環境空氣中無法測出，並不一定表示它是安全。例如有些蒸氣壓很小之毒物（如聯苯胺致癌物），其空氣中濃度一般均很低，但是它可經由皮膚之接觸而致害。

(7) 對外來物供應之攝取，如果過多或過少有時也會造成問題，如氧濃度太高對腦有害，而太少（如少於 18%）則會造成缺氧症。

(8) 人對一般毒物之反應，在生理上都有一恕限值（即劑量須達某一程度後，才可對人造成不良之生理反應），而致癌物無恕限值，所以對致癌物之管理應特別小心，且在可能範圍內，應將其暴露濃度降到最低程度。

2. 影響化學物質危害之因素

(1) 化學物質毒性之因素：

A. 物理性質：如物質之存在狀態，粉塵粒徑之大小，太大的粒子無法進入肺部。

B. 化學性質：如無機鉛可經鼻、口進入人體，主要對神經系統造成危害；但四乙基鉛則可經由鼻、皮膚進入人體，主要對神經系統造成危害，其他如金屬之價數不同，危害亦異，如三價砷之毒性大於五價砷，而六價鉻之毒性則大於三價鉻等。

C. 混合物的問題：如農藥本身之毒性與農藥加上乳化劑後之毒性會有不同。

D. 不純物的問題：由於工業原料，常含有其他雜質，因而會對暴露員工造成傷害。如甲苯中常含苯（苯為致癌物）。

(2) 暴露情形：

A. 暴露時間之長短：時間越長、危害越大。

B. 進入人體之途徑：除鼻外，口及皮膚亦是重要途徑。

C. 時日及季節之變化。

D. 暴露時間：正常之上班時制為每天八小時，有關職業衛生暴露之容許標準也是依此工作時制來研訂。因此，有關勞工超時加班或採用彈性上班方式等問題亦需加以正視。

(3) 暴露者之內在因素：

A. 生理生化差異：例如體內的酒精去氫酶(alcohol dehydrogenate)含量較高，可能其酒量較佳；芳香烴氫氧化酶(Aryl Hydrocarbon Hydroxylase, AHH)含量較多者，易罹患肺癌。

B. 遺傳因素：如黑人對紫外線之抗力比白人強，而客家人因缺乏葡萄糖-6-磷酸脫氫酶(Glucose-6-phospat dehydrogenase)對溶血性物質之感受性則比一般人為大。

C. 健康情形：即勞工本身之生理、心理和社會適應情形，對衛生管理之成敗關係甚大。因此，由預防的觀點來看，職前體檢及有關選工及派工之工作要確實做好。

D. 營養及飲食：如喜歡飲酒的人若從事有機溶劑之工作，或抽菸者有石綿粉塵之暴露，將增加其危險性。

E. 性別：由於雄性及雌性之身體構造、生理機能及性荷爾蒙之差異，使性別成為一重要之因素。

F. 年齡：某些毒物對幼兒之毒性較高，如巴拉松、硼酸對幼鼠及嬰兒之毒性較高，其主因可能是未成熟者其肝微粒酵素酶未完成有關，亦可能是因為幼兒之相對體重攝入量較高；發育中之幼兒體內有許多正進行分裂之細胞，其 DNA 對致癌物較敏感。

(4) 暴露者之外在環境：

A. 濕度：如濕度會加大二氧化硫之毒性。

B. 溫度：如人體之生理反應有很多是靠酵素來調節的生化反應，所以溫度上升時，其反應就會比較快，也因此而影響毒物之毒性。

C. 共存化學因子：作業場所常常同時用多種化學物質，其彼此間之綜合效應問題要隨時加以注意。如同時使用甲苯及二甲苯，則兩者間毒性會有相加作用的情形發生。

2.1.5 危害認知基本程序

研擬職業衛生對策時，首先應對作業場所中環境－作業－暴露員工之關係加以辨認，並做好測定、評估的工作，始能有效的對勞工健康危害之防止，施予對策。而欲認知及評估工作場所所存在或產生之環境因素或壓力時，應巡視及以書面方式收集下列資料加以評估。

1. 使用什麼原料？產生何種產品？並透過物質資料表(Safety Data Sheet, SDS)了解其特性。

2. 製程中加入何種物質？

3. 產生何種中間物質？

4. 使用何種製程，何種操作方法？

5. 製造之週期有多久？
6. 製程之質量平衡計算？
7. 製程之安排是否適當，使暴露有毒、有害物質減至最小程度？
8. 有害、有毒物質之儲存、運輸、處置、使用是否訂有安全操作方法？
9. 是否已設置合格之有害作業主管從事監督作業？
10. 是否已實施環境監測評估？污染之實態如何？
11. 是否已設置有控制方法？效果如何？
12. 是否置備必要之防護具？是否每人一具？
13. 是否已符合職業安全衛生法規有關之各項規定？

以上程序第 1 項至第 6 項為了解及掌握作業環境中可能排放何種有害物質及其用量、污染量，為對策擬定之認知階段。第 7 項至第 13 項為暴露評估、危害控制、污染預防等工程控制對策，現有之安衛設施對策是否足夠？應如何加強？

2.1.6 安全資料表

安全資料簡稱 SDS(Safety Data Sheet)，由於其簡明扼要記載化學物質的特性，故亦稱之為「化學品的身分證」它是化學物質的說明書；是化學物質管理的基本工具；也是一份提供化學物質資訊之技術文獻。其內容廣泛，表 2-1 所示為安全資料表之十六項內容，包括：特性辨認（成分辨識、危害辨識、物化性質）、危害評估（毒性、生態、及安定性）、控制防護（暴露預防措施、安全處置與儲存方法）、緊急處理（急救措施、滅火措施、洩漏處理、廢棄處置方法）。依規定 SDS 須置於工作場所中易取得之處並適時更新。

表 2-1　安全資料表內容

1. 物品與廠商資料	製造商或供應商名稱、地址 物品名稱 緊急聯絡電話 傳真電話
2. 危害辨識資料	標示內容 其他危害 物品危害分類
3. 成分辨識資料	物品中（英）文名稱 同義名稱 危害物質成分 化學文摘社登記號碼(CAS. No.)
4. 急救措施	不同暴露途徑急救方法 最重要症狀及危害效應 對急救人員之防護
5. 滅火措施	適用滅火劑 滅火時，可能遭遇之特殊危害 特殊滅火程序 消防人員之特殊防護設備
6. 洩漏處理方法	個人應注意事項 環境注意事項 清理方法
7. 安全處置與儲存方法	處置 儲存
8. 暴露預防措施	工程控制 控制參數 個人防護具 衛生措施

表 2-1 安全資料表內容（續）

9. 物理及化學性質	物質狀態 形狀 顏色 氣味 嗅覺閾值 pH 值 溶點 沸點 易燃性（固體、氣體） 閃火點 自燃溫度 爆炸界限 蒸氣壓 蒸氣密度 密度 溶解度 辛醇／水分配係數(log kow) 揮發速度
10. 安全性及反應性	安定性 特殊狀況下可能之危害反應 應避免之狀況 應避免之物質 危害分解物
11. 毒性資料	急毒性 局部效應 致敏感性 慢毒性或長期毒性 特殊效應
12. 生態資料	生態毒性 持久性及降解性 生物蓄積性 土壤中之流動性 其他不良效應

表 2-1 安全資料表內容（續）

13. 廢棄處置方法	廢棄處置方法
14. 運送資料	聯合國編號 聯合國運輸名稱 運輸危害分類 包裝類別 海洋污染物（是／否） 特殊運送方法及注意事項
15. 法規資料	適用法規
16. 其他資料	參考文獻 製表者單位 製表人 製表日期 備註

2.2 作業環境監測的意義

對於作業環境中存在的有害因素，要認定其存在及危害的程度，固然可以藉感官加以判斷，但不可靠，而且容易受麻醉作用、感官疲勞或其他個人身體的健康狀況而失去作用，因此常需要使用各種精密的儀器設備來做作業環境監測。

基本上作業環境監測(Workplace Monitoring)可以簡單說，就是在作業環境中實施具代表性的量測，並將量測之數據加以評估的過程。因此作業環境監測具有量測和判斷雙重的意義。對有害化學因子而言，其量測包括採樣及分析二項。所以採樣是將空氣中的對象污染物捕集下來，採下來的物質不知道是什麼內容也沒有用，因此要把它的內容、性質定出來，這就是定性分析，知道是什麼物質還不夠，還要知道含有多少量，這就是所謂定量分析。至於物理性危害，因主要係能量因素所引起，因此都以各種轉換器(transducer)直接量測並做評估，以判斷這種暴露量的存在是不是可以接受？勞工在那種環境中工作，長期暴露的結果是不是有害？因此作業環境監測的意義，不只是消極的用於瞭解勞工每日所接受的暴露劑量或長期可能累積的危害，或透過樣品的分析協助我們對環境存在的危害因素有進一步的認知，而且更應積極的將監測結果做為環境改善之參考依據，以達到預防危害及控制的目的。

2.3 作業環境監測計畫

依勞工作業環境監測實施辦法第十五條之規定，雇主實施作業環境測定前，應就作業環境危害特性、監測目的及中央主管機關公告之相關指引，規劃採樣策略，並訂定含採樣策略之作業環境監測計畫。計畫內容包括：

1. 確定實施作業環境監測的目的。
2. 危害辨識及資料收集。
3. 相似暴露族群之建立。
4. 採樣策略之規劃及執行。
5. 樣本分析。
6. 數據分析及評估。

茲將環境監測計畫的要旨分述如下：

2.3.1 環境監測的目的

一般而言，實施作業環境監測之目的，計有下列數項：

1. 建立作業環境的品質標準，提供勞工一個更舒適而健康的工作環境。

2. 建立劑量－反應(dose-response)的關係

係重複量測或觀察環境中某危害因子的強度變化與群體產生某種對應生物效應的對應關係，此乃研究機構為某一特定研究目的而進行之測定。

3. 配合職業衛生法令的要求

目前大部分工廠執行環境監測是為了：

(1) 掌握環境中各種危害因子的分布狀況。
(2) 瞭解勞工個人暴露實況。
(3) 評估環境改善控制的效果。
(4) 進入儲槽內部工作前之安全測試。

2.3.2 危害辨識及資料收集

1. 危害辨識及資料收集

環境監測的目的確定後，就要對作業環境作初步了解及危害辨識，包括原料、半成品、成品、製程、災害防範措施及設備（如有無防護具、通風設備）、生產設備（如機器種類）、健康檢查記錄（如某種疾病都發生於同一作業部門的勞工）、毒物學的資料及安全資料的收集。

2. 收集途徑

如何得到所要的資料，可訪視作業勞工及經理人員，參閱生產設計流程圖，並至現場做初步調查(walk-through survey)。

2.3.3 相似暴露族群之建立

監測化學品之選擇原則為：

1. 法令規定應實施測定者

2. 危害程度較嚴重者

如何概估危害程度可參考下列資料：

(1) 化學品之毒性或物理性危害因子之強度。
(2) 潛在之暴露人數。
(3) 化學品之用量。
(4) 預估之危害層面（如每天暴露多長時間、強度多大）。
(5) 最近之製程變動（如用新的生產程序，注意是否有問題）。
(6) 有共存之化學品或其他物理性危害因素會導致相加、相乘、或相減作用。
(7) 危害控制及防護具使用情形。
(8) 勞工過去暴露史。

3. 有工人抱怨者

4. 國內外曾發生職業性疾病者

所謂相似暴露群(Similar Exposure Group, SEG)係指一群勞工因為其工作過程的性質（所用的化學物質、其操作方式）及頻率相似，故推測其有相同的暴露實態，該族群勞工稱之為相似暴露群。相似暴露群之建立可依據工廠特性，選擇職稱、作業製程、部門、機台、化學品種類等各項因子，以不同組合方式選擇適合的方式達到劃分相似暴露族群之目的。例如：根據製程－部門－職務逐步展開、區域－製程機台－化學品逐步展開、製程－作業類型展開。SEG 劃分的主要目的在於，利用有限的資源（人力、物力、財力與時間）使採樣點具最高的代表性。

2.3.4 採樣策略之規劃及執行

在決定了對象分析物質後，可直接查閱勞動部、美國職業安全衛生署(OSHA)、職業安全衛生研究所(NIOSH)、或其他外國政府公布之採樣、分析方法或文獻資料。如果某一危害因素同時有許多種可參考的量測方法，選擇時要考慮下列事項：

1. 方法的可靠性

採樣、分析方法很多，應該選擇準確度與精密度高的方法。同時應考慮干擾物質或因素所可能造成的誤差。

2. 方法的靈敏度

盡可能選擇靈敏度較高的方法。

3. 回應時間(response time)

分析方法的回應時間越快越好。因為作業環境危害因素的強度經常在變，所以所用方法的回應時間越短越好。

4. 方法的可近性(accessible)

可近性包括人員和設備二方面的考慮，人員和設備能不能配合？是否有現成設備？及過去是否有使用的經驗等都需要考慮。

5. 設備的方便性與經濟性

譬如所有的試樣都用質譜儀分析很貴，負擔不起，所以要選擇比較便宜、方便迅速，而精密度、準確度都還可以接受的方法。

除上述參考方法中所建議的採樣分析方法外，有時還需視情況藉助某些直讀式儀器來實施作業環境測定，通常化學性危害評估所使用之直讀式儀器，除非可證明其準確度、靈敏度、回應時間、干擾因素均能合於所需，一般不建議用以取代標準採樣參考分析方法，但在下列情況下直讀式儀器常扮演著極其重要的角色。

(1) 緊急搶救時，環境測定之用。
(2) 現場初步調查時，選擇最高暴露勞工群之測定。
(3) 輔助最高可能濃度之測定，以估算適當採樣、流量及時間之用。
(4) 儲槽內部工作進入前之測定用。
(5) 暴露時間短暫，要使用標準採樣、分析方法有所困難時。

(6) 對已經以標準採樣、分析方法實施環境測定之工作業場所，在法令規定之環測期限間配合作輔助性、經常性的監測。

(7) 其他特殊情況，如 CO、Cl_2、O_2、可燃性氣體等測定。

這是整個作業環境監測計畫很重要的一部分，主要是決定採樣策略包括相似暴露群、樣品數等，影響監測結果至鉅，因此事先的詳細規劃十分重要，必須充分掌握實施監測的目的，再依據監測目的，配合作業現場、流程及操作情形，加以規劃設計。通常這種規劃並無一定最佳之通用模式，而需藉助工業衛生師的經驗及現場工作人員與醫療衛生單位人員的共同參與協助，才能正確獲得最具代表的樣本。

所謂採樣策略，簡單的說就是依採樣目的(why)而設計取得代表性樣本的方案，其要考慮的主要項目包括：

1. 採樣對象勞工(who)－要找高危險群勞工。
2. 採樣位置(where)－要找廠內區域濃度較高者。
3. 每個工作天內的採樣樣品數目(How many)－取決於作業場所危害物之濃度變化大小。
4. 每個樣品的採樣時間(How long)－由化學物性質及採樣媒介而定。
5. 一個工作天內的採樣時段(when)－可能是例行時段或非例行作業。
6. 採樣頻率(How often)－依作業環境監測辦法之規定。

2.3.5 樣本分析

採樣原則：進行環測時，採樣點的選取方式應能取得具代表性的樣本。採樣策略應包含有害物的選定、採樣對象及樣本數、採樣方式、何時採樣及採樣時間長短等項目：

1. 選定有害物

參考物質基本資料表了解何有害物對人之影響較大或勞工暴露較為危害之物作為對象。

2. 決定採樣對象及樣本數

此項應記載採樣對象及樣本數，並加以說明選取的依據為最大暴露危險群或相似暴露族群的隨機樣本，亦或其他理由。

3. 採樣方式選定

環測目的在於掌握勞工作業環境實態及評估勞工暴露情形，所以是以個人採樣測定為主；如果以區域採樣測定，要與勞工作業時間配合，才能換算勞工個人暴露。

4. 決定何時採樣

採樣日期與時段的選擇，應依據環測目的與工廠生產作業情形而訂定。

5. 決定採樣時間長短

評估勞工八小時日時量平均暴露濃度時，採樣時間至少六小時以上；評估勞工短時間時量平均暴露濃度時，可視作業型態，判斷有害物可能產生高濃度時段採樣十五分鐘。

2.3.6 數據分析及評估

由於任何一種檢驗、分析均有誤差，作業環境監測由於作業場所的變數複雜，誤差尤不可避免。因此監測結果應不只是單一的數字意義而已，通常還需要配合過去的監測紀錄、勞工的健康檢查資料、製程與操作的變化資料與統計學的分析，來協助瞭解勞工在某一操作條件下受危害的可能性，評估有否違規，以考慮採取對策。

2.4 容許濃度之認識與運用

2.4.1 前　言

隨著科技的進步、工業的發達以及高科技產業之興起，日常工作場所內可能接觸或暴露的各種有害化學物質也就越來越多。因此，如何將化學物質中可能對吾人健康具有潛在危害者，加以有效的管理、控制，以保障勞工之健康，為從事職業衛生者必須全力以赴之工作目標。

為了達成前述目標，吾人除了對：

1. 有害物質的特性（如可燃性、化學反應性、毒性、致癌性、致畸胎性、致生殖效應性、感染性及放射性等）；
2. 有害物進入人體之途徑（如經由口鼻或皮膚進入人體）；

3. 毒性(toxicity)與危害(hazard)之差異；
4. 毒物毒性之分類（如窒息性、麻醉性、塵肺性、致熱性、過敏性、致癌性、致變異性、致畸胎性及全身性毒物等）；
5. 劑量與反應之關係(dose response(or effect) relationship)；
6. 影響毒物毒性之因素；
7. 毒物進入人體後之吸收、分布、代謝及排泄等；

要有充分的認識外，對作業環境空氣中有害物質容許暴露濃度（又稱容許濃度）(Permissible Exposure Limit, PEL)之相關知識包括容許濃度標準之訂定、現行容許濃度標準內涵等也要有相當之認識。

2.4.2 容許暴露標準之訂定

容許暴露標準之訂定，其主要目的係保護勞工之健康及福祉。因此訂定此標準時，首先要考慮是所訂定的標準是否可以確保勞工的健康。因此訂定容許濃度標準時，除了要參考國外相關資料（如先進國家的容許濃度標準及有關動物實驗、人體試驗和產業活動經驗等資料）外，尚需融入其國家內之本土性資料（如該國勞工對有物質之劑量－反應關係資料等）。最後，再經由勞工高危險群(high risk group)之確認與定量以及可接受風險(acceptable risk)程度之界定，就可構建出由健康層面為導向的相關標準，如美國政府工業衛生技師協會(ACGIH)推薦之恕限值(Threshold Limit Value, TLV)、美國國家標準研究所(American National Standards Institute, ANSI)之推薦標準以及美國職業安全衛生研究所(NIOSH)之推薦暴露容許濃度(Recommended Exposure Limit, REL)等均為以健康為導向之標準。

2.5 現行法定容許暴露標準

2.5.1 內容介紹

我國現行「勞工作業場所容許暴露標準」係依勞工安全衛生法相關條文於民國六十三年發布，並分別經多次修正，於一〇七年由勞動部最新修訂，其所列容許濃度標準主要係參考美國 ACGIH 之容許濃度推薦值而來。本標準適用於從事製造、處置或使用有害物作業之事業。雇主從事前列事業，其作業環境空氣中有害物之濃度，應不得超過標準所列之容許值。

本標準所稱容許濃度(Permissible Exposure Limit, PEL)，係指八小時工作日時量平均容許濃度(PEL-Time-Weighted Average, PEL-TWA)，短時間時量平均容許濃度(PEL-Short Term Exposure Limit, PEL-STEL)，最高容許濃度(PEL-Ceiling, PEL-C)之總稱。PEL-TWA，又稱工作日時量平均容許濃度，意指勞工每天工作八小時，一般勞工重覆暴露在此濃度下，不致有不良反應。

勞工八小時工作日時量平均濃度(TWA)之計算公式如下：

$$TWA = \frac{C_1 \times T_1 + C_2 \times T_2 + ... + C_n \times T_n}{T_1 + T_2 + ...T_n} \quad (2\text{-}1)$$

式中 $T_1 + T_2 + \cdots\cdots + T_n = 480$ 分，而 $C_1, C_2, \cdots\cdots C_n$ 為對應於 $T_1, T_2, \cdots\cdots T_n$ 之暴露濃度，此 TWA 值應低於 PEL–TWA 值。若勞工總暴露時間非 8 小時，則勞工 T 小時暴露時量平均濃度可以下式計算

$$TWA_T = TWA_8 \times \frac{8}{T} \quad (2\text{-}2)$$

而 PEL–STEL，則指勞工連續暴露在此濃度以下 15 分鐘（即任何一次連續 15 分鐘內之平均濃度不得大於 PEL–STEL），不致有下列情況發生：(1)不可忍受之刺激；(2)慢性或不可逆之組織病變；或(3)意外事故增加之傾向或工作效率之降低。至於 PEL–C，則為防勞工不可忍受之刺激或生理病變，勞工任何時間之暴露均不可大於此濃度。亦即勞工作業環境空氣中有害物之濃度應符合下列規定：

1. 全程工作日之時量平均濃度不得超過 TWA，

$$TWA \leqq PEL - TWA \quad (2\text{-}3)$$

2. 任何一次連續 15 分鐘內之平均濃度不得超過短時間時量平均容許濃度 STEL，

$$STEL \leqq PEL - STEL \quad (2\text{-}4)$$

3. 任何時間不得超過最高容許濃度 Ceiling，

$$C \leqq PEL - C \quad (2\text{-}5)$$

作業環境空氣中之有害物可能只有一種，也可能同時含有數種。如同時有二種或二種以上之有害物質共存時，則其對暴露者之綜合生物效應可能為相加、相乘、相拮抗或互為獨立不相干擾。如果沒有充分證據證明其為相乘、相拮抗或互為獨立，則為安全計，宜把其綜合生物效應視為相加作用。即：

$$\sum_{i=1}^{n}(\frac{TWA}{PEL-TWA})\leq 1 \quad \cdots\cdots (2\text{-}6)$$

且 $$\sum_{i=1}^{n}(\frac{STEL}{PEL-STEL})\leq 1 \quad \cdots\cdots (2\text{-}7)$$

或 $$\sum_{i=1}^{n}(\frac{C}{PEL-C})\leq 1 \quad \cdots\cdots (2\text{-}8)$$

本標準附表一中註有「皮」、「瘤」及「高」等三種字樣。其中「皮」字係表示該物質易從皮膚、黏膜滲入人體，應防止皮膚直接接觸；而「瘤」字意指該物質為引起腫瘤物質，作業場所應有防止污染之密閉防護措施，避免勞工直接接觸。至於「高」字則表示最高容許濃度。

本標準之附表二如表 2-2 所示，旨在說明空氣中粉塵之容許濃度。第一種、第二種、第四種粉塵以 mg/m^3 表之，並分為可呼吸性粉塵及總粉塵二種容許濃度標準。而石綿纖維則不管其種類，一概以每立方公分空氣中所含石綿之纖維數（即根數）來表示。

表 2-2 空氣中粉塵容許濃度表

種　類	粉　塵	容許濃度		符　號
		可呼吸性粉塵	總　粉　塵	
第一種粉塵	含游離二氧化矽 10% 以上之礦物性粉塵	$\frac{10mg/m^3}{\%S_iO_2+2}$	$\frac{30mg/m^3}{\%S_iO_2+2}$	
第二種粉塵	未滿 10%游離二氧化矽之礦物性粉塵	可呼吸性粉塵 1mg/m³	總粉塵 4mg/m³	
第三種粉塵	石綿纖維	每立方公分 0.15 根		瘤
第四種粉塵	厭惡性粉塵	可呼吸性粉塵 5mg/m³	總粉塵 10mg/m³	

說明：1.本表內所規定之容許濃度均為八小時日時量平均容許濃度。
2.可呼吸性粉塵係指可透過離心式或水平析出式等分粒裝置之粒徑者。
3.石綿纖維係指長度在五微米以上，長寬比在三以上之粉塵。
4.本表內註有「瘤」字者，表示該物質經證實或類似對人類引起腫瘤性之物質。

含游離二氧化矽(free silica)之粉塵（氣膠），主要存在於石英中，具高危險性易造成肺部纖維化，而石綿纖維屬於矽酸鹽氣膠，可引起石綿肺及致癌性。至於厭惡性粉塵經長期暴露對肺功能和他種器官並不會造成明顯病變，但如作業場所內厭惡性粉塵濃度太高時，對視界有顯著之妨礙；當粉塵落入眼、耳、鼻腔道時則會導致不愉快感覺，並且可能因其化學性、機械性作用而對皮膚或黏膜產生傷害。上述礦物粉塵中可歸類於此類粉塵者，有氧化鋁、鋁、硫酸鈣、碳酸鈣、矽酸鈣、纖維素、石墨、高嶺土、菱鎂礦、大理石、水泥、矽、碳化矽、金鋼砂、二氧化鈦等。

本標準有所謂的變量係數(excursion factor)，如表 2-3 所示：

表 2-3 變量係數

容許濃度（氣態物質以 ppm 表之，粒狀物質以 mg/m^3 表之）	變量係數
0~0.9	3
1~9	2
10~99	1.5
100~999	1.25
1,000 以上	1

若某物質之 PEL−TWA 已知，則可用變量係數來求其 PEL−STEL。其計算式如下：

某物質之 PEL−STEL＝（某物質之 PEL−TWA）×變量係數…………(2-9)

2.5.2 恕限量應用的限制

恕限量的訂定有其考慮之工作條件，因此在應用時，下列狀況有其限制：

1. 不可用於加班的情況

人體接受有毒物質之後，有自然防禦機能。有害物可經由排泄減低其在體內之積存效應。但工作超過八小時，則在第二日之基線增高，如此日復一日，則最後終未必能將毒性物質之積存效應排除淨盡。

2. 不能因工作時間改變，而任意調高其環境濃度

例如因工作不足八小時，乃任意將作業環境之濃度提高，而以為反正八小時之平均濃度仍未超過。因為短時間，高濃度亦可能造成傷害引起疾病。

3. 不可用於判斷是否引起職業疾病之根據

TLV 是健康不受影響之濃度，並非致病之濃度。但同時，如工人本身健康不佳，或有其他疾病則可能在低於 TLV 濃度下，即能引起疾病。

4. 不可用於作為一般大氣環境之標準

一般大氣環境中，有老人、小孩、孕婦，其健康的分布也不均勻，不像工作場所，都是健康的成年人；且大氣環境中 24 小時均暴露該濃度下，沒有排出的機會，故不適用。

5. 恕限量不可用作毒性與危害性相對值指標

例如 $TLV_1 = 300ppm$ 之物質甲與 $TLV_2 = 30ppm$ 之物質乙，物質乙之毒性並非物質甲之 10 倍。因此，TLV 之八小時平均值，只可應用於實際評估污染控制或健康危害時之參考，而不宜作為安全劃分之界限。並且，TLV–TWA 之測定，決不可以瞬時值(grab sample)為代表。因為瞬時採樣所得之結果，只代表該數分鐘（瞬時）的情況，與其採樣前後時段均無關聯。

2.5.3 應　用

例題 1

試問 0°C，一大氣壓下，1 莫耳的某氣體，其體積應為多少公升？

解

一般大氣接近理想氣體，故可利用下列之理想氣體公式：

$$PV = nRT = \frac{M}{M.W.} RT$$

式中

P＝大氣壓力，atm

V＝體積，L

n＝摩爾數，g/mole

R＝理想氣體常數，0.08206 L-atm/g mol-K

T＝絕對溫度，°K

M＝質量，g

M.W.＝分子量

由上公式可知 $V=\frac{nRT}{P}=\frac{1\times0.08206\times273}{1}=22.4L$

例題 2

在 25°C，一大氣壓下，78 克的苯完全蒸發後之體積應為多少公升？

解

苯(C_6H_6)之分子量為$(12\times6+1\times6)=78$，套入理想氣體公式，則

$$V=\frac{M}{M.W.}RT=\frac{78}{78}\times0.08206\times(273+25)=24.454=24.45L$$

例題 3

500mL 的一氧化碳與 999,500mL 之空氣相混合後，則一氧化碳的濃度為多少 ppm？

解

因為 $ppm=\frac{\text{污染物氣體的體積}}{\text{空氣體積}+\text{污染物氣體的體積}}\times10^6$，所以

一氧化碳濃度$=\frac{500}{500+999,500}\times10^6=500.0ppm$

例題 4

在常溫常壓下，1%的二氧化碳，如換算為 ppm 及 ppb，則其值應各為多少？

解

$1ppm=\frac{1}{10^6}$

因 1%的二氧化碳 $= \frac{1}{100} \Rightarrow \frac{10,000}{100 \times 10,000} = 10,000\text{ppm} = 10^4\ \text{ppm}$

又因 1ppm＝1,000ppb，所以 1%的二氧化碳 $= 10,000 \times 1,000 = 10^7\text{ppb}$

例題 5

在 25°C，一大氣壓下，設二氧化硫的濃度為 13mg/m^3，如以 ppm 表示，則其值應為多少？

▶ 解

$$13\text{mg/m}^3 = \frac{13\text{mg}}{10^3\text{L}} = \frac{13\text{g}}{10^6\text{L}} \Rightarrow \frac{\frac{13}{\text{M.W.}} \times 24.45}{10^6}$$

$$= \frac{13}{64} \times 24.45\ \text{ppm} = 4.96\text{ppm} = 5\text{ppm}$$

例題 6

在 20°C，一大氣壓下，設二氧化碳的濃度為 13mg/m^3，如以 ppm 表示，則其值應為多少？

▶ 解

$$13\text{mg/m}^3 = \frac{13\text{g}}{10^6\text{L}} \Rightarrow \frac{\frac{13}{44} \times \frac{273+20}{273} \times 22.4}{10^6} = 7.10\text{ppm}$$

由上述例題得知，在一大氣壓下，空氣中有害氣體之濃度可用 mg/m^3 或 ppm 表之，在 25°C 標準狀況下，二者互換公式如下：

$$\text{ppm} = \text{mg/m}^3 \times \frac{22.4 \times \frac{(273+\text{氣溫})}{273}}{\text{該氣體之分子量}} = \text{mg/m}^3 \times \frac{24.45}{\text{該氣體之分子量}}$$

$$\text{mg/m}^3 = \text{ppm} \times \frac{\text{該氣體之分子量}}{22.4 \times \frac{(273+\text{氣溫})}{273}} = \text{ppm} \times \frac{\text{該氣體之分子量}}{24.45}$$

例題 7

設正己烷之 PEL–TWA 為 50ppm，試利用變量係數求其 PEL–STEL 值。

解

$50 \times 1.5 = 75$ppm

例題 8

設作業場所空氣中含 300ppm 丙酮(PEL－TWA＝750ppm)及 120ppm 丁酮(PEL－TWA＝200ppm)，且在 8 小時之工作時間內該二物質之濃度分布前後頗為均匀，試由混合物 PEL–TWA 之觀點說明它是否逾越容許濃度標準。

解

因丙酮及丁酮對人體之危害有相加作用之特性存在，故由

$\frac{300}{750} + \frac{120}{200} = 1$ 的數值中，我們判定它符合容許暴露標準。

例題 9

設由個人採樣結果發現，張三上午(8:00~12:00)及下午(13:00~17:00)之甲苯平均暴露濃度分別為 120 及 80ppm，又設甲苯之 PEL–TWA 為 100ppm，試求張三之甲苯工作日時量平均暴露濃度為多少 ppm？又此濃度是否逾 PEL？

解

工作日時量平均暴露濃度$= \frac{120 \times 4 + 80 \times 4}{8} = 100$ppm，如單由 PEL–TWA 觀之此值尚符容許濃度標準。但因題中未交待其短時間平均暴露濃度究竟如何，故無法評估其是否符合 PEL。

例題 10

甲苯之 PEL－TWA＝100ppm，設由個人採樣發現，張三之甲苯工作日平均暴露濃度為 90ppm，試問張三之甲苯暴露情形是否合乎法定容許濃度要求？

▶ 解

雖然 90ppm 小於 100ppm，但因其短時間平均暴露濃度未知，故無法評估它是否符合容許濃度。

例題 11

某勞工每日需在 A、B、C、D 等四個作業場所工作，在 A 場所工作 2 小時，在 B 場所工作 3 小時，在 C 場所及 D 場所工作 1.5 小時，而在 A、B、C、D 作業場所皆有甲、乙、丙三種有害物質，其中甲種有害物質之時量平均容許濃度為 100ppm，乙種害物質之時量平均容許濃度為 150ppm，丙種有害物質之時量平均容許濃度為 200ppm，下表為作業環境測定之各個作業場所之有害物質的測定濃度，試計算該勞工每日工作接觸之有害物是否超過時量平均容許濃度？

	A	B	C	D
甲	500	0	120	0
乙	60	90	0	100
丙	0	50	0	50

▶ 解

甲物質 $TWA=\dfrac{500\times2+0\times3+120\times1.5+0\times1.5}{8}=147.5\text{ ppm}$

乙物質 $TWA=\dfrac{60\times2+90\times3+0\times1.5+100\times1.5}{8}=67.5\text{ ppm}$

丙物質 $TWA=\dfrac{0\times2+50\times3+0\times1.5+50\times1.5}{8}=28.13\text{ ppm}$

$$\frac{147.5}{100}+\frac{67.5}{150}+\frac{28.13}{200}=2.07>1$$

故該勞工每日接觸之有害物已超過時量平均容許濃度。

例題 12

計算甲苯作業之時量平均濃度（甲苯分子量 92）並以 ppm 及 mg/m^3 單位表之(1atm, 25°C)。相當八小時時量平均濃度為多少 ppm？

作業時間	08:00~10:00	10:00~12:00	13:00~15:00	15:00~18:00
空氣中濃度(ppm)	80	110	100	90

▶ 解

(1) $(2\times80+2\times110+2\times100+3\times90)\div9=94.4(ppm)$
（9 小時時量平均濃度）

(2) 依公式 $mg/m^3=ppm\times\dfrac{分子量}{24.45}$

得 $94.4\times\dfrac{92}{24.45}=355.2(mg/m^3)$

(3) $94.4ppm\times9\div8=106.2ppm$（應用公式 2-2）

例題 13

王君從事有機溶劑作業，在某日工作日內暴露最嚴重時段測定 15 分鐘，測定結果如下表（25°C，一大氣壓力下），設該場所除二甲苯、丁酮、正己烷外無其他有害物暴露，若以相加效應評估時，該勞工暴露是否符合規定？

暴露物質	二甲苯	丁酮	正己烷
暴露濃度	$200mg/m^3$	$250mg/m^3$	$100mg/m^3$
八小時日時量平均容許濃度	100ppm	200ppm	50ppm
變量係數	1.25	1.25	1.5
分子量	106	72	86

▶ 解

(1) 先將 15 分鐘之暴露濃度單位轉換為 ppm
所以二甲苯 $200mg/m^3=200\times24.45/106=46.1ppm$
丁酮 $250mg/m^3=250\times24.45/72=84.8ppm$
正己烷 $100mg/m^3=100\times24.45/86=28.4ppm$

(2) 利用變異係數求取短期時間時量平均容許濃度

PEL−STEL（二甲苯）＝100×1.25＝125ppm

PEL−STEL（丁酮）＝200×1.25＝250ppm

PEL−STEL（正己烷）＝50×1.5＝75ppm

(3) 依 2-6 式計算勞工暴露劑量＝ $\frac{46.1}{125}+\frac{84.8}{250}+\frac{28.4}{75}=1.13>1\Rightarrow$ 不符合規定

2.6 生物偵測

2.6.1 生物偵測(Biological Monitoring)之定義及種類

藉由作業環境監測個人採樣可以推估勞工暴露的有害物暴露量，但是其他之暴露途徑如經由皮膚或口腔吸收就無法被考慮，因此是一個外在劑量。為彌補這些不足，生物偵測技術乃開始發展以做為個人暴露評估之用。

根據歐洲 CEC 與美國 OSHA 及 NIOSH 聯合會議的定義為：「生物偵測乃是測定或判斷作業環境危害物或其代謝物在組織、分泌物、排泄物、呼氣或以上組合物質中的量，並予適當的標準比較以評估其暴露量及健康風險。」

一般生物偵測的目的是要評估人體化學物質的總暴露吸收量，不管是經由何種途徑進入，是要避免過量毒性化學物質之暴露所造成的健康傷害。

因此，生物偵測的種類可分下列四種：

1. 尿液分析

應用於會快速藉由生物轉化成水溶性代謝產物之無機化合物或有機物質暴露評估，此類因不具侵入性，較易被勞工接受。

2. 血液分析

大部分應用在不易生物轉化之無機化合物或有機物質評估如鉛，由於需以針頭注射抽血，勞工配合度較差。一般較適用生物半衰期較短的有害物，可以評估近期暴露的健康危害情形，或是重金屬累積評估吸收量評估。

3. 毛髮分析

大部分應用在評估重金屬或微量元素之生物累積量，這類物質通常生物半衰期很長（數月或數年以上），較少被推薦做為暴露生物偵測的檢體。

4. 呼吸分析

主要是在用於揮發性化合物或有機溶劑之評估，因此在收集、運送、處理、保存與分析過程都需特別的注意，以減少誤差。

2.6.2 生物偵測檢體取樣時刻

有害物一旦進入體內，常是經過分布、代謝後，或者與體內大分子結合造成傷害，或者被排出體外。一些揮發性較高的氣體，它們也會從呼出的氣體中逃逸。理論上，生物偵測的檢體可以用呼出的氣體，血液及排出的尿液。然而，於實際應用上，除非有現場人力、物力的配合，呼出氣體之收集及運送仍有許多困難尚待克服。血液檢體的取樣不但變異係數較大，而且具侵犯性，特別是有害物本體或其代謝物在血液中的半衰期通常較短，使得解釋血液中測得的濃度與暴露間的關係，難度增高。相對地，以尿液檢體來說，其取得較易，運送較少困難，且尿液中代謝物之半衰期也較它在血液中為長，解釋尿液中代謝物濃度與外加暴露間的關係比較容易。

由於有害物排出體外之半衰期長短差異很大，因此取樣時刻影響檢體中暴露指標物濃度至深至鉅。美國政府工業衛生技師協會(American Conference of Governmental Industrial Hygienists, ACGIH)的生物暴露指標委員會所建議之指標物參考值是與其所建議的取樣時刻相呼應的。委員會建議之取樣時刻：

1. 當有害物排出半衰期小於 5 小時時，可於工作中，及一日工作結束時取樣外，第二天工作前也可取樣，工作中及一天工作結束時所取得的檢體，其指標物之濃度所代表的不只是有暴露，同時反映當時暴露之強度；至於第二天工作前取樣，則是反映有無非作業場所的暴露及勞工本身的代謝機能是否異常。
2. 當有害物排出半衰期大於 5 小時，則於一週工作近結束時，或是第二週工作前取樣，其反映的是連續數日的累積暴露。
3. 當有害物排出半衰期相當長時，則可以隨時取樣，其反映是勞工或個人體該有害物的累積負荷量，而不再是過去短程時間內的暴露了。

檢體暴露量除受採樣時刻影響外，亦受許多相關因素影響，如下列各點：

1. 不同作業位置化學物質濃度的變異性。
2. 不同時段化學物質濃度的變異性。
3. 粒狀物的粒徑大小及氣動特性。

4. 化學物質的溶解度。
5. 其他不同的吸收途徑（皮膚及消化道）。
6. 防護具之使用及其效率。
7. 工作負荷量及其呼吸體積。
8. 個人的習慣嗜好（如抽菸、喝酒）。
9. 非職業暴露（如食物、飲水等）。
10. 體內化學物質累積程度。
11. 勞工個人身體健康、服藥情形及營養狀況。
12. 性別、種族、代謝功能或遺傳上的差異。

2.6.3 環境監測與生物偵測之關係

環境監測與生物偵測及健康檢查間的關係如圖 2-2 所示，由圖中可知透過環境測定可以了解勞工外在暴露（主要是由呼吸途徑），若超過 TLV 則會產生健康效應。而生物偵測則可了解勞工之體內劑量（不論是經由何途徑），若超過生物暴露指標 (Biological Exposure Indices, BEIs)，亦會造成勞工健康不良影響。而透過健康檢查可以早期預防，三者之關係環環相扣。BEI 的理論根據是基於會引起生物效應的最小閥值，由於個人代謝有害物差異甚大，加上任何分析方法有其先天性的隨機誤差，所以當一個暴露偵測值高出參考值時，不一定代表其暴露已達危害健康之地步。表 2-4 所示為環境監測與生物偵測在評估危害時之優缺點。

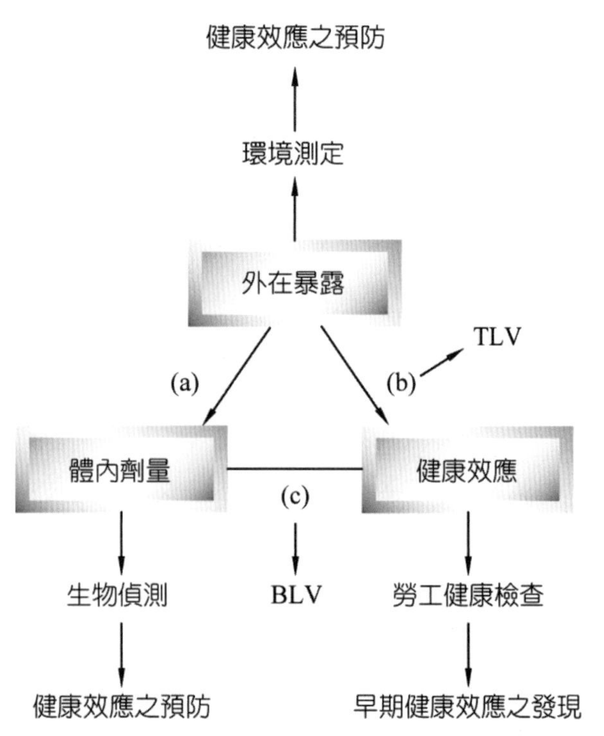

圖 2-2 環境監測，生物偵測與健康效應之關係

表 2-4 環境監測與生物偵測之優缺點比較

	環境監測	生物偵測
優點	1. 容易實施。 2. 員工接受度較高。 3. 能直接掌握作業環境危害物之濃度。 4. 能作為工程改善之依據。	1. 較能代表勞工實際暴露。 2. 可偵測非職業性之暴露。 3. 可評估勞工產生之健康效應。 4. 鑑定個人防護具的使用功效。
缺點	不能真正代表勞工之實際暴露(最多只能代表吸入之暴露)。	1. 勞工拒絕度高。 2. 分析技術較困難。 3. 體內劑量來源很多，且會受非職業因素影響，致因果關係不易確認。 4. 採樣困難，危害物在體內停留時間及侵害之標的器官不同。

EXERCISE

習題

1. 依美國工業衛生協會的建議，工業衛生之定義為何？
2. 何謂暴露評估？
3. 何謂 SDS，其內容為何？
4. 試述作業環境監測的意義及其目的。
5. 欲評估污染物之危害，需收集哪些相關資料？
6. 如何選擇適當之採樣分析方法？
7. 直讀式儀器在哪些狀況下可以使用？
8. 勞工作業場所容許暴露標準所稱之容許濃度有哪三種，其定義為何？該標準中註有「皮」、「瘤」及「高」等字，其意各為何？
9. 空氣中粉塵的種類及其容許濃度為何？
10. 某作業環境之空氣中測得含：
    丙酮(Acetone)400ppm, TLV：750ppm；
    乙酸丁酯(sec-Butyl acetate)100ppm, TLV：200ppm；
    丁酮(MEK)100ppm, TLV：200ppm。
    試計算暴露於該作業環境之劑量。是否超過限值？
11. 如果你想協助雇主掌握作業場所勞工暴露實況及環境實態，試擬一套有效且能落實之作業環境監測計畫。
12. 試述容許濃度在應用時有哪些限制並解釋之。
13. PEL–STEL 與 PEL–TWA 之關係。
14. 舉例說明環境測定與生物偵測之意義及二者之關係。
15. 生物指標(biological marker)是生物偵測(biological monitoring)中用的一種工具。
    (1) 若應用在作業環境監測中，它代表的是：
        A. 不同暴露途徑的綜合暴露影響。
        B. 不同暴露途徑，如吸入、食入或皮膚接觸，所代表的個別暴露途徑影響。
        答案寫 A.或 B.即可。

(2) 外在危害物被吸收進入人體內後的生物指標，依危害物在體內的代謝過程或程度可分為不同類型，請列舉有哪些類型，並簡述其意義。(至多列舉三種)

(3) 鉛、砷、苯、二甲苯四種危害物中，請任選二種危害物，各列舉出一項其常使用的生物指標。

16. 說明毒性及危害之不同。

17. 生物檢測有哪幾種？各種檢體最易造成數據變異之原因為何？(影響變異(Variation)者)

18. 試繪圖說明環境監測及生物偵測與健康效應之關係。

19. 試述環境監測及生物偵測之優缺點。

20. 某勞工每天工作的有機溶劑暴露如下所示，則此勞工有機溶劑的暴露是否符合法令的規定？

有機溶劑	暴露濃度(ppm)	暴露時間(min)	容許濃度(ppm)
丁酮	120	240	200
甲苯	80	240	100
苯	7	240	5

21. 某勞工於一工作日中分別在 A、B 二室內工作場所工作，在此二室內工作場所皆有同一化學物質的暴露。做 5 分鐘採樣，分析結果如下：

地點	時間	樣品	結果(ppm)(五分鐘採樣)
A	8:00~12:00A.M.	1	120
		2	138
		3	132
		4	118
B	1:00~4:00P.M.	5	68
		6	87
		7	80

此勞工暴露之 8-hr TWA 為何？

22. 某鑄造業作業場所其浮游粉塵中二氧化矽的含量經分析後為 35%，該場所之作業勞工暴露情形測定條件及測定結果如下，試評估該勞工暴露情形是否符合規定？

採樣現場之溫度、壓力：25°C、1 atm

泵設定的流量：總粉塵(2.0 L/min)、可呼吸性粉塵(1.7 L/min)

樣品採樣時間及結果如下：

	樣品編號	採樣時間	採樣粉塵定量結果(mg)
總粉塵	T1	08:00~12:00	3.02
	T2	13:00~14:30	0.85
	T3	14:30~17:00	0.25
可呼吸性粉塵	R1	08:00~12:00	0.32
	R2	13:00~14:30	0.24
	R3	14:30~17:00	0.46

心之靈糧

「貪婪」是一種「負面情緒」，它把人的心越套越緊，也把理智朦蔽，使人忘記自己原來心靈的「富有」，最後反而變成心理上的「貧窮」。所以古人曾說：「貪念是萬惡之首！」－戒之！

MEMO

採樣技術

03
CHAPTER

本章大綱

3.1 採樣目的
3.2 採樣前初步調查
3.3 採樣規劃
3.4 採樣準備
3.5 流率校準
習 題

3.1 採樣目的

作業環境採樣是將具有代表性之含有害物空氣捕集，以便分析其成分與含量，以推估該作業環境空氣中之有害物濃度。

作業場所空氣中有害物濃度隨著作業空間、時間一直在變動。吾等實無法也不符合經濟原則地一一監測作業場所瞬間之有害物濃度值，用以描述該作業場所有害物污染實態，或作為評估每一可能暴露於有害物之勞工其各時段之暴露狀況，因此，作業環境監測應先決定作業環境監測之目的，藉以決定採樣的母群體（如作業場所之某時段之所有空氣或某時段之所有暴露之勞工），再從母群體中抽取適當之樣本，取得監測值。用這些監測值來描述母群體之情形，甚至判定作業場所或勞工暴露之濃度是否可能超過政府之規定。所以採樣應依監測之目的，採取適當具有代表性之樣本，才能有效評估。

3.2 採樣前初步調查

作業環境監測人員實施作業環境監測前應掌握工作區域配置、勞工工作內容、潛在危害物等包括現場原料、作業過程、中間物或成品等之毒性與現場可能溢散至空氣情形，以選擇擬監測之有害物。並從現場流程、布置、通風情形、勞工名冊、職務、工作內容、規劃採樣地點或對象。

瞭解作業場所使用之有害物、作業流程與操作及法規規定後，對有經驗之作業環境測定人員，在實施作業環境測定前，雖已初步掌握現場有害物污染可能情形及應實施作業環境測定之物質名稱。惟因各作業場所對有害物控制措施不同，現場訪視(Walking through survey)乃不可免。其目的乃要瞭解在例行作業或非例行作業下，潛在的健康危害。包括觀察勞工操作、控制措施及勞工抱怨情形。

某些短暫之流程和操作流程可能是最具潛在健康危害，如保養作業常有較高之暴露；假日與夜間作業可能不同，其污染情形之差異亦應加以調查；此外，現場之整理整頓以及勞工皮膚接觸亦應加以觀察。現場調查常需以感觀（視覺、嗅覺）或佐以直讀式儀器量測研判。

3.3 採樣規劃

所謂採樣規劃，簡單的說就是依採樣目的(why)而設計取得代表性樣本的方案，其要考慮的主要項目包括：

1. 採樣對象勞工(who)。
2. 採樣位置(where)。
3. 每個工作天內的採樣樣品數目(how many)。
4. 每個樣品的採樣時間(how long)。
5. 一個工作天內的採樣時段(when)。
6. 採樣頻率(how often)。

按我國目前職業安全衛生法有關規章之規定，監測目的可分為四種：

1. 為掌握環境中有害物質實態之區域採樣監測。
2. 為瞭解勞工暴露量之勞工個人採樣監測。
3. 為判定局部排氣性能之氣罩外側濃度監測。
4. 儲槽內部作業前之監測。

3.3.1 區域採樣(Area Monitoring)

區域採樣即所謂定點採樣法以了解有害物之濃度分布，作法是先按勞工作業之行動範圍及有害物分布狀態，擬訂出測定對象區域之單位作業場所，然後在此單位作業場所內實施勞工作業環境平均暴露濃度評估之 A 測定及針對特別高暴露場所及時間另外實施之最高暴露濃度評估之 B 測定，分述如下：

1. A 測定

A 測定係依勞工作業之行動範圍及有害物之分布狀態，以每 3 公尺為原則，等間隔劃縱橫線，取其交點為測定點，在地面上 50~150 公分即勞工呼吸帶高度之適當位置，隨機採取 5~20 點，每點採樣時間為 10 分鐘以上。

2. B 測定

單位作業場所中有些場所及時間帶，因可能有勞工暴露於高濃度有害物的情況，為彌補 A 測定平均濃度法所造成之缺陷，因此對於有最高暴露之場所及時間，應另外實施最高濃度暴露之環境測定，稱為 B 測定。B 測定應於實施 A 測定之時間內為之，採樣時間為 15 分，其採樣分析方法應與 A 測定相同。

3.3.2 個人採樣(Personal Monitoring)

我國除特殊有害物規章所規定勞工作業環境監測及氣罩外側濃度監測外，其他之物質測定宜使用勞工個人採樣監測。此種監測法有較好之統計理論，同時評估勞工在工作期間內實際之暴露量，亦較具有代表性。尤其在職業病個案調查上，更具有意義。

1. 採樣對象勞工

首先應實施現場訪視，尋找最大暴露危險群，實施採樣。當無法確認最大暴露危險群時，則以隨機採樣(random sampling)。依序選擇如下：

(1) 最大暴露危險群：由工業衛生管理人員依其經驗及觀察選擇最接近有害物發生源之勞工或其暴露濃度超過 1/2 容許濃度之勞工及抱怨可能遭受污染之勞工等，當作採樣對象實施測定。若其暴露量低於容許濃度，則其他低暴露勞工可不必再做，若其暴露量高於容許濃度，再對次高暴露群勞工實施進一步之測定，如此可合理降低採樣、分析成本。

(2) 如上述最大暴露危險勞工無法確定時，先以經驗中空氣中有害物可能超過 1/2 容許濃度的勞工為設定之暴露群，按表 3-1 決定採樣對象工人數後，再以亂數隨機方式來選擇採樣對象（勞工）。

(3) 根據勞工工作內容、製程、控制設備、找出有相同暴露條件的相似暴露群(Similar Exposure Group, SEG)，從每一群中選定一位勞工作為對象，如此，可以減少成本亦可找到最大暴露危險群。

2. 採樣位置

採樣設備由勞工佩戴，捕集器夾在勞工衣領。

3. 一個工作天內的採樣時段

對勞工工作日時量平均暴露量以採樣整個班次全程 8 小時為原則，對短時間時量平均暴露量則以 15 分鐘採樣為宜，後者且應選擇最高可能暴露時段為之，但對有害物濃度變化十分穩定之作業場所，採樣時間不一定要 8 小時。

表 3-1 樣本數的決定（信賴度為 90%）

高暴露母群體數，N	樣本數，n
8	7
9	8
10	9
11~12	10
13~14	11
15~17	12
18~20	13
21~24	14
25~29	15
30~37	16
38~49	17
50	18
>50	22

4. 每個採樣時段的樣品數及每個樣品的採樣時間

參考圖 3-1，理論上每個時段採樣的連續樣品數越多，越能精確評估勞工真正的平均暴露範圍，並且可看出一天內暴露濃度的大致變化情形，但需考慮採樣介質之最大負載能力，及採樣與分析成本因數的考慮，美國職業安全衛生研究所建議就 8 小時之工作日時量平均標準而言，二個全程連續採樣（即二個 4 小時連續測定）就樣品統計及經濟觀點來看，似乎為較理想。對短時間的暴露測定，採連續多樣品時，需同時考慮採樣流量及儀器偵測下限或靈敏度。

(1) 全程單一樣品採樣：次佳（午飯時間不採樣）。

(2) 全程連續多樣品採樣：最佳（午飯時間不採樣）。

(3) 部分時間連續多樣品採樣：再次佳採樣（採樣時間約全程 70~80%）。

(4) 瞬間多樣品採樣：最差。

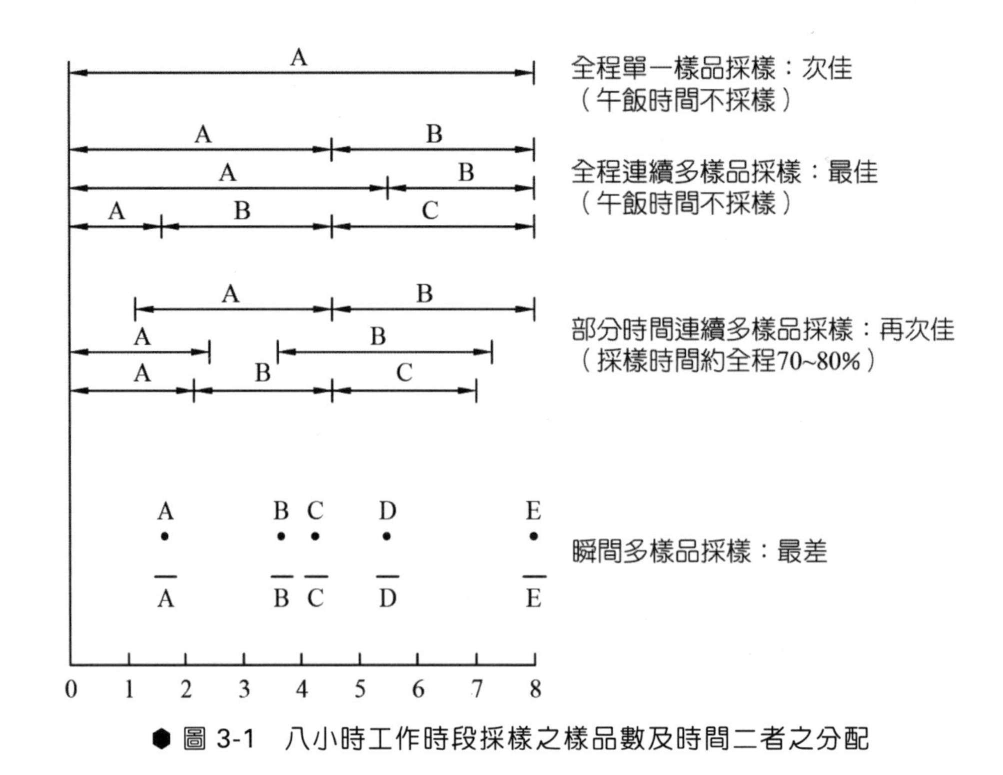

● 圖 3-1　八小時工作時段採樣之樣品數及時間二者之分配

5.（採樣）頻率

應依勞工作業環境監測實施辦法之規定辦理。

6.（分析）結果之數據整理與評估

由於採樣、分析方法的隨機誤差及現場環境因素的變化，以致環境監測的數據常變異，其變異係數(Coefficient of Variance)包括採樣的變異係數及分析的變異係數，即總變異係數（應小於 25%）

$$CV_T = \sqrt{CV_T^2,(\text{採樣}) + CV_T^2,(\text{分析})} \quad \cdots\cdots (3\text{-}1)$$

因此，測定結果濃度為 TWA 時，實際之濃度在 LCL 至 UCL 之間，LCL 為可信度下限濃度，UCL 為可信度上限濃度，即

$$LCL = TWA - Error$$

$$UCL = TWA + Error$$

$$Error = 1.645 \times CV_T \times PEL$$（95%之信賴區間）

式中，PEL 為有害物質容許濃度。因此，事業單位不能單以 TWA 小於容許濃度作為合法之依據，如圖 3-2 中之 b。保守言之，應以 UCL 小於 PEL 才能合理推估勞工暴露符合法令規定。如圖 3-2 中之 a。同理，執法單位亦不能以 TWA 大於 PEL 而判為超出標準。因考慮採樣分析之誤差，TWA 仍有機會小於 PEL，如圖 3-2 中之 c。是以，保守起見，應以 LCL 大於 PEL 作為判定不合法之依據較為合理，如圖 3-2 中之 d。

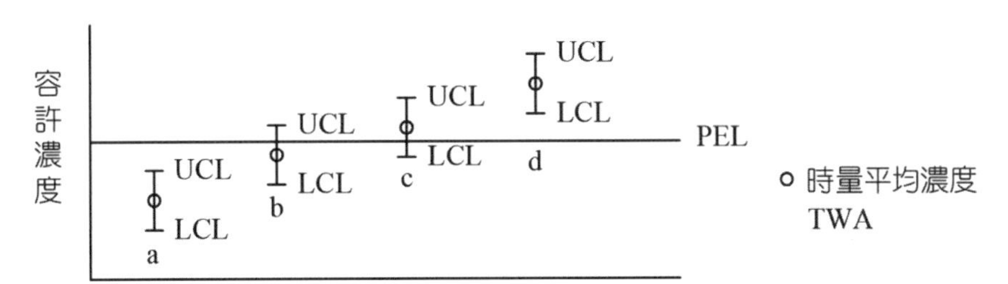

圖 3-2　環境監測結果 TWA 與 PEL 之關係

其數據整理及實例說明如下：

1. 全程單一樣品採樣(Full Periods Single Sample)

$$UCL(95\%) = TWA + 1.645\alpha = TWA + 1.645 \times CV_T \times PEL \cdots\cdots (3\text{-}2)$$

式中 TWA 表示此單一樣品之測定濃度值；CV_T 為採樣分析之總變異係數，可按分析物質及所使用之分析方法獲得，PEL 可由容許暴露標準查到。

例題 1

以活性碳管及個人採樣器測定 α-chloroacetophenone，流量：100 毫升／分，全程單一採樣時間 8 小時，分析結果為 0.04ppm, CV_T: 0.09, PEL: 0.05ppm，試整理及評估結果。

▶ 解

TWA＝0.04 ppm

UCL＝0.04＋1.645×0.09×0.05＝0.0474 ppm

TWA 值及 UCL 值小於容許暴露濃度 0.05ppm，故判定合於規定

2. 全程多樣品連續採樣(Full Period Consecutive Samples)

一係指連續多個樣品涵蓋整個工作時段

$$UCL(95\%) = TWA + 1.645 \times \frac{\sqrt{T_1^2 x_1^2 + ... + T_n^2 x_n^2}}{(T_1 + ... + T_n)\sqrt{1 + CV_T^2}} \times \frac{\sigma}{PEL}$$

$$= TWA + 1.645 \times \frac{\sqrt{T_1^2 x_1^2 + ... + T_n^2 x_n^2}}{(T_1 + ... + T_n)\sqrt{1 + CV_T^2}} \times CV_T \quad \cdots\cdots\cdots\cdots (3\text{-}3)$$

當採樣時間 $T_1 = T_2 ...... T_n$ 時

$$UCL(95\%) = TWA + 1.645 \times \frac{\sqrt{x_1^2 + ... + x_n^2}}{n \times \sqrt{1 + CV_T^2}} \times \frac{\sigma}{PEL}$$

$$= TWA + 1.645 \times \frac{\sqrt{x_1^2 + ... + x_n^2}}{n \times \sqrt{1 + CV_T^2}} \times CV_T \quad \cdots\cdots\cdots\cdots (3\text{-}4)$$

例題 2

以個人採樣器及二支活性碳管測勞工之非均勻 isoamyl alcohol 暴露，CV_T: 0.08，PEL: 100ppm，分析測定結果下：

X_1: 30ppm, X_2: 140ppm

T_1: 300min, T_2: 180min

試評估勞工暴露是否合法。

解

1. TWA = (300×30+180×140)/480 = 71 ppm
2. 應用 3-3 式，

$$UCL(95\%) = 71 + 1.645 \times 0.08 \frac{\sqrt{(300)^2(30)^2 + (180)^2(140)^2}}{(300+180)\sqrt{1+(0.08)^2}} = 78 \text{ ppm}$$

3. TWA 值及 UCL 值小於容許暴露濃度 100ppm，判定合於規定。

3.3.3 氣罩外側空氣中濃度監測

此種評估方法主要用於瞭解局部排氣之性能或污染源周圍勞工接近時，可能達到的暴露量，因此其測定值可當做是工程控制設備驗收之參考資料。依氣罩型式決定測定位置，連續測兩天，每天各測點之平均濃度不能超過法規所定之抑制濃度。

3.3.4 儲槽內部作業前之監測

進入儲槽係為一種極高危險性的作業，因此原則上測定者，應盡可能不進入其內。測定前應確實將儲槽內部之物質排空，清洗並充分換氣，所有設備連接之配管應設置盲板或雙重關閉，標示「不得開啟」或加鎖，同時應派遣具有資格之儲槽作業人員從事指揮，進入作業前除應實施有害物質之濃度測定外，尚需確認氧氣含量在 18%以上及可燃性氣體濃度在爆炸下限 10%以下，始可進入測定。測定時，須有一人隨旁監視並佩戴安全帶，備妥呼吸防護具。水平或垂直方向各取 3 點以上從外而內測定。

3.4 採樣準備

經現場勘查，完成採樣策略之訂定後；依據作業環境中有害物之採樣及分析需求，選擇適當之採樣設備並進行校正措施，以進行採樣工作。

3.4.1 採樣泵(Sampling Pump)

主動式(Active)的採樣中，乃將作業環境中的空氣，以外加動力吸引，使空氣通過採集介質，或進入採集容器中（如圖 3-3 採樣器功能方塊圖）。採樣所得之樣本自作業環境攜回實驗室中，經合宜分析方法進行定量分析，而將所得數據與採樣資料合併計算，用以評估作業環境實態或作業人員暴露量。

因應不同的採樣需求，各廠家依據不同的理念和應用範圍為考量設計採樣泵。為評估作業環境中作業勞工有害物質暴露量，因此採樣設備必需能隨作業勞工的作業實態並不妨礙勞工之作業為設計考量重點。

採樣泵若依據控制流（量）率的控制方式分類，則有定流量採樣泵及定壓力採樣泵。大部分的採樣方法需求上，為維持穩定採樣流（量）率及計算採氣量，大多採用定流率採樣泵；而且流率的變化均一般控制在±5%之間。大部分定流率採樣泵，具有自動背壓補償的功能，使採樣泵接上採集介質後所產生額外背壓狀況下，仍能保持固定之流率。

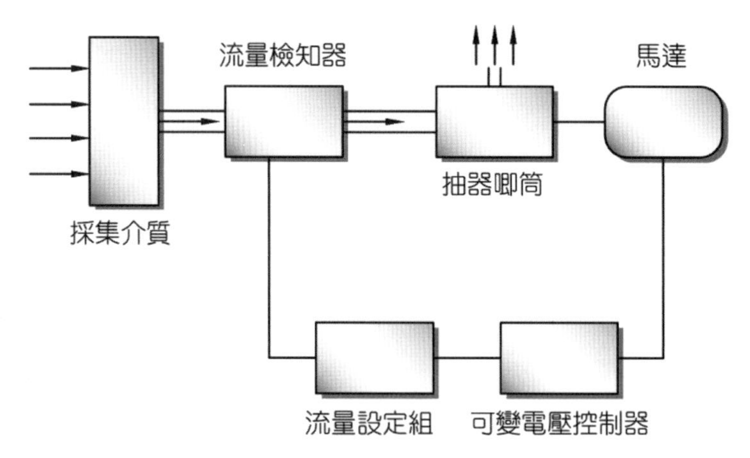

圖 3-3　採樣器功能方塊圖

◎ 採樣泵使用與限制

為得到合理採集效率，依據分析參考方法之建議流率操作範圍和各標的物之特性，選用合適之採樣泵及採集介質。尤其在使用介質容量較大之固態體吸附管或濾紙時，應考量採樣泵之自動背壓之補償功能是否能達要求。

有部分採樣方法，並非吸引作業環境中空氣通過採集介質的操作方式，而是將空氣直接吸引並充入捕集袋或容器中。此時，就必須確定欲採集之有害物不會被採樣設備之導管吸附或與導管材質產生化學反應。其他應避免作業環境中有產生電磁場可能，而影響採樣泵馬達之正常運轉（如無線電對講機）。

3.5 流率校準(Flow Rate Calibration)

3.5.1 流率校準的重要性

作業環境監測的誤差來源很多，至少包括下列各項：

1. 採樣組合系統(sampling train)漏氣或破損所造成的誤差。
2. 採樣流率或採樣體積的誤差。
3. 捕集效率的誤差。
4. 在採樣、樣品儲存、運送時，由於樣品穩定性不良所造成的誤差等。
5. 回收率的誤差。
6. 分析方法的誤差（也包括背景及干擾的誤差）。
7. 採樣、樣品儲存、運送時，因樣品遭受污染所造成的誤差。

其所造成總誤差 $E_t = \sqrt{E_1^2 + E_2^2 + ... + E_n^2}$。為能以最經濟有效的方法獲得準確，且具公信力的環境測定結果，一般均由最大誤差來源開始著手，盡可能使每一項誤差減少到最小，本章僅就其中採樣器的流率校準這一項加以說明。

流率大小決定總採氣量且直接影響測定分析結果之濃度計算，因此必須準確加以量測，但實際採樣時，或因採樣泵選擇不當，或因採樣組合系列的壓損增加，流率可能隨時間發生變化，在高濃度粒狀污染物的場所，濾紙孔隙可能會因堵塞引起阻抗上升，而使流率降低，甚至使採樣泵停止運轉，使得正確採氣體積的量測工作變得十分困難。同時採氣流率的不穩定或變化也會影響分粒裝置的操作特性，新開發的採樣泵都強調其具有定流率特性，此特性對於以過濾法捕集粒狀物之採樣尤其重要。一般將定流量採樣分為高流量（流率範圍為 1~5 L/min），中流量（流率範圍為 200~500 mL/min）及低流量（流率範圍為 50~200 mL/min）。

除上述原因外，因作業場所的濃度變化甚大，採樣時之流率變化可能影響採樣樣品的代表性，這也是另一個一定要用定流率採樣的更重要原因，亦即採樣前後流率要維持一樣。

只要流率選擇適當，定流量採樣不論流量高低，均可獲得正確時量平均濃度，這點對濃度變化很大的作業場所，尤其重要。

作業環境監測的結果有二種常用的濃度表示單位。$\frac{mg}{m^3}$ 及 $ppm = \frac{cm^3}{m^3}$，分子部分表示採樣介質所捕集到的有害物質的質量或體積，分母部分則表示通過此採樣介質的空氣總體積。

由於作業環境監測著重於勞工個人暴露量的評估，採樣器越來越要求攜帶方便、體積小、質量輕、堅固耐用及價格合理，因此採樣器上流率的準確度也較差，需要經常予以校準，才能確保測定結果的正確。

任何校正都需要使用標準，職業衛生所使用的流量標準，依其準確度可分一級標準(primary standards)、中間級標準、二級標準(secondary standards)。其容許的準確度為±5%以內。茲將一些作業環境監測較常用到的標準，其動作原理及特性分別加以介紹後，再說明實際上如何使用這些標準來做各項校準工作。

3.5.2 標準介紹

1. 一級標準－皂泡計

按 ISO/IEC 之定義：「一級標準」為一特定領域中具有最高量測品質之標準，職業衛生流率校準所用的一級標準，多為可追溯到國家或國際標準，變數最少而可以直接量度一固定空間物理量大小，以測得實際體積者，如鐘型體積計、吸氣瓶及皂泡計(soap bubble meter)。當流量低於 1L/min 時，皂泡計較適用。皂泡計常用來校正浮子流量計(rot meter)、定流量孔口流量計(critical orifice)、二級標準(secondary standards)等。常用的皂泡計結構如圖 3-4，先產生皂泡，再以馬錶準確量測皂泡通過滴定管上下二刻度所需要的時間，以求得入氣流率。移動皂泡所需要的壓力約為 0.02 吋水柱高。平均而言，皂泡計的準確度在±1%以內，如小心控制，對非反應性及非可溶性氣體，準確度可達±0.25%。目前新的皂泡計有的以紅外線偵檢器代替人眼讀取皂泡經過之時間，可大大提高其準確度，並可自動記錄校準結果。校正時最好使用原廠提供之皂泡液，避免誤差。

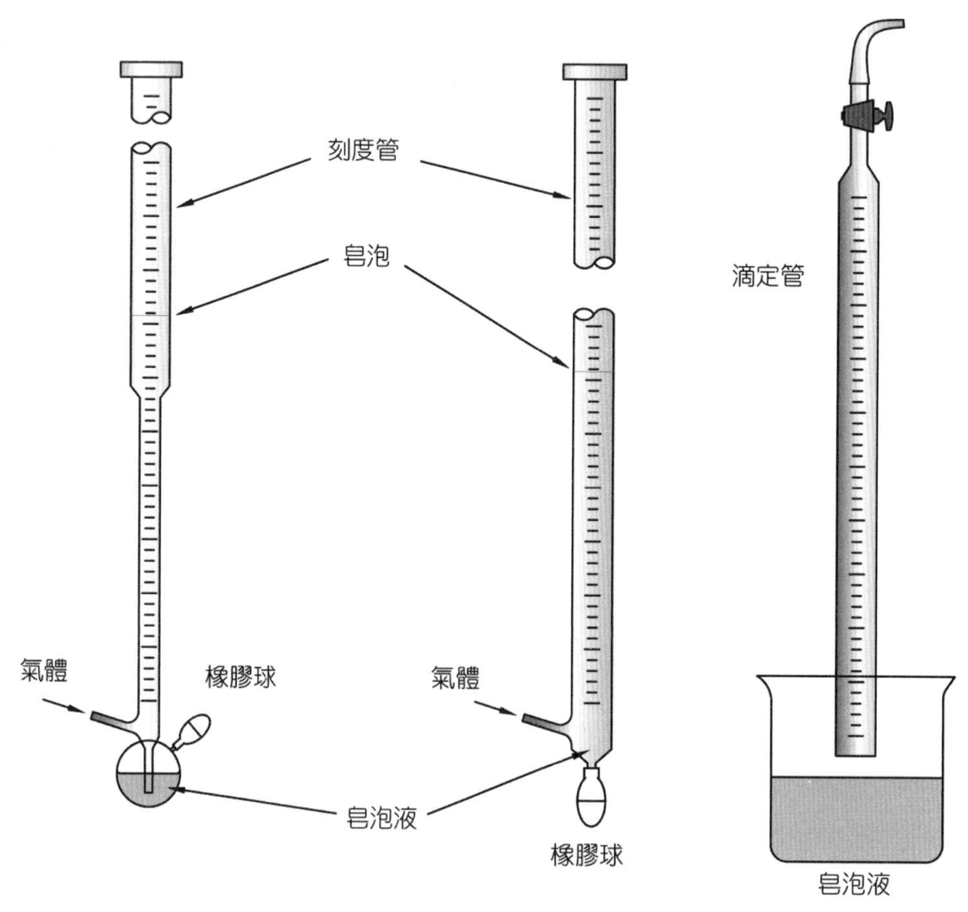

圖 3-4　常用之皂泡計

2. 二級標準(secondary standards)

二級標準是一種曾經以一級標準(primary standards)校準過而可以由檢量線求得真正流率之標準。它不若一級標準或中間級標準來得準確，但因使用方便、體積小、質量輕、價格便宜且容易購得，因此職業衛生上使用甚廣。這類之標準常用者包括：浮子流量計(rot meter)及計數器(counter)等。

(1) 浮子流量計

為職業衛生採樣上用得最廣的流率計、使用簡便、價格便宜，且可使用的範圍極大，由 1mL/min~8.5m^3/min，其基本結構如圖 3-5(a)，當流率增大時，流體經過之截面積隨之增大，流率範圍有線性及指數二種關係。除球形浮子外常見之浮子尚有如圖 3-5(b)所示之形狀，其主要作用為增加浮子讀數之穩定性，但不論形狀如何，流率之讀取總是以浮子最寬部位為準。有些浮子流率計採用雙浮子，可增加其流量使用範圍。浮子流量計可用在 0.5~5 大氣壓之壓力範圍及 0~150°C 的溫度範圍，其準確度一般為±5%，如正確校準，達到 1~2%的準確度並不困難。

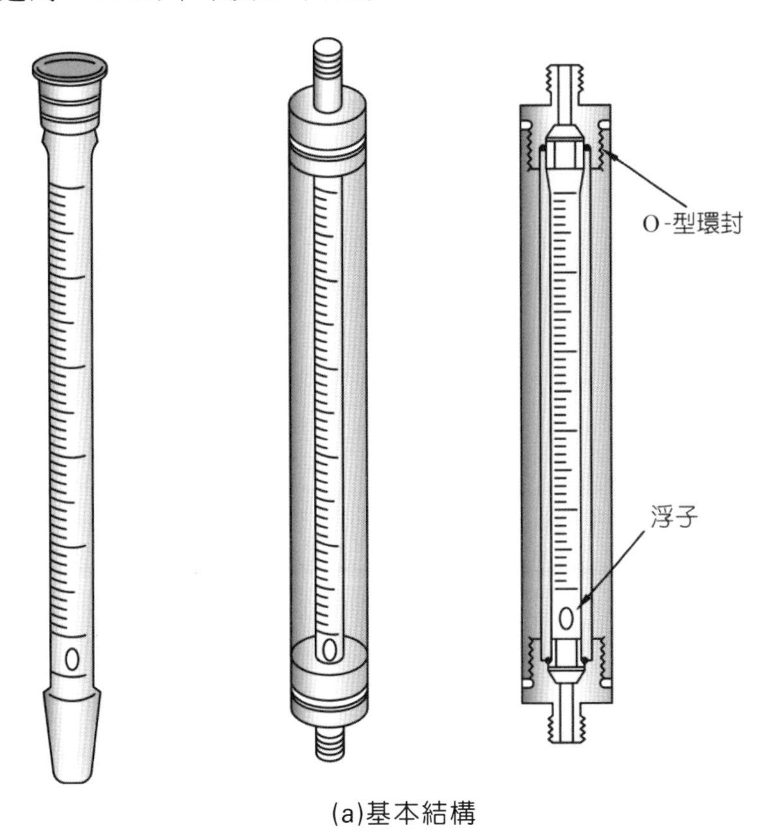

(a)基本結構

圖 3-5　浮子流量計

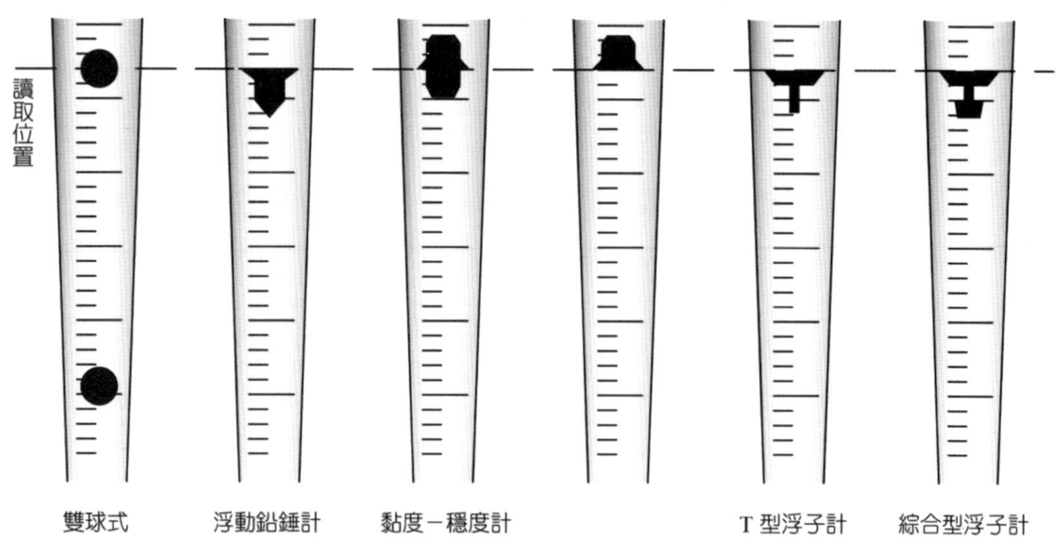

(b)一般讀取浮子最寬位置

圖 3-5　浮子流量計（續）

(2) 計數器

如圖 3-6 某些採樣器以計數器量測採氣體積，計數器每跳動一個計數表示吸引一固定體積之氣體，如事先將每跳動一個計數所代表的採氣體積準確校準，則將採樣前後計數器的讀數差乘以上述之數值即可求得總採氣體積，這種流量計使用起來十分方便，但採樣前後及保養、維修後都需加以校準，且使用或校正時需注意讀數差值不能太小，以免誤差太大，目前這類計數器大多用於氣狀污染物之低流率採樣器上。

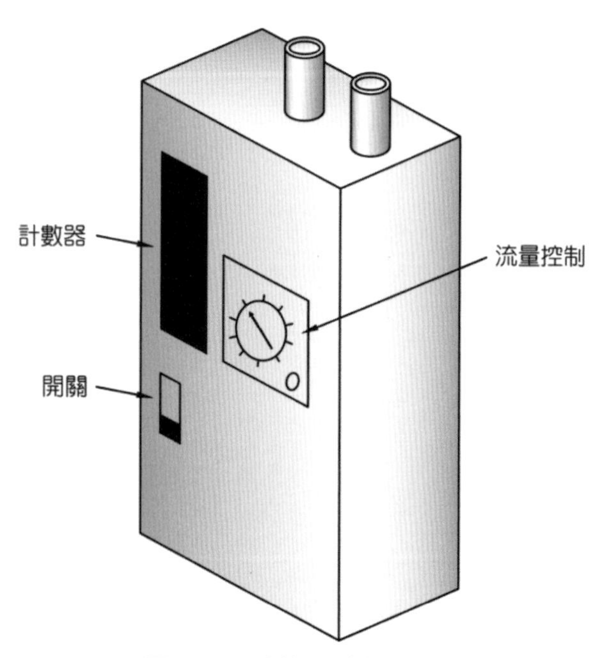

圖 3-6　計數器式個人採樣泵

3. 附浮子流量計採樣泵採樣設備之採樣體積

附浮子流量計採樣設備或採樣系列組合使用前，應在已知之溫度(T_c)、壓力(P_c)條件下校準，獲得浮子指示數(index)與實際流量率（在 T_c，P_c 條件下）之校準線或檢量線，當同一採樣介質之採樣設備在現場採樣時，即在 T_s、P_s 環境條件下，同一浮子設定位置時，流量率及採樣體積之相關性如下：

$$F_{T_s,P_s} = F_{T_c,P_c} \times \sqrt{\frac{T_s \times P_c}{T_c \times P_s}} \quad \cdots\cdots (3\text{-}5)$$

$$Q_{T_s,P_s} = Q_{T_c,P_c} \times \sqrt{\frac{T_s \times P_c}{T_c \times P_s}} \quad \cdots\cdots (3\text{-}6)$$

$$Q_{T_c,P_c} = F_{T_c,P_c} \times t_s \quad \cdots\cdots (3\text{-}7)$$

$$Q_{T_s,P_s} = F_{T_s,P_s} \times t_s \quad \cdots\cdots (3\text{-}8)$$

F_{T_c,P_c}：校準溫度、壓力條件下之採樣流（量）率。

F_{T_s,P_s}：採樣溫度、壓力條件下之採樣流率。

t_s：採樣經歷之時間。

最後的體積應換算為 NTP 下之採樣體積，即：

$$\frac{P_{1atm} \times Q_{NTP}}{298(°K)} = \frac{P_s \times Q_{T_s,P_s}}{T_s(°K)} \quad \cdots\cdots (3\text{-}9)$$

$$Q_{NTP} = Q_{T_s,P_s} \times \frac{P_s(mmHg)}{760} \times \frac{298}{T_s(°K)} \quad \cdots\cdots (3\text{-}10)$$

例題 3

設某定流量孔口流量計，在氣壓 14.4 psia，溫度 75°F 下校正時流量為 9.1Lpm，今拿到氣壓為 11.7 psia，溫度 35°F 處做現場採樣，若採樣時流量計維持在 9.1Lpm，則在採樣時之真實流量應為多少？

解

$1\text{atm}=14.67\text{psi}=760\text{mmHg}$

$P_c=14.4\text{psi}=746\text{mmHg}$

$P_s=11.7\text{psi}=605\text{mmHg}$

$$T_c=75°F=(75-32)\times\frac{5}{9}=24°C=273+24=297°K$$

$$T_s=35°F=(35-32)\times\frac{5}{9}=1.7°C=273+1.7=274.7°K$$

$$V_{T_s,P_s}=V_{T_c,P_c}\times\sqrt{\frac{T_s\times P_c}{T_c\times P_s}}=9.1\times\sqrt{\frac{274.7\times 746}{297\times 605}}=9.7L/\min$$

3.5.3 校準方法

1. 採樣組合系列(sampling train)

採樣組合系列包括空氣驅動裝置、計量計、流量調節器、軟管、接續器(adaptor)、採樣介質(sampling medium)、採樣介質固定器(sampling holder)等設備。工業衛生作業環境採樣常見之採樣組合系列，略有下列幾種：

(1) 氣體與蒸氣之採樣組合系列

A. 吸附管(absorbent tubes)法：如圖 3-7，圖 3-8。

B. 起泡器(bubbles)法：如圖 3-9。

C. 檢知管(detector tubes)法：如圖 3-10，圖 3-11。

(2) 粒狀污染物之採樣組合系列

A. 全塵量及金屬燻煙採樣（使用閉口式濾片匣(close face cassettes)時）：如圖 3-12。

B. 全塵量及金屬燻煙採樣（使用開口式濾片匣(open face cassettes)時）：如圖 3-13。

C. 石綿之採樣組合系列

使用 25mm 直徑濾紙採樣：如圖 3-14。

D. 可呼吸性粉塵採樣

使用濾紙附加旋風分離器：如圖 3-15。

2. 個人採樣泵之流率校準

流率校準時，應以現場採樣時完全相同之採樣組合系列為之，以獲得採樣之實際流率並作成流率檢量線，表 3-2 為以浮子流量計校準採樣泵之例子。

每次使用前、後個人採樣泵均應加以校準，可使用皂泡計或經過一級標準過之精密浮子流量計加以校準。

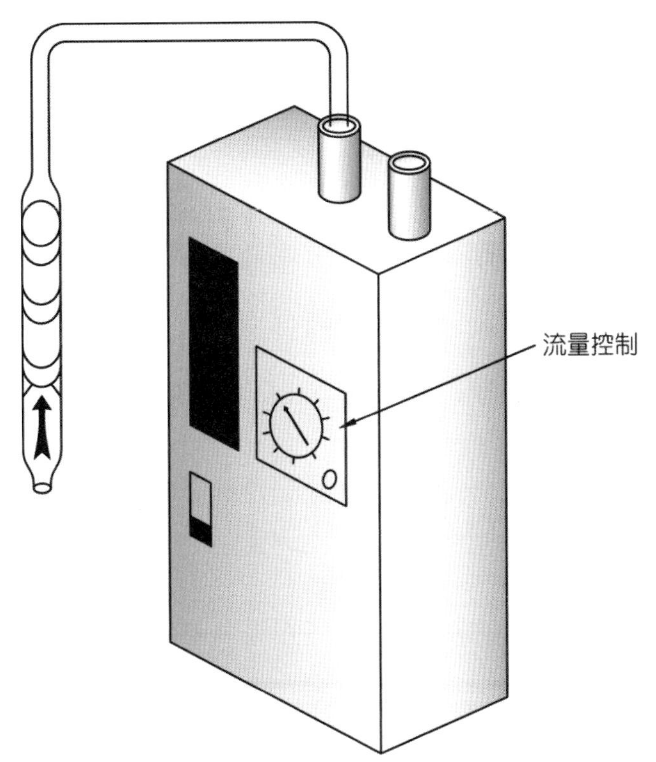

圖 3-7　吸附管採樣（活性碳管）之採樣組合系統（一）

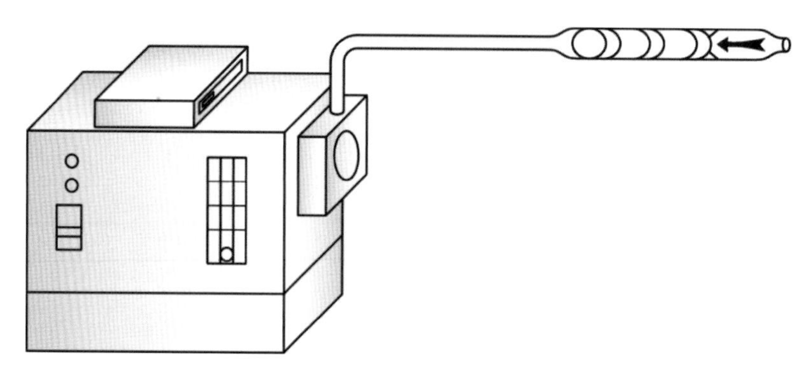

● 圖 3-8　吸附管採樣（活性碳管）之採樣組合系統（二）

表 3-2　採樣泵之流率校準（以浮子流量計校準）

浮子流量（讀數）	皂泡移動體積 (mL)	所需時間(sec)			流量(1/min)			流量平均 (1/min)
		1	2	3	1	2	3	
1.0	500	23.08	23.04	23.04	1.30	1.30	1.30	1.30
2.0	500	13.80	13.83	13.77	2.17	2.17	2.18	2.17
2.5	500	11.53	11.46	11.49	2.60	2.62	2.61	2.61
3.0	500	9.84	10.01	9.93	3.05	3.00	3.02	3.02
3.5	500	8.78	8.69	8.83	3.41	3.45	3.40	3.42

表 3-2 採樣泵流量校正曲線(calibration chart)繪圖如下：

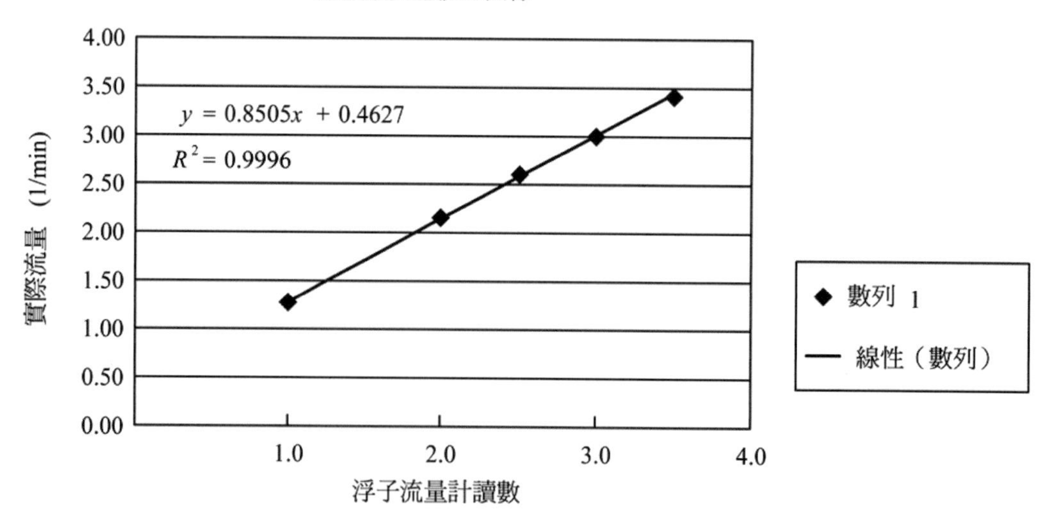

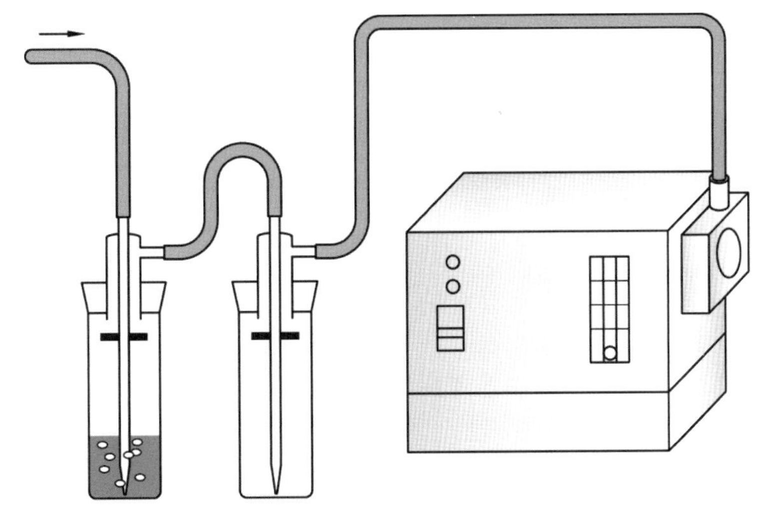

● 圖 3-9　衝擊採樣瓶之採樣組合系列

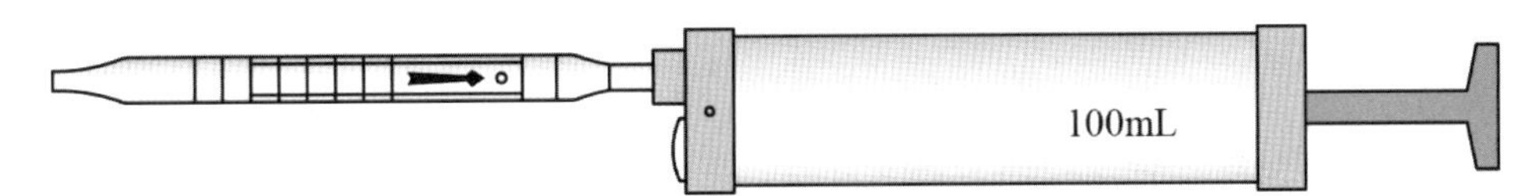

● 圖 3-10　活塞式檢知器之採樣組合系列 100mL

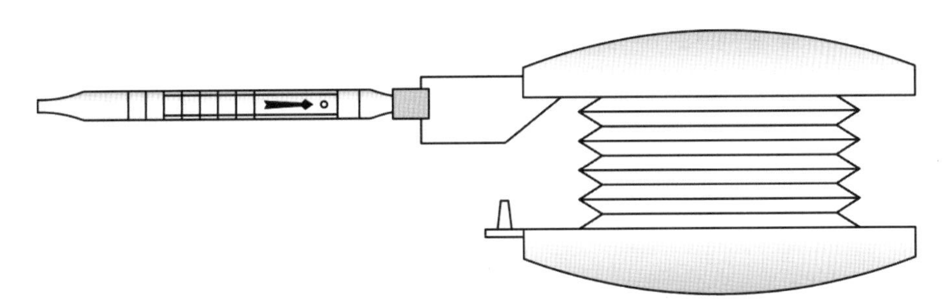

● 圖 3-11　風箱式檢知器之採樣組合系列

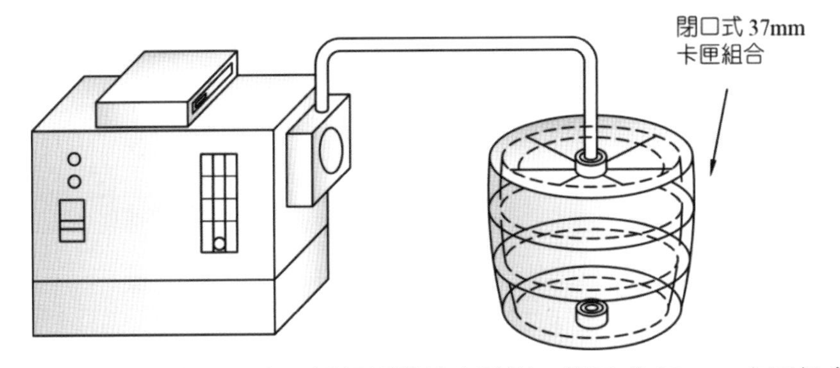

● 圖 3-12　全塵量與金屬燻煙採樣組合系列－閉口式 37mm 卡匣組合

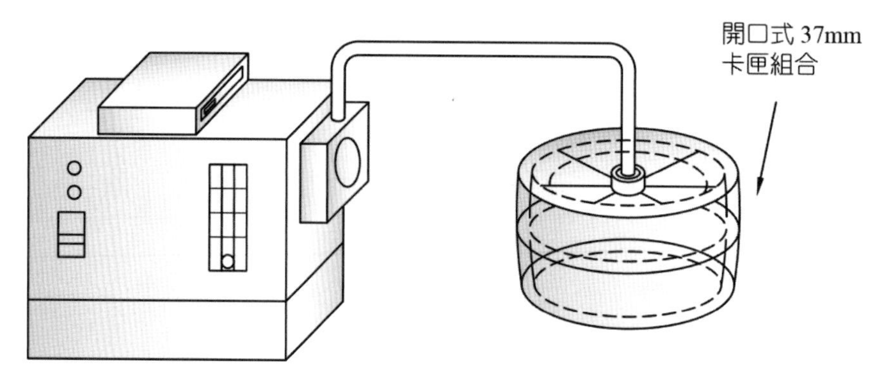

圖 3-13　全塵量與金屬燻煙採樣組合系列－開口式 37mm 卡匣組合

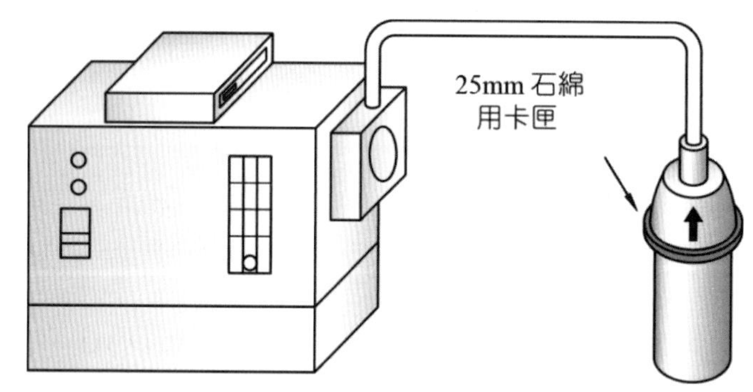

圖 3-14　石綿採樣組合系列－25mm 石綿用卡匣

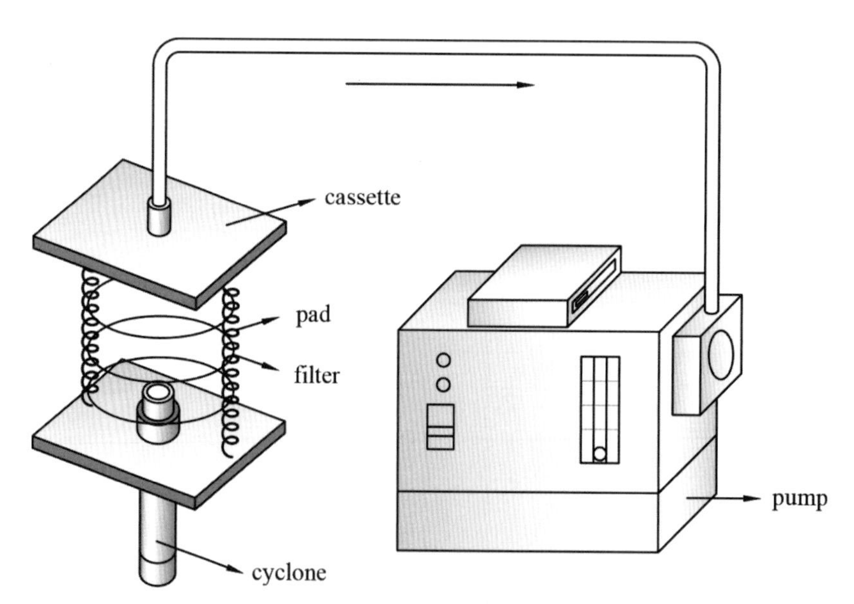

圖 3-15　可呼吸性粉塵採樣組合系列

3. 使用皂泡計校準流率步驟

(1) 採樣泵在電池電力試驗和校準前應先開動 5 分鐘。

(2) 三片式濾紙匣(3 pieces cassette)之組合詳如圖 3-16、圖 3-17、採樣時，如使用連接器(adaptor)，此時須小心不要使連接器接觸到濾紙墊片(supporting pad)。

(3) 連接採樣裝置、管路、採樣泵和校準裝置如圖 3-17 及圖 3-18 所示。

(4) 以目視檢查所有接頭是否連接良好。

(5) 以肥皂溶液濕潤適當體積之滴定管內部。

(6) 開動並調整泵浮子流量計至適當之流率讀數。

(7) 將裝有肥皂液之燒杯移至滴定管開口，以獲取一皂泡。

(8) 抽取二至三個皂泡至滴定管內，俾使此等皂泡能移動至全程完畢（或先以皂泡液潤濕滴定管內壁，再抽取皂泡）。

(9) 凝視其中一皂泡之移動並計量其移動定體積所耗用的時間。

(10) 在希望之流率範圍內時間誤差須在 1 秒內。

(11) 如時間未在精確之範圍內，則需重複上(9、10)之步驟，直至達到需要之流速，惟一般(9、10)步驟對同一流量至少須重複二～三次。

(12) 至少選擇五種不同流量讀數，各做三次校準。再以實際流量做成檢量線如圖 3-19。

(13) 所有採樣泵均須以上述方法校準，相同之採樣方法應使用相同之濾片匣及濾紙。

(14) 對最常用之採樣流量，在校準程序完畢，採樣泵仍開動時，在採樣泵之浮子流量計上做一記號以為識別。

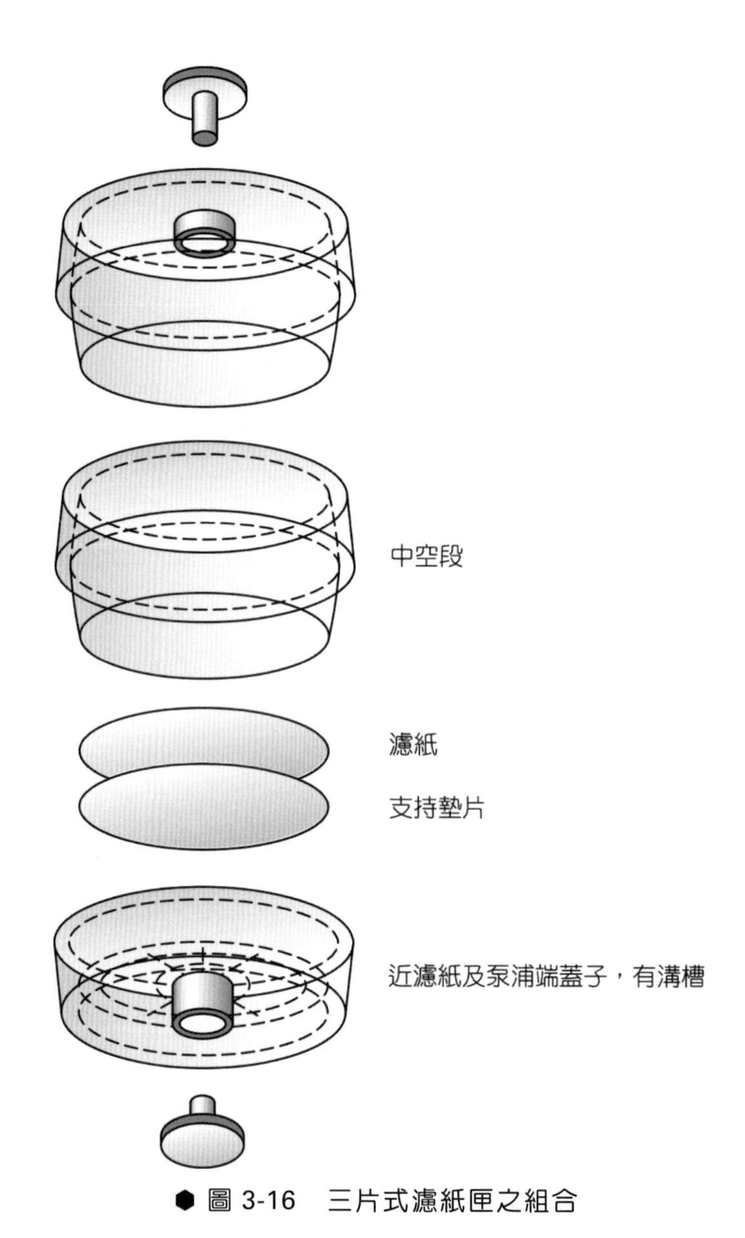

● 圖 3-16　三片式濾紙匣之組合

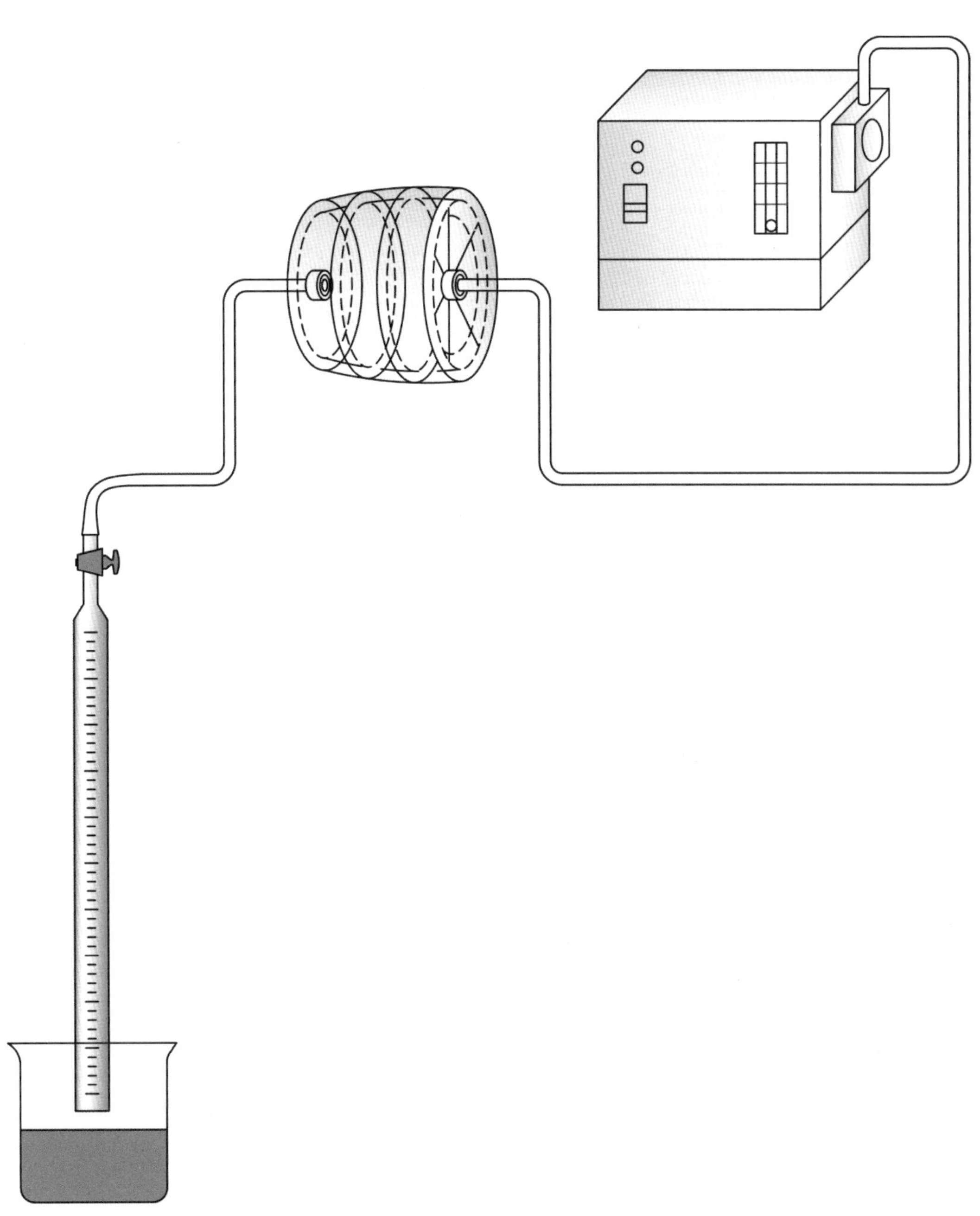

● 圖 3-17　三片式濾紙匣採樣量校正裝置組合系列

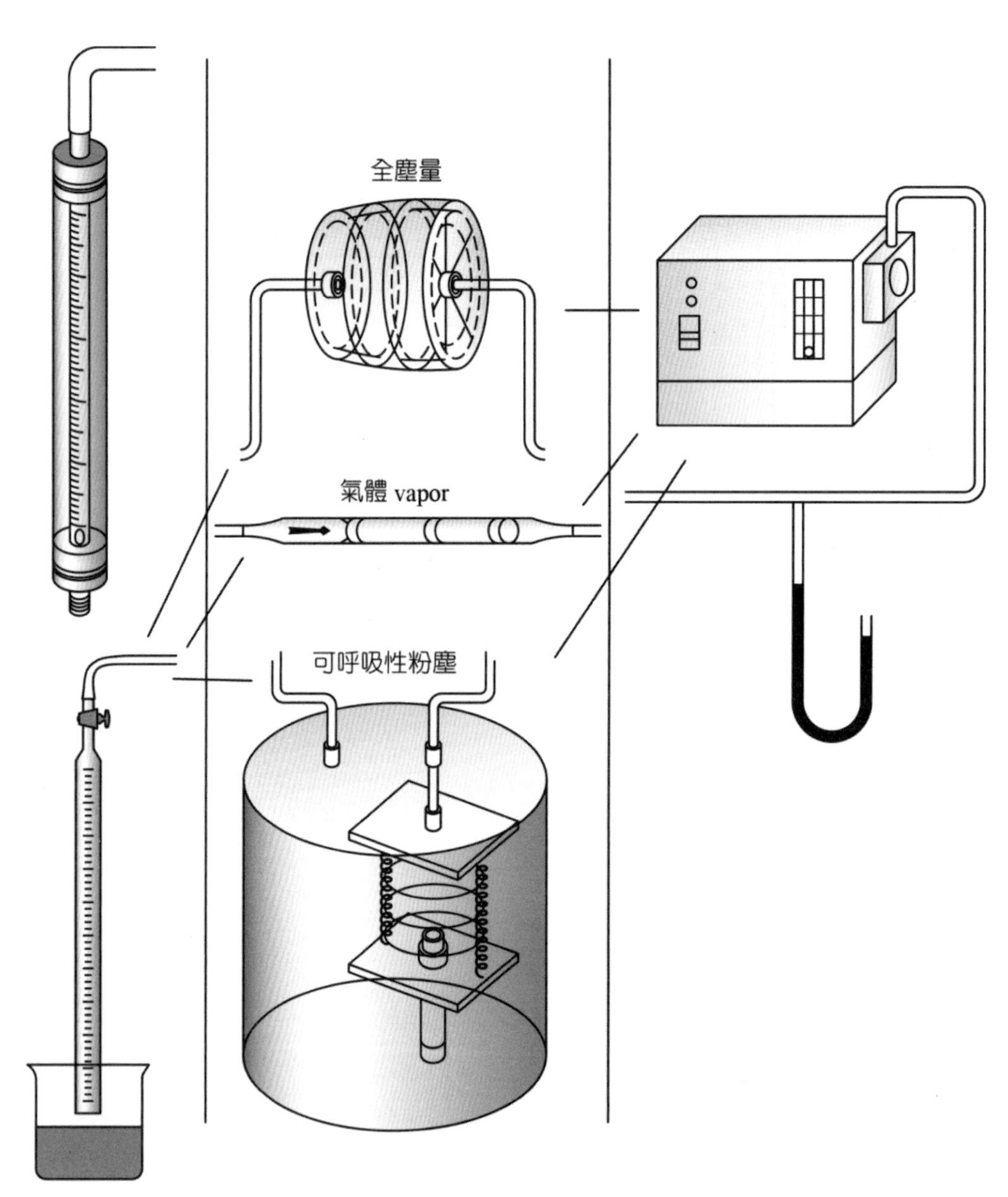

圖 3-18　各種個人採樣流量校正裝置組合

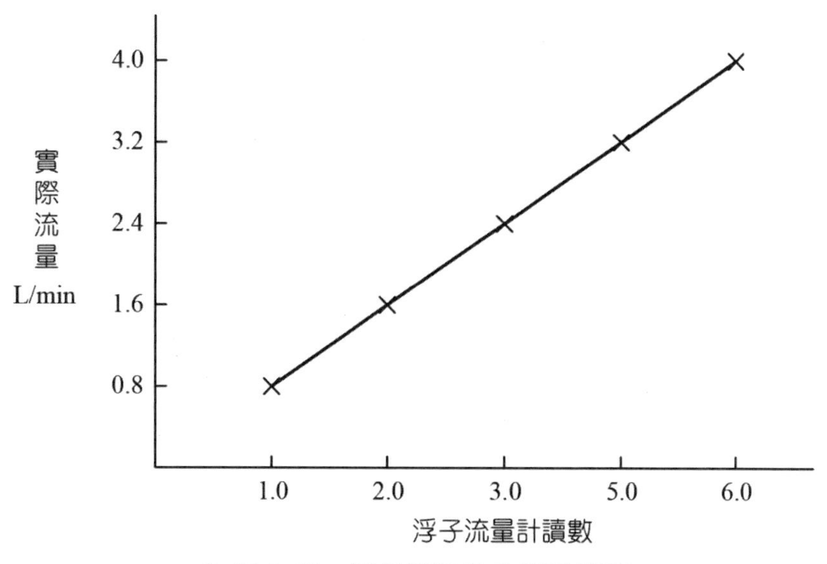

圖 3-19 浮子流量計之流量校正

4. 可呼吸性粉塵(respirable dust)採樣之流量校正

(1) 可呼吸性粉塵採樣需以濾紙匣配合分粒裝置使用，其校準裝置如圖 3-20。

(2) 濾紙匣及分粒裝置之組合，因入口無法直接接入校準系統，故需將之裝入一個玻璃連接瓶內予以密封。

(3) 將皂泡計以管子連接至上述連接瓶之入口。

(4) 將分粒裝置及開放式濾紙匣組合之出口以導管接出前述連接瓶外，並接於樣泵之吸入口。

(5) 依據前節所述之校準法以所用分粒裝置製造商規定之流量進行校準，流量之準確度應在±5%以內，且應保持定流量及無流量脈衝(pulsation)如此才能達到製造規格上的分粒效果。以標準 10mm Dorr-oliver 尼龍旋風分離器為例，其流速應定在 1.7Lpm，皂泡游動於 1,000mL 滴定之時間應在 35.3±1 秒內。

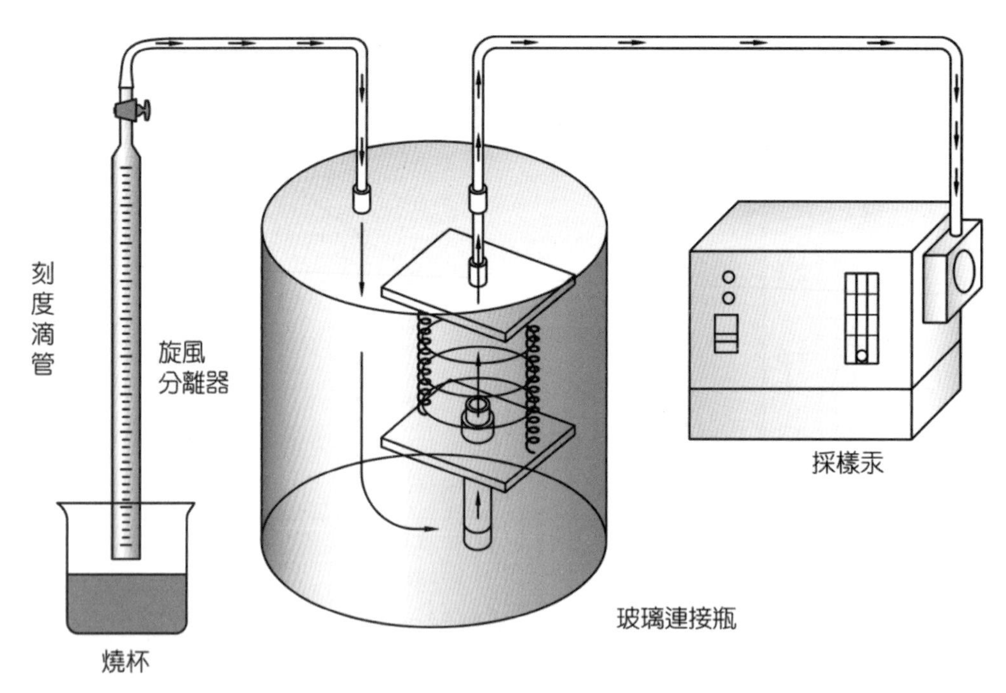

圖 3-20　可呼吸性粉塵採樣泵流量校正裝置組合系列

5. 開口式濾紙匣採樣(open face cassettes)之流量校準

校準裝置如圖 3-21(a)、3-21(b)所示，其餘校準步驟同前節內容。

6. 石綿採樣之流量校正

使用 25mm 直徑之開口式濾紙匣（NIOSH 7400 方法），開口加裝一長為 50mm 之黑色延長導管，其校準裝置組合如圖 3-22 及圖 3-23，校正步驟同前節所敘。

7. 蒸氣及氣體採樣之流量校正

(1) 使用吸附管法(absorbent tubes)之流量校準

仍如圖 3-18 之裝置組合，如採樣須使用二支串聯之吸附管，校準時亦應使用同一批號規格相同的二支吸附管串聯，且空氣流動方向亦應與吸附管上所標示之流向一致。其餘校準步驟同前節內容。

(2) 使用多孔玻璃發泡型氣體吸收瓶(bubbler)／衝擊式捕集瓶(impinger)法之流率校準

A. 校準裝置如圖 3-24。

B. 以 Teflon 管連接皂泡計至吸收瓶之吸入口。

C. 以管子連接捕液瓶出口至採樣泵之吸入口。

D. 其他校準方法同於前節內容。

(3) 使用檢知管法之流率校準

在實施本項準備前，必須先依製造廠商之使用說明書實施吸氣唧筒之漏氣試驗及流率調節測試。吸氣體積量校準步驟如下述及圖 3-25(a)、圖 3-25(b)：

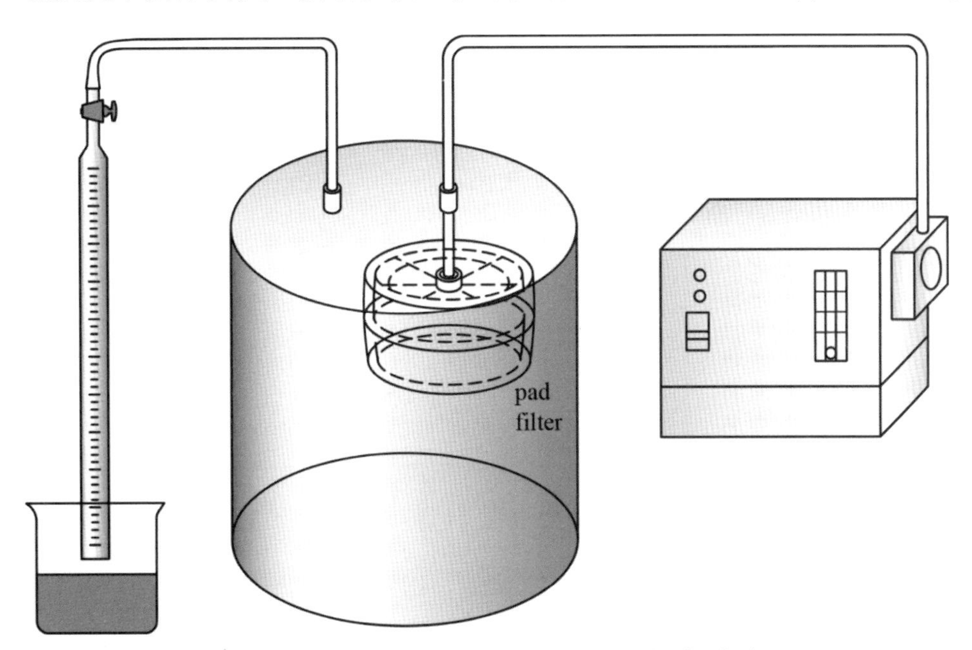

(a)開放式濾紙匣採樣流量校正裝置組合系列

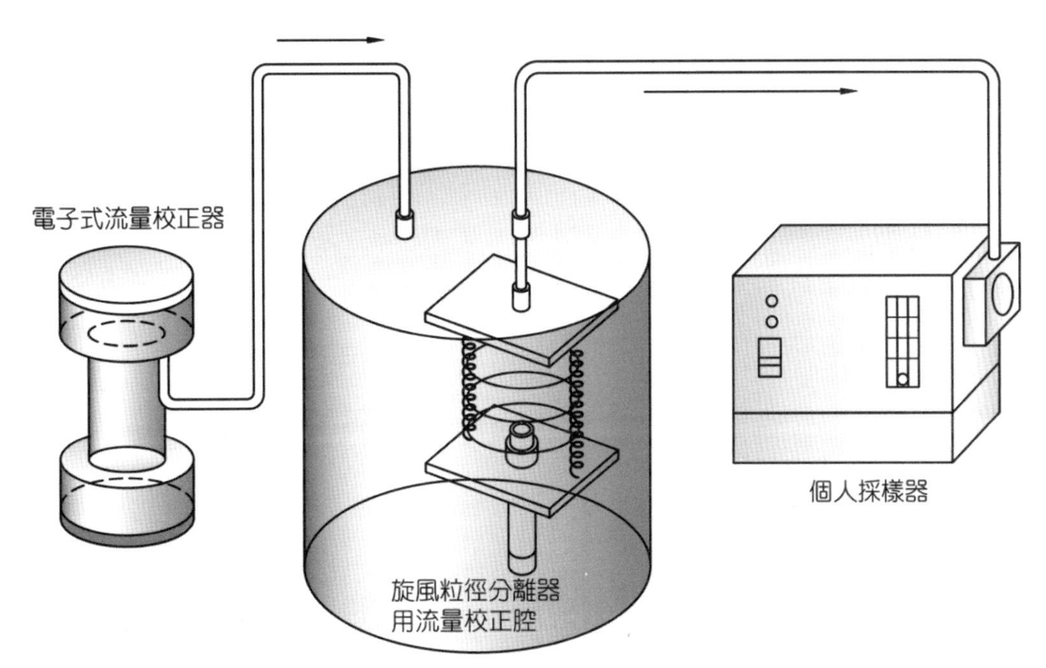

(b)電子式紅外線濾紙片匣流量校正器

圖 3-21　流量校正裝置示意圖

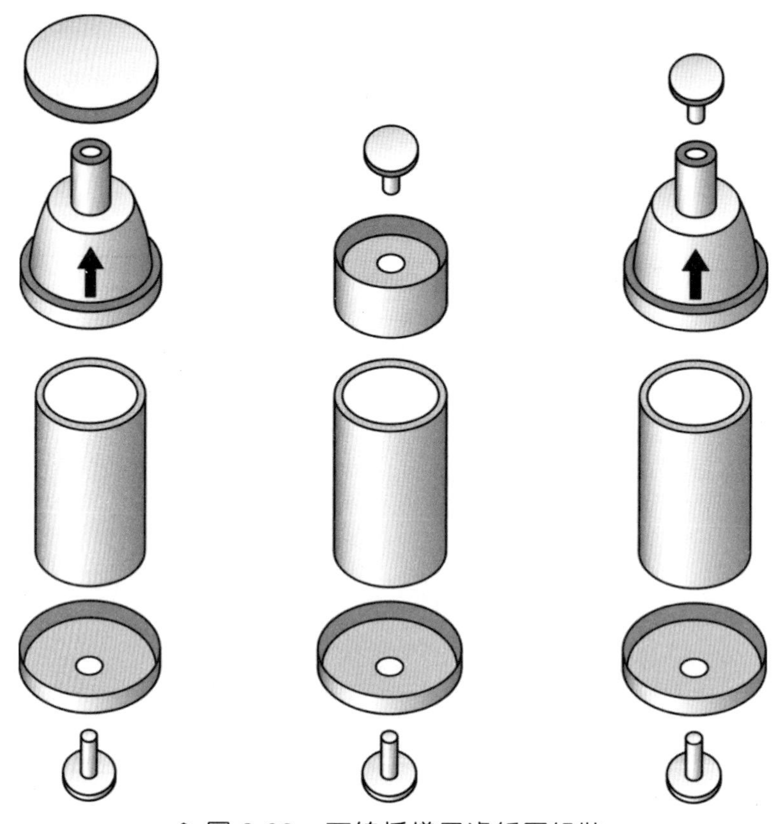

● 圖 3-22　石綿採樣用濾紙匣組裝

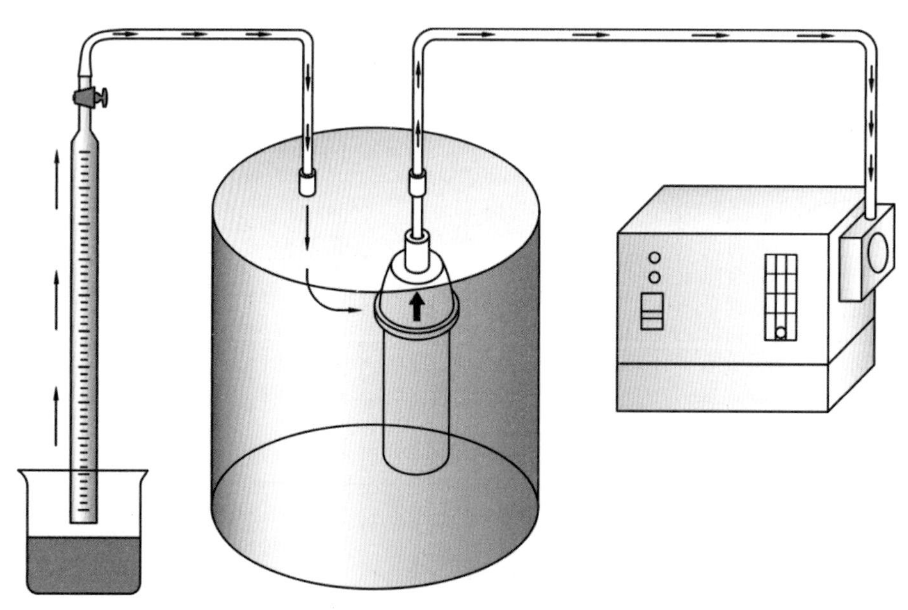

● 圖 3-23　石綿採樣流量校正組合系列

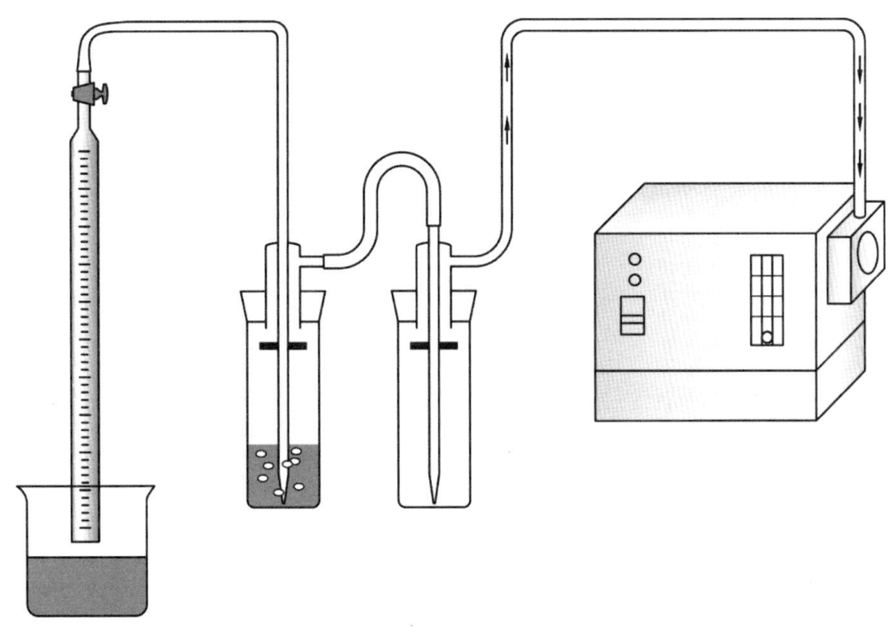

● 圖 3-24　衝擊瓶法流量校正組合系列

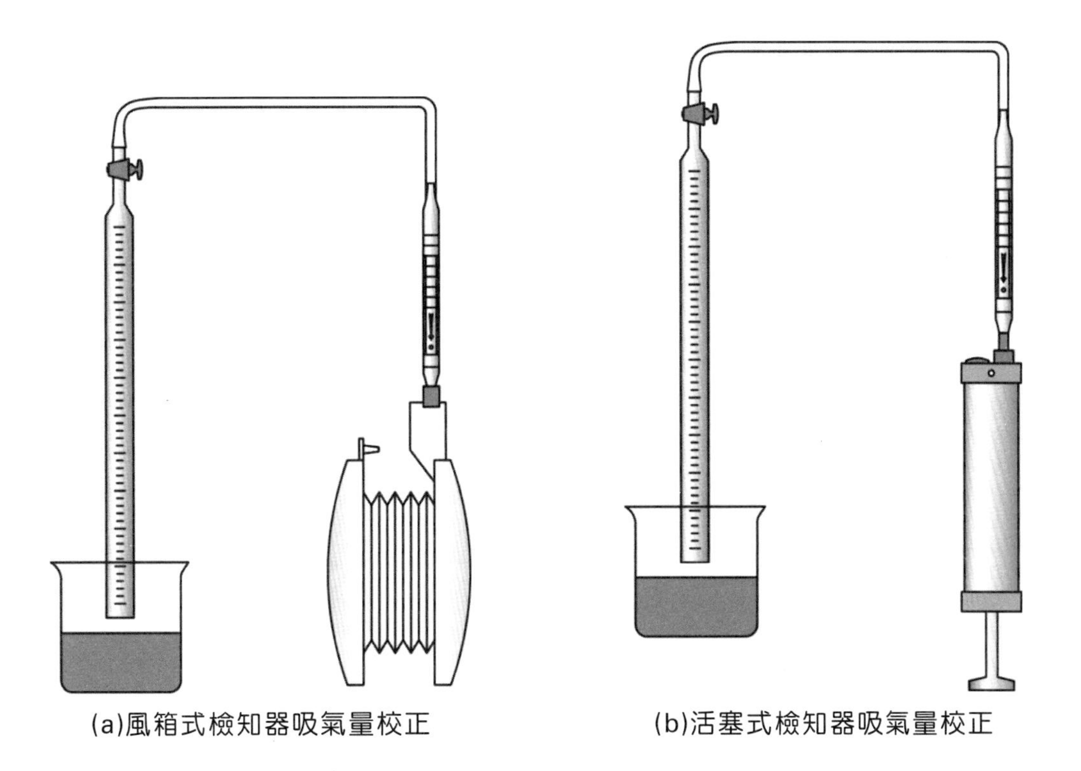

● 圖 3-25　檢知器吸氣量校正示意圖

A. 以皂泡液濕潤皂泡計滴定管內壁，產生一個皂泡，將皂泡上升並停止在滴定管「0」刻度之位置。

B. 以管子連接滴定管出口及真空吸氣唧筒入口。

C. 拉開檢知管真空吸氣唧筒柄至最盡頭，旋轉 90°固定之，等待 4~5 分鐘後，旋轉 90°釋放，確認壓力已達平衡狀態，讀取吸氣體積，其值應在 95~100mL 之間。

D. 另外有些真空吸氣唧筒可鎖定多段不同的採樣氣量，此時可將真空吸氣唧筒拉開至所需要之吸氣體積刻度，重覆上述(C)步驟，查驗吸氣體積是否正確，所有試驗之誤差均應維持在±5%以內，否則即應加以檢修。

8. 採樣泵上計數器之流率校準

如採樣泵係以計數器來指示採氣體積時，裝置如圖 3-26，其校正步驟如下：

(1) 校正前泵浦的準備：

A. 使用前需充電 10 小時以上。

B. 用一字螺絲將保護蓋旋開，並將 ON/OFF 往上扳，可見到計數器開始動作。

C. 檢查電力是否充足，若電池顯示器中，指針在白色區表電力足夠；若指針在紅色區域表電力不足，須再充電。

D. 使用一字螺絲調整流速調整轉盤，順時鐘流速增加，逆時鐘流速降低。

E. 流速調節盤上有矢狀指針，調整刻度為 2、4、6、8、10，做為流量校準時調整的刻度。

F. 準備各式採樣組合，並注意採樣時的採樣組合須與校正時完全相同。

(2) 使用皂泡計校準流量：

A. 確定電力是否足夠。

B. 校正前先開動泵浦 2~3min，讓泵浦穩定。

C. 裝置好採樣介質（以活性碳吸附管為例）

a. 使用活性碳 holder。

b. 將活性碳管兩端截斷，並置入 holder。注意箭頭方向（箭頭朝採樣泵），且須注意連接處不要漏氣。

D. 連接好泵浦、軟管、100mL 的滴管，採樣介質的連接軟管須接在泵浦的入氣口處。

E. 檢查各接頭是否良好，必要時可塗凡士林避免漏氣。

F. 先抽取數個皂泡濕潤滴管內壁，可避免校準時皂泡破裂。

G. 使用一字螺絲旋開流速調節鈕的保護蓋，並以一字螺絲調整採樣泵的流速，順時鐘方向，計數器的數字跳得越快，逆時鐘方向則相反。

H. 將流速調節盤上有矢狀指針鈕，調整在 2、4、6、8、10 處，分別計算皂泡在 2、4、6、8、10 處皂泡從 0 移動至 100mL 時，計數器總跳的格數及所需時間，每一處重覆做三次，再求其平均。

(3) 紀錄與評估

將實驗結果，記錄於表 3-3 中。

A. 在第一個 colum 中依次填入泵選鈕數的號碼，通常設定為 2、4、6、8、10。(至少 4 個刻度)。

B. 第二個 colum 填皂泡計通過量管的體積，為了計算方便，通常選定 100mL。

C 第三個 colum 分別填皂泡通過量管所需的時間及計數值，在每一泵選擇鈕數分別做三次。將平均值分別填入第四個 colum。

D. 第五個 colum 填入每一個 count 的進氣量 mL/count 及流量 mL/min。

E. 最後填入流量率平均及每一個 count 進氣量的平均。

F. 繪圖如圖 3-27。

(4) 若該泵在每個流速旋鈕上，每個 count 的進氣量，與 K_v 因子圖上的總平均進氣量誤差都在 5%以內，代表該泵穩定性高。

表 3-3 計數型採樣泵流量校正記錄表

泵之選擇鈕號數	皂泡計體積(mL)	第一次	第二次	第三次	第一次	第二次	第三次	流量率平均(mL/min)
		皂泡通過時間及計數			流量率(mL/min)	流量率(mL/min)	流量率(mL/min)	
		(count)	(count)	(count)	每一計數體積平均(mL/count)	每一計數體積平均(mL/count)	每一計數體積平均(mL/count)	每一計數體積平均(mL/count)

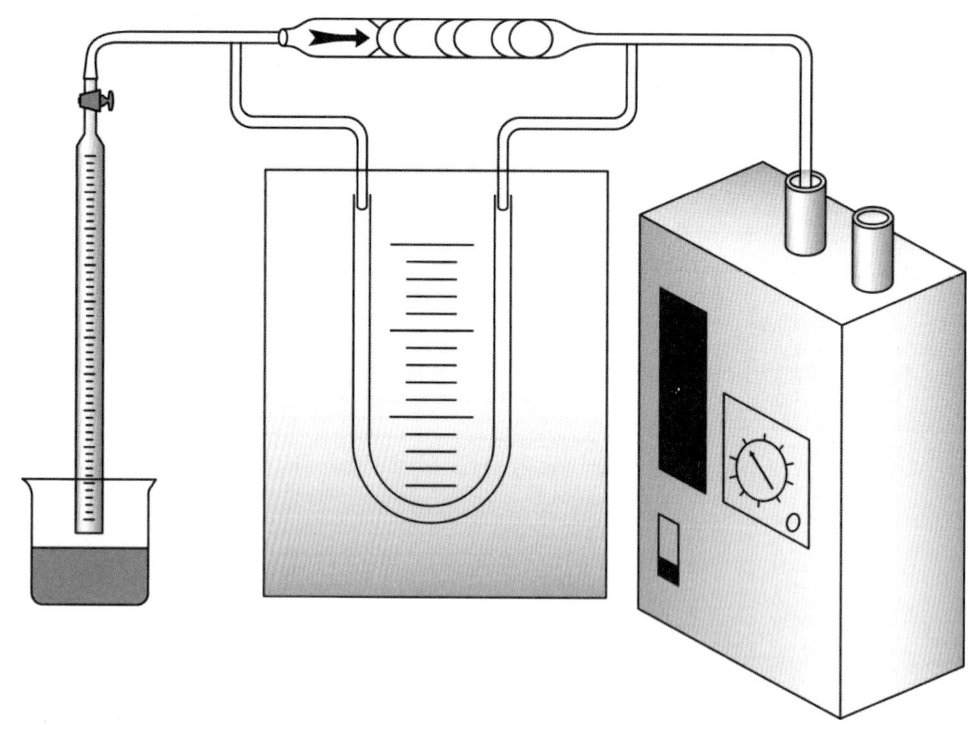

圖 3-26　計數器式採樣器流量校正組合

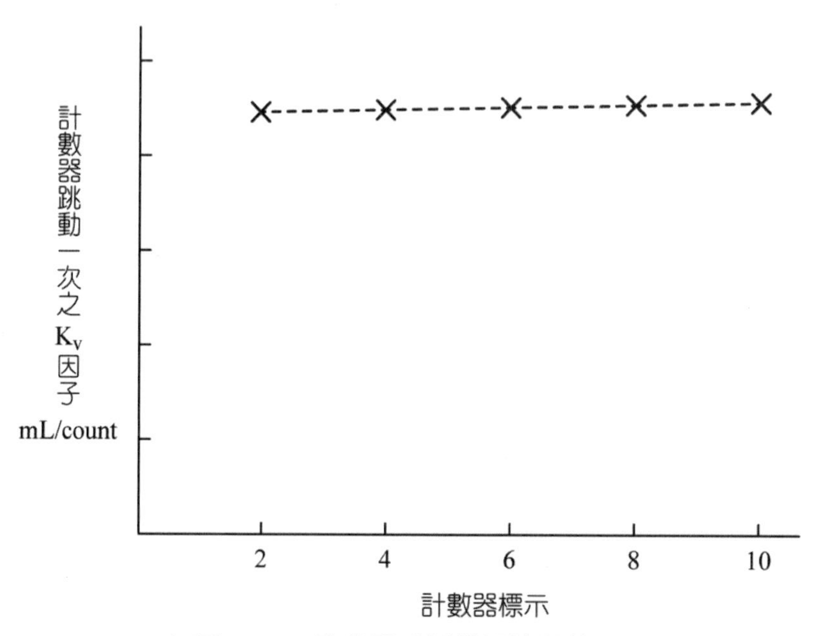

圖 3-27　計數器式採樣器流量校正圖

9. **使用附計數型採樣泵之採樣設備之採樣體積**

此種採樣設備在不同採樣流量率或不同之旋鈕設定時之 K_v 因子或每一計數所吸引之空氣體積為一定值，且在校準條件及採樣條件下 K_v 因子亦不變，因此採樣條件下之體積與校準條件下之體積相同，即

$$Q_{T_s,P_s} = Q_{T_c,P_c} = K_v \times (\Delta n) \cdots\cdots (3\text{-}11)$$

Δn 為採樣時計數器所增加之計數；Q_{NTP} 則為：

$$Q_{NTP} = Q_{T_s,P_s} \times \frac{P_s(\text{mmHg})}{760} \times \frac{298}{T_s(°K)} \cdots\cdots (3\text{-}12)$$

例題 4

計數型採樣裝置 K_v 因子為 0.47mL/count，$\Delta n = 50,000$，採樣時之溫度為 20°C，一大氣壓時，則在 NTP 下採樣空氣體積為多少公升？

▶ **解**

$$Q_{T_s,P_s} = Q_{T_c,P_c} = K_v \times (\Delta n) = 0.47 \times 50,000 = 23,500 \text{ mL} = 23.5 \text{ L}$$

$$Q_{NTP} = Q_{T_s,P_s} \times \frac{760}{760} \times \frac{298}{273+20} = 23.97 \text{ L}$$

3.5.4 流量計之校準週期與記錄

1. **校準週期**

現場採樣時，精密型浮子流量計每季需以一級標準器校準一次，但個人採樣泵內的浮子流量計，因設計上要求質輕、簡便、便宜、便於攜帶、準確度與精密度均較差，需於每次採樣前後及保養、維修後，加以校準，浮子流量計應保持整潔，發現有粉塵沉積現象，應即拆卸清除，裝回後再予以校準。

2. 記錄（校準者、時間、溫度、濕度、壓力……）

完整的記錄為採樣流率校準品保(quality assurance, QA)計畫不可或缺的要件，每次實施流率校準時，應詳實記錄校準人的姓名、校準實施時間、校準時之環境條件如溫度、壓力、相對濕度等基本資料。如流率校準工作係在作業現場實施，應將其他可能影響標準結果之因子另予記錄。每台採樣泵流率之線性性能圖，均應為保存，並加以分析以決定適當之檢修頻率期限，檢修情形亦應予以記錄。

EXERCISE

習題

1. 何謂採樣規劃，其考慮之主要項目為何？
2. 依法監測目的可分為哪四種？
3. 何謂 A 測定、B 測定？
4. 試述作業環境監測的誤差可能來源。
5. 以流率 50mL/min 採集異丙醇，連續採樣之 $CV_T=0.08$, PEL＝100ppm，分析結果為 $X_1=90$ppm, $T_1=150$min; $X_2=140$ppm, $T_2=100$min; $X_3=110$ppm, $T_3=230$min，試評估之。
6. 何謂二級標準？與一級標準比有何優點？試舉二例。
7. 設某線性浮子流量計，在氣壓 744mmHg，氣溫 24°C 之某實驗室校正時流量為 1 Lpm，若拿至氣壓 600mmHg，氣溫為 15°C 之現場採樣，用浮子調到校正時的同一刻度位置，求在上述採樣現場氣壓、氣溫條件下之流率(Lpm)？若修正為氣壓 760mmHg，氣溫 25°C，其流率又如何？
8. 請說明進行工作場所環境監測常用的一級與二級流量監測設備有哪些型式，並說明其機制與選用時機。
9. 四碳化鎳之 PEL–TWA 為 0.05ppm，今以個人採樣方式採取 8 小時樣本($CV_T=0.06$)，結果濃度為 0.04ppm，求 LCL 為多少 ppm？
10. 何謂 SEG，如何分類？與過去傳統作業環境的採樣策略有何不同？

心之靈糧

如果人家不喜歡你，因而說出一些故意誣賴、栽贓、辱罵的話，我們不需要猛力揮棒來回應，因為那個球投得太壞！壞球，不要打；值得打的球，再回應好了。

CHEMICAL
WORKPLACE ENVIRONMENT MONITORING

氣狀有害物之採樣

04
CHAPTER

4.1 前　言
4.2 影響捕集效率之因素
4.3 採樣技術
4.4 目前常用之採樣系列組合
4.5 空白樣品
4.6 作業環境空氣中有害物濃度之估算
4.7 採樣實務
4.8 監測實施問題研討
習　題

4.1 前　言

作業場所使用化學物質之種類繁多，因此作業勞工暴露於氣體或蒸氣之機會也相當的多，惟其不如粉塵等粒狀有害物可看得到、噪音可聽到、高溫可感知。氣體或蒸氣除非具有味道或顏色，否則可能已達危險濃度而無任何之警訊可查覺，並於作業過程中不知不覺的進入勞工體內造成危害。為保障作業勞工安全與健康、作業環境氣態有害物實況及勞工之暴露情形有必要加以監測瞭解，以為作業環境管理之依據。

4.2 影響捕集效率之因素

如果使用高化學反應活性之採樣介質，在低採樣流率下，使欲捕集之氣體、蒸氣變為非揮發性物質，可得到極高之捕集效率。例如用苛性鹼之吸收液與酸性氣體如氫氟酸、鹽酸、三氧化硫、氮氧化物等進行中和作用採樣，可得 95%以上之捕集效率。如欲長時間採樣亦應有過量之捕集反應劑或吸附劑，以避免捕集對象物質之破過逸失。

氣體和蒸氣亦能有效捕集於與監測對象物質不起反應之液體內，只要此等對象物質易溶於該吸收液即可，例如甲醛及甲醇可用水作為捕集液；酯類可以醇類為捕集液，此乃因此等有害物之蒸氣壓可因捕集液之溶劑效應吸收而降低。

決定一捕集裝置之捕集效率最重要者為採樣之空氣體積與捕集液之體積比，其他尚須考慮者為欲捕集氣體或蒸氣與吸收液、吸附劑接觸之程度、氣相和液相之擴散速率、有害物在吸收液中之溶解度、有害物之蒸發能力及有害物之濃度等。

捕集效率不一定要百分之百，只要其一定已知且再現性(reproducibility)良好，最低可接受之捕集效率通常為 90%，當然是越高越佳，如捕集效率低於最低可接受之程度時，採樣流率應再降低或降低捕集之溫度，如將捕集液、吸附劑置於低溫槽內，以降低溶劑及溶質之蒸發，必要時可能需要二個以上之吸收或吸附裝置串聯以增加捕集效率。

4.3 採樣技術

採樣之基本要求為取得足夠且適宜分析之樣品以供分析，俾獲得一濃度以為評估。採樣方法分為：

4.3.1 固體捕集法

即將試料空氣通過固體粒子層予以吸著等，以捕集測定對象物質。一般使用之固體吸附劑顆粒大小為 6~20 篩目(mesh)，使用固體吸附劑採樣處理上較使用液體吸收液捕集簡單，如吸附管設計良好可達極高之吸附效率，因此用於作業環境測定評估之機會亦相對的增加。

1. 活性碳(charcoal)

活性碳為沸點在 0°C 以上蒸氣和氣體之極佳吸附劑，至於沸點在−100~0°C 之低沸點物質如氨、甲醛、硫化氫等，如將活性碳床加以冷凍亦可得很好之吸附效率，但沸點低於−150°C 之氣體吸附效率極差。活性碳吸附後之吸附維持能力高，約為矽膠之數倍，氧化鋁之二倍。由於其本身為非極性(non polar)，因此有機氣體、蒸氣比濕氣更易被吸附，可供長時間之採樣。活性碳吸附管有二段，前段作為測定對象物質之吸附，後段之主要用途則作為是否吸附逸過或破出(break-through)試驗，若後段活性碳重量大於前段活性碳重量的 1/10，即為破出。惟分析樣本之濃度時，二段活性碳所捕集之對象物質量均應累計計算，分析時可利用脫附溶劑如二硫化碳等脫附。

2. 矽　膠

矽膠（如圖 4-1）由於具有極性，亦常用作空氣中有害物之捕集吸附劑，易吸引極性之物質。一般物質極性大小，依序為水、醇類、醛類、酮類、酯類、芳香族烴類、石蠟系烴。

有機溶劑比水更不具極性，雖其可被吸附於矽膠上，惟如捕集此等化合物時如有水蒸氣吸入，則可能被水取代而脫附，因此高濕度作業場所，使用矽膠當吸附劑時應特別注意，但對許多具極性之化合物如醇類、酮類及鹵化烴類、氮氧化物等之捕集、矽膠捕集管仍廣泛使用中。為去除濕度對捕集效率之影響，有些物質之採樣可在採樣組合系列中加入乾燥劑如碳酸鉀、硫酸鈣等先除去水蒸氣，以增加吸附效率。

除捕集對象物質是否具極性及濕度之高低會影響捕集效率外，其他如蒸氣之揮發性、矽膠顆粒大小、採樣流量率及採樣時現場之溫度等均會影響矽膠吸附管之捕集效率，不同物質其極性大小亦有差異，表 4-1 為極性大小排序，可供作選擇固體吸附管種類之參考。

表 4-1 不同物質極性之大小

第一類（強極性）	第二類（次極性）
水 乙二醇、丙三醇等 胺基醇類 羥酸類 多元酚 二鹽基物(dibasic)	醇類 脂肪酸 酚類 一次及二次胺(primary and secondary amines) 肟類(oximes) 帶有 α-氫原子之硝基化合物 帶有 α-氫原子之腈類 氨、氫氟酸、聯氨、氰化氫
第三類（中極性）	**第四類（弱極性）**
醚類 酮類 醛類 酯類 第三胺類(tertiary amines) 不帶有α-氫原子之硝基化合物 不帶有α-氫原子之腈類	三氯甲烷 二氯甲烷 二氯乙烷 1,2-二氯乙烷 1,2,2-三氯乙烷等 芳香族烴類 烯系烴
第五類（非極性）	
飽和烴類 二硫化碳 硫醇類	硫化物 不屬於第四類之鹵化烴類 四氯化碳

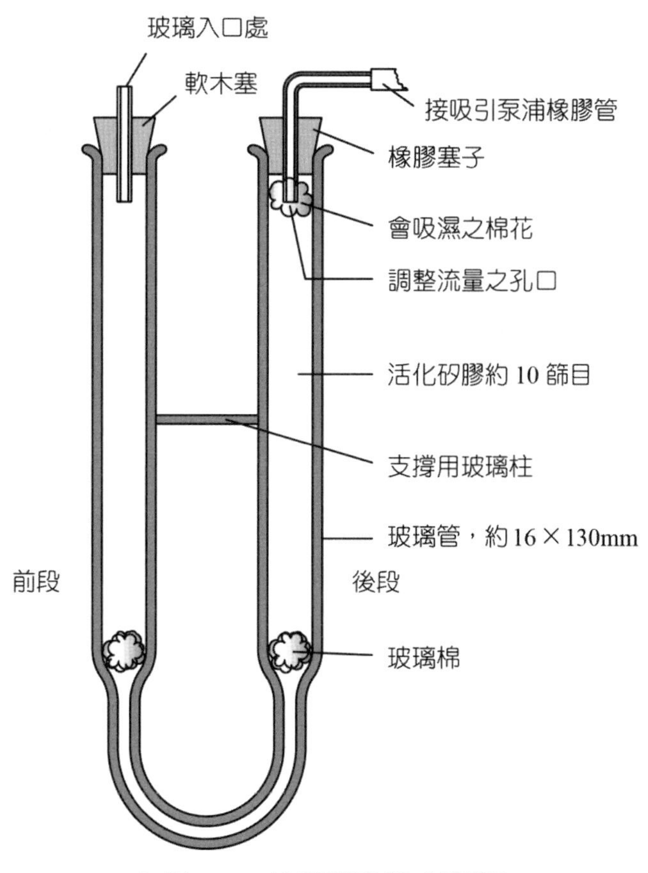

圖 4-1　冷凝吸附管（矽膠）

不同之固體吸附劑具有不同之特性，詳如表 4-2 所示：

表 4-2　固體吸附劑之特性

固體吸附劑	特　　性
活性碳 (activated carbon)	具大表面積。即 A（面積）/ W（重量）之比大；最常用者，具高吸附能力、高反應能力特性，可與活性化合物如硫醇類及醛類反應，因此此等物質之脫附效率差。但因具有高吸附能力，經吸附後穩定且回收比率高。一般採樣時，其吸附能力(Break-through capacity)與活性碳之種類、粒徑大小、填充之方式等有關係。
矽　膠 (silica gel)	反應能力比活性碳小，具極性及吸濕特性，當濕度高時，吸附能力降低。
多孔性高分子聚合物 (porous polymer)	低表面積，吸附表面之反應活性比活性碳低，一般而言，吸附能力低，反應能力亦低。

表 4-2 固體吸附劑之特性（續）

固體吸附劑	特　　性
安伯吸附劑 (ambers orbs)	性質介於活性碳與多孔性高分子聚合物之間。
經裱敷處理吸附劑 (coated sorbets)	吸附劑表面裱敷一層反應劑，其吸附能力接近於此反應劑與分析對象物質之反應能力。
分子篩 (molecular sieves)	包括沸石(Zeolite)及碳分子篩，其吸附能力由其分子之大小決定，惟對水分子及許多有機物具有相同大小之吸附能力，在濕度高之場合，可能造成欲分析之對象分子為水分子所取代。

固體吸附劑之吸附能力及能保持吸附對象物之時間除和吸附劑種類，特性及採樣時間、採樣流量率、空氣中欲監測對象物質之濃度有關外，尚受環境條件溫度、濕度等之影響，詳如表 4-3 所示，溫度、濕度、流量率越大，吸附力會降低。

表 4-3 環境條件不同對吸附劑吸附能力之影響

影響因素	可能造成之影響
溫　　度	所有之吸附作用均屬放熱反應，溫度高時吸附能力減低。
濕　　度	水蒸氣可被極性吸附劑吸附，因此採樣時之吸附量會降低。
採樣流量率	高流量率時，固體吸附劑能吸附對象物質之體積會變小。
濃　　度	空氣中有害對象物濃度高時，吸附劑之吸附能力增加，但吸附體積則減少。

4.3.2 液體捕集法

將試料空氣通入裝有吸收液之吸收瓶內，使其與吸收液或吸收液表面充分接觸，利用溶劑、反應等原理，將測定對象物質捕集。吸收瓶種類有：

1. 簡單式氣體吸收瓶。
2. 螺旋式氣體吸收瓶。
3. 玻璃熔製之氣泡式氣體吸收瓶。

吸收瓶之主要功能為使試料空氣與吸收液充分接觸，以提高氣態有害物之捕集效率，各類吸收類之吸收液量及採樣流量皆不同。

使用吸收瓶當採樣裝置時，應特別注意：

1. 此種採樣方法為無其他更適當方法時使用，此乃因使用吸收瓶不只使用上不方便，加以吸收液(collecting medium)通常具危害性。
2. 使用吸收瓶捕集之方法通常可以其他替代方式之採樣方法獲得樣品。
3. 組裝時應注意各接頭應密封，並注意內管之尖端不致遭受損壞。

至於採樣非溶解性或易反應性氣體或蒸氣時，可使用活性碳、矽膠、分子篩等固體吸附劑為捕集介質實施採樣。

4.3.3 擴散捕集法(Passive Sampling)

又稱被動式捕集法（如圖 4-2 所示），利用分子之擴散或布朗運動以控制有害物之捕集於介質上，其特點為形態小、簡單、不必使用空氣驅動裝置、流量控制指示設備。其採樣之原理係依 Fick 之質傳定律，如式 4-1，即：

$$m=\frac{DAt\left(C-C_0\right)}{L} \quad \cdots\cdots (4\text{-}1)$$

上式中，

m ：捕集量，mg。
D ：擴散係數(coefficient of diffusion)，cm^2/sec。
A ：擴散截面積，cm^2。
t ：暴露時間，sec。
C ：空氣中有害物濃度，mg/cm^3。
C_0：捕集介質表面有害物濃度，mg/cm^3。
L ：擴散徑長，cm。

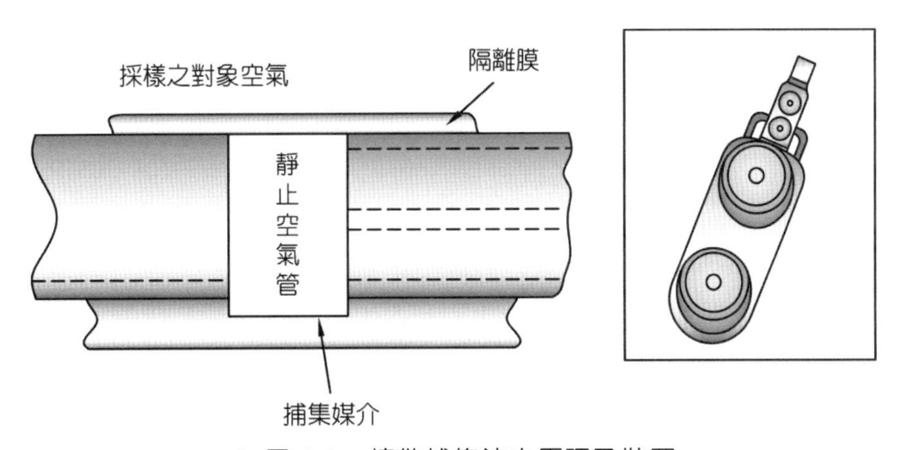

圖 4-2　擴散捕集法之原理及裝置

測定對象物質透過隔離膜經靜止空氣管至吸附表面之時間很短，捕集效率或測定結果之準確度與測定曝露之時間、風速、溫度、校準之標準、捕集藥劑或介質及分析方法等均有密切之關係。

使用擴散式吸附劑量計(passive dosimeter)時應特別注意之事項為：

1. 何時會有逆擴散。
2. 吸附衰竭(sampler starvation)或過分吸附情形。
3. 不同風速吸附變化情形。
4. 劑量計方向性之影響。
5. 溫度之影響。

4.3.4 凝結捕集法(Condensation Methods)

將樣品空氣通入浸於乾冰及丙酮、液態空氣或液態氮等冷媒中的吸附管，將測定對象物冷凝分離，此種方法雖提高捕集效率，但不適於作業現場使用。此法之特點為能收集極高濃度之樣本。

4.3.5 直接捕集法

利用氣體捕集裝置在已知之溫度和壓力下，不經溶解、反應、吸著等將試料空氣直接捕集之方法。常用之直接氣體捕集裝置有真空捕集瓶、置換式捕集瓶、塑膠捕集袋、採樣針筒等。一般均屬瞬間採樣或短時間採樣，採樣時應記錄採樣時之溫度、壓力，俾能換算為 NTP（25°C，一大氣壓下）之濃度，以與容許濃度或空氣品質標準比對，以判定作業環境空氣品質之好壞及應否再加以改善。

瞬間採樣設備可用於作業環境高濃度有害物質如甲烷、二氧化碳、一氧化碳等之測定；至於反應性高之氣體如硫化氫、二氧化硫及氮氧化物等，因可能與粒狀物質、濕氣、彌封用蠟、玻璃等反應而改變樣品之組成，因此此等高反應性物質，如使用直接捕集裝置，則最好能在採樣現場分析。

1. 真空捕集瓶

一般為壁厚之玻璃瓶，如圖 4-3 所示，內容積 250c.c.或 300c.c.，亦有 500c.c.或 1,000c.c.者，其內部之空氣約 99.79%以上可以真空泵抽除，因此捕集瓶內部之餘壓可幾近於零。抽真空後頸端加熱抽延彌封，採樣現場使用時只要將彌封之頸端切割掉即可，不須量測流量率及壓力，惟一般真空捕集瓶在抽真空時均有餘壓存在，因此所採集之空氣樣品體積可能與瓶內容積有些不同，瓶內測定對象物質之濃度即有低於現場濃度之情形，應加以適當之校正。使用真空捕集瓶採樣後捕集瓶切口彌封送實驗室分析。

真空捕集瓶內如有餘壓存在時，實際捕集之現場空氣樣品體積 V_S 可以下式計算：

$$V_S = V_F\left[1-\frac{P_F T_S}{P_S T_F}\right] \quad \cdots\cdots (4\text{-}2)$$

V_F：真空捕集瓶之體積。

P_F：真空捕集瓶抽真空後之餘壓。

T_F：抽真空後真空瓶內之溫度。

P_S、T_S：採樣現場之壓力、溫度。

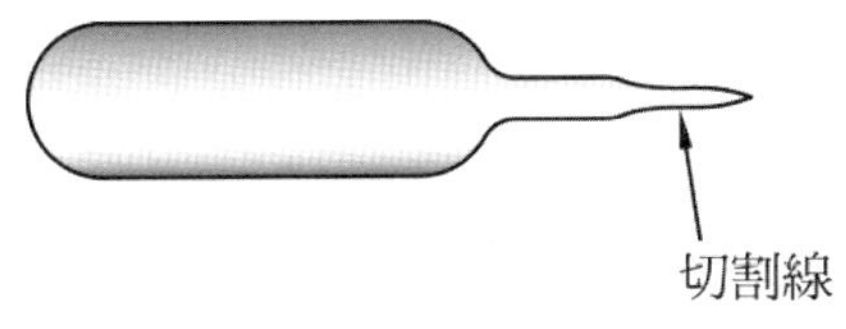

● 圖 4-3　真空捕集瓶

此等真空瓶內測定對象物之濃度(C_F)與採樣現場該物質之濃度(C_O)之關係為：

$$C_F = \frac{V_S}{V_F} C_O \quad \cdots\cdots (4\text{-}3)$$

$$= \left[1-\frac{P_F T_S}{P_S T_F}\right] C_O \quad \cdots\cdots (4\text{-}4)$$

2. 氣體置換式捕集瓶

一般使用者為 250~300c.c.之玻璃管如圖 4-4 所示，二端附有尾管，可用於捕集氧氣、二氧化碳、一氧化碳、氮氣、氫氣或可燃性氣體之空氣樣品。氣體置換式捕集瓶使用前應將瓶內氣體追淨(purging)，可使用吸球、手拉泵浦、或適當之真空泵浦、抽真空裝置等追淨，一般約需沖洗八至十次，或以下式計算連續吸引置換至一定程度所需時間。

$$\ln\frac{C_O - C}{C_O} = -\frac{F}{V_F}t \quad (4\text{-}5)$$

F：吸引之流量率。

V_F：置換瓶之體積。

C：置換瓶內捕集對象物欲達之濃度。

C_O：採樣現場捕集對象物之濃度。

圖 4-4　氣體置換式捕集瓶

3. 液體置換式捕集瓶

捕集瓶如圖 4-5，事先裝滿液體，至採樣現場時讓液體流出，瓶內即會自動充注要採集之空氣樣品，惟最重要者為充填之液體需不會與監測對象物反應者。捕集後用彌封膠帶或蠟彌封送實驗室分析。

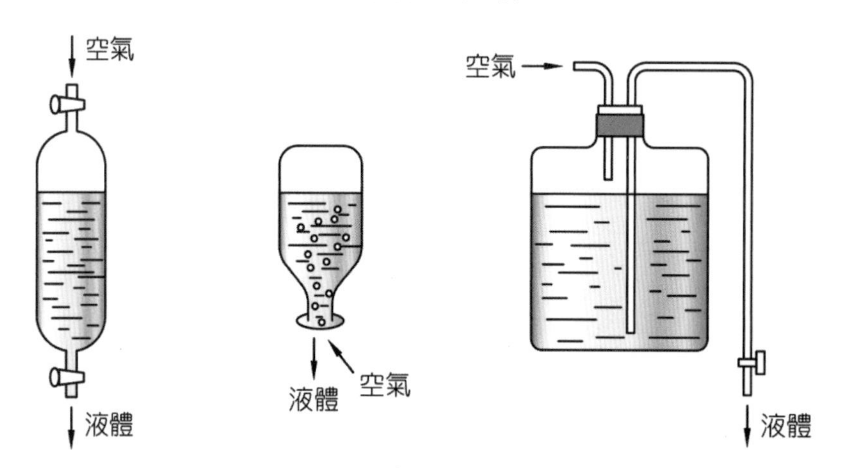

圖 4-5　液體置換式捕集瓶

4. 塑膠捕集袋

軟質之塑膠捕集袋如圖 4-6，可用以捕集空氣樣品亦可用以製備預定濃度之氣體混合物，以為校準之用。其大小有許多不同規格，其材質有絲龍、鐵氟龍、聚乙烯、聚酯樹脂等，其優點包括質輕、不易打破、價廉、不必抽真空或體積修正、易於輸送，且取出部分空氣樣品分析後不慮有空氣進入造成樣本遭稀釋產生誤差之情形。惟塑膠捕集袋使用上仍應注意者為塑膠可能有吸收或擴散欲測定對象物之特性，造成氣體或蒸氣之濃度降低情形。採樣時除應先做試漏試驗外，亦應先以欲測之空氣調節沖洗(precondition)。採樣後最好亦應盡速分析，否則低濃度之樣本可能會造成嚴重之誤差。

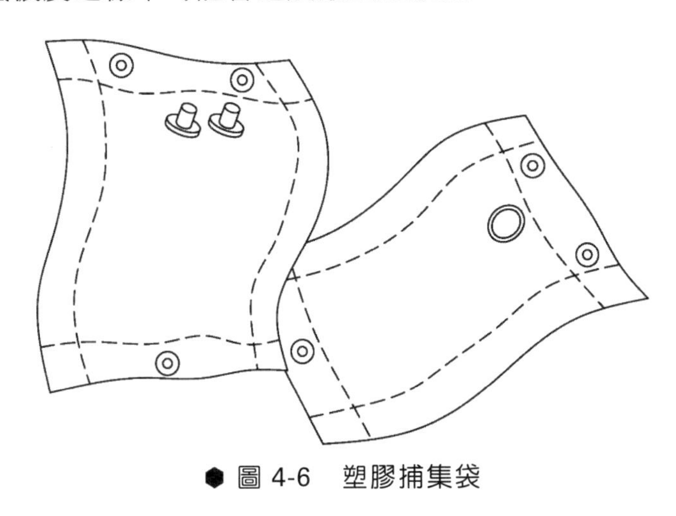

圖 4-6　塑膠捕集袋

4.4 目前常用之採樣系列組合

1. 使用活性碳管加吸引裝置及流量指示器

　　醋酸、丙酮、甲基異丁酮、丙烯腈、乙酸戊酯、苯、1,3-丁二烯、1-丁醇、樟腦、二硫化碳、四氯化碳、1,1-二氯乙烷、環已醇、環已烷、二氯乙醚、1,4-二氧六圜、乙酸乙酯、乙醇、汽油、乙酸甲酯、丙烯酸甲酯、溴甲烷、碘甲烷、甲基環已醇、二氯甲烷、石油精、環氧丙烷、氯苯、四氯乙烷、四氫呋喃、三氯乙烯、氯乙烯、……等之採樣。

2. 使用矽膠吸附管加吸引裝置及流量指示器

　　乙醇胺、苯胺、對硝基氯苯、二甲基甲醯胺、氫氯酸、硫酸、甲醇、……等之採樣。

3. 使用 XAD-2 吸附管加吸引裝置及流量指示器

　　甲醛、甲基丙烯酸甲酯、菸鹼、順丁烯二酐……等之採樣。

4. 使用含吸收液氣體吸收瓶加吸引裝置及流量指示器

　　氨、硫化氫、次乙亞胺、甲酸、聯氨、酚、……等之採樣。

4.5 空白樣品(Sample Blank)

由於樣品採樣、貯存、運送乃至實驗室分析，整個過程皆可能有誤差存在，其誤差來源有三：其一採樣介質受污染，其二為採樣運送、貯存受污染，其三為樣品分析過程。因此空白樣品可分為三種。

1. **現場空白樣品(field blank)**
   (1) 目的：確保採樣過程中，測定對象物確實來自現場，而非操作或樣品運送、貯存或分析過程受污染所致。
   (2) 製備方法：現場採樣時，將另一介質打開，迅速放入一密閉容器中，待採樣結束後，與樣品一起包裝、運送、貯存及分析，其過程皆與樣本一致，但沒有採樣動作。依規定現場空白樣品數目要占樣本總數的十分之一，且至少 2 個。

2. **採樣介質空白樣本(sample blank)**
   (1) 目的：檢查介質是否受污染而含有對象物（或干擾物）。
   (2) 製備方法：附同一批介質 1~3 根，同時分析。

3. **溶劑空白樣品(solvent blank)**

   檢查使用脫附之溶劑是否已含對象物或其干擾物。

   空白樣品分析結果有下列四種狀況：
   (1) 若現場空白樣品、採樣介質空白樣品及溶劑空白樣品皆未受污染，則顯示樣品是來自現場，即未受污染。
   (2) 若現場空白樣品及溶劑空白樣品未受污染，但介質空白樣品有被污染，則表示樣品已受介質污染。
   (3) 若現場空白樣品及介質空白樣品未受污染，但溶劑空白樣品有受污染，則表示樣品已因溶劑受污染而非真實之樣品濃度。
   (4) 若現場空白樣品已受污染，但介質及溶劑空白樣品皆未受污染，則表示樣品會因運送、貯存過程而受污染。

例題 1

某採樣泵流量率為 100mL/min，若介質最大負荷體積為 7.5L，若對某一勞工進行 8hr 連續採樣，至少需準備幾根介質？一根介質可採多久時間？若有 10 個勞工需要採樣，需介質幾根？空白樣品幾根？

▶ 解

一根介質可採時間為 7.5L÷100mL/min＝75min

8hr×60min/hr÷75min＝6.4 根≅ 7 根

10 個勞工共需 7×10＝70 根介質

空白樣品為採樣數的 1/10，即 7 根。

4.6 作業環境空氣中有害物濃度之估算

空氣中粒狀物濃度以每立方公尺中毫克數(mg/m^3)之重量對體積比表示時，則

$$C(mg/m^3)=\frac{W(mg)}{F(mL/min)\times\Delta t(min)\times10^{-6}(m^3/mL)}$$

C ：空氣中有害物濃度

W ：測得之有害物重量

F ：採樣泵流率

Δt ：採樣時間

例題 2

下列為三個苯作業員工的個人呼吸帶採樣資料：

採樣時：溫度 30°C，氣壓 745mmHg，採樣流率 50c.c./min，採樣介質：活性碳管(100mg/50mg)，計採集 7 小時。

實驗室分析結果如下：

	前段活性碳	後段活性碳
員工 1	0.7mg	0.4mg
員工 2	0.5mg	0.04mg
員工 3	0.1mg	0.001mg
現場空白樣品	0.00mg	0.00mg

在 25°C，760mmHg，1ppm(V/V)苯蒸氣＝3.19mg/m^3，苯時量平均容許濃度為 10ppm 試問：

(1) 三個員工的時量平均暴露濃度各為多少 ppm？

(2) 廠內安全衛生工安人員根據此數據應有的措施？

▶ 解

(1) 員工 1：$\frac{0.4}{0.7}\times 100\% \geqq 10\%$ 已發生破出，故放棄此樣本。

員工 2：$\frac{(0.5+0.04)\text{mg}}{\left\{(50\times 60\times 7)\times \frac{745\times 298}{760\times 303}\times 10^{-6}\right\}\text{m}^3}=26.67\text{mg}/\text{m}^3$

$=26.67\text{mg}/\text{m}^3 \rightarrow 26.67\times \frac{24.45}{78} \fallingdotseq 8.36\text{ppm}$

員工 3：同上，解得約 4.99mg/m^3

$=1.56\text{ppm} \rightarrow (4.99\times \frac{24.45}{78} \fallingdotseq 1.56\text{ppm})$

(2) 員工 1 產生破出現象，最好是重測，因其暴露量甚高。

員工 2、3 對苯之暴露雖合法，但苯為致癌物，應

A. 佩戴有濾淨效果之呼吸防護具。

B. 定期危害認知教育。

C. 定期維護通風設備。

D. 勞工每年實施特定項目健康檢查。

例題 3

某一作業場所使用二甲苯有機溶劑從事作業，勞工之二甲苯暴露情形經採樣測定分析結果如下：

採樣測定時間	採樣流率	樣本中二甲苯含量(mg)
樣本 08:00~12:00	200	2
樣本 13:00~15:00	150	12
樣本 15:00~18:00	200	0.1

如：二甲苯之八小時日時量平均容許濃度為 100ppm，434mg/m^3，分子量 106，在容許濃度為 100ppm 時之變量係數為 1.25，試回答下列問題：

(1) 勞工工作日二甲苯之時量平均暴露濃度為多少 mg/m^3？多少 ppm？

(2) 評估勞工之二甲苯暴露是否符合勞工作業場所容許暴露標準規定？

▶ 解

(1) 樣本 1 濃度 $C_1 = 2/(200 \times 4 \times 60 \times 10^{-6}) = 41.6\text{mg/m}^3$

樣本 2 濃度 $C_2 = 12/(150 \times 2 \times 60 \times 10^{-6}) = 666.6\text{mg/m}^3$

樣本 3 濃度 $C_3 = 0.1/(200 \times 3 \times 60 \times 10^{-6}) = 2.7\text{mg/m}^3$

$$TWA_9 = \frac{41.6 \times 4 + 666.6 \times 2 + 2.7 \times 3}{4+2+3} = 167.5\text{mg/m}^3$$

$$= 167.5 \times 24.5/106 = 38.7\text{ppm}$$

(2) $PEL - TWA_9 = 100 \times \dfrac{8}{9} = 88.9\text{ppm}$

$TWA_9 < PEL - TWA_9$ $\quad \therefore TWA_9$ 是符合規定

$PEL - STEL = PEL - TWA_8 \times 1.25 = 542.5\text{mg/m}^3$

樣本 2 濃度 $666.6\text{mg/m}^3 > 542.5\text{mg/m}^3$ (PEL−STEL)

故樣本 2 濃度超過標準不符規定，因此勞工之二甲苯暴露不符合規定。

例題 4

下列為正己烷作業環境監測資料：

測定資料：採樣時溫度 35°C，氣壓 750 mmHg，採樣流速 100c.c./min，計採 8 小時，實驗室分析結果為 5mg。

在 25°C，760mmHg，1ppm(V/V)的正己烷蒸氣 = 3.8mg/m^3，其 PEL = 50ppm。試問：

(1) 試以 ppm 表示其時量平均濃度？

(2) 是否超過法定容許濃度標準確性 PEL？

(3) 應採何種因應措施？

▶ 解

$$正己烷濃度 = \frac{5\,\text{mg}}{100\,\text{c.c.}/\text{min} \times 8\,\text{hr} \times 60\,\text{min}/\text{hr} \times 10^{-6}\,\text{m}^3/\text{mL}} = 104.16\,\text{mg}/\text{m}^3$$

$$= \frac{104.16}{3.8} = 29.61\,\text{ppm}$$

(1) TWA = 29.61ppm

(2) 是否超過法定容許濃度標準 PEL

$\therefore \frac{29.61}{\text{PEL}} = \frac{29.61}{50} = 0.592 < 1$　$\therefore$ 未超過法定容許濃度

(3) 應採何種因應措施－正己烷屬第二種有機溶劑，應按規定採取下列必要措施：

A. 派遣有機溶劑作業管理員從事監督作業。

B. 決定作業方法及順序於事前告知從事作業勞工。

C. 有機溶劑對人體之影響公告於作業場所中顯明之處。

D. 發生有機溶劑中毒事故時之緊急措施。

例題 5

一勞工使用甲苯從事作業，其暴露情形經以計數型採樣設備從事八小時連續採樣，各樣本之採樣條件及分析結果（所有樣本均屬有效樣本）如下，試評估該作業勞工之暴露是否符合規定。

校準現場之溫度及壓力：22°C，一大氣壓；

採樣現場之溫度及壓力：18°C，746mmHg；

K_v 因子：0.50mL/count，脫附效率(DE)＝100%

樣本編號	採樣時間	採樣流量率	Δn	前段＋後段(mg)
1	08:00~10:50	100mL/min	34,000	8.5
2	10:50~12:00	200mL/min	28,000	5.0
3	13:00~15:20	120mL/min	33,600	3.0
4	15:20~17:00	160mL/min	32,000	6.3

解

樣本編號	採樣時間（分）	採樣體積 m^3 ($Q_{22℃\cdot 760mmHg}$)*1	採樣體積 m^3 ($Q_{25℃\cdot 760mmHg}$)*2	C(ppm),NTP*3
1	170	0.0170	0.0171	132.1
2	70	0.0140	0.0141	94.2
3	140	0.0168	0.0169	47.2
4	100	0.0160	0.01	104.0

*1：$Q_{(22°C,\ 760mmHg)}$，$m^3 = Q_{(18°C,\ 746mmHg)} = K_v \times \Delta n \times 10^{-6}$

*2：$Q_{(25°C,\ latm,\ m^3)} = Q_{T_s,P_s} \times \frac{P_s}{760} \times \frac{298}{T_s(°K)}$

$$= Q_{(18°C,\ 746mmHg)} \times \frac{746(mmHg)}{760(mmHg)} \times \frac{298(°K)}{291(°K)}$$

*3：$C(ppm) = \frac{Wb + Wf}{DE \times Q_{NTP}} \times \frac{24.45}{92}$

時量平均暴露濃度

$$TWA=\frac{C_1t_1+C_2t_2+C_3t_3+C_4t_4}{t_1+t_2+t_3+t_4}$$

$$=\frac{132.1ppm\times170+94.2ppm\times70+47.2ppm\times140+104.0ppm\times100}{170+70+140+100}$$

$$=96.0ppm$$

TWA＜PEL－TWA (100ppm)

樣本 1 之 STEL≧125ppm(PEL−STEL)，則短時間暴露（任一 15 分鐘）超過短時間量平均容許濃度。

因此該作業環境仍有必要加以改善。

例題 6

一使用鉻酸從事電鍍之作業場所，一勞工鉻酸之暴露情形測定條件及測定結果如下，試評估該作業勞工之暴露是否符合規定（鉻酸最高容許濃度 $0.1mg/m^3$）。

測定方法：使用附浮子流量計之採樣設備，5.0μ 孔徑之 PVC 濾紙，浮子設定位置 2.1。

校準現場之溫度、壓力：24°C，750mmHg

採樣現場之溫度、壓力：28°C，748mmHg

校準線上之浮子設定位置 2.1 時之流量率為 2Lpm。

樣本編號	採樣時間	樣本分析結果，W_s,μg,$CrO_4^=$
1	08:00~11:10	10
2	11:10~15:20	8
3	15:20~16:00	11

▶ 解

樣本編號	採樣時間（分）t	採樣體積 (T_C,P_C),m³*1	採樣體積 (T_s,P_s),m³*2	採樣體積 NTP,m³*3	C(mg/m³)*4
1	190	0.38	0.383	0.3730	0.029
2	250	0.50	0.504	0.4910	0.016
3	40	0.08	0.081	0.0786	0.140

$*1：Q_{(T_c,P_c)}, m^3 = 2 \times t(min) \times 10^{-3}$

依(3-6)式，可知

$$*2：Q_{(T_s,P_s)}, m^3 = Q_{(T_c,P_c)} \times \sqrt{\frac{301(°K)}{297(°K)} \times \frac{750(mmHg)}{748(mmHg)}}$$

$$*3：Q_{NTP,\,m^3} = Q_{T_s,P_s} \times \frac{298(°K)}{273+28(°K)} \times \frac{748(mmHg)}{760(mmHg)}$$

$$*4：C(mg/m^3) = \frac{W_s \times 10^{-3}}{Q_{NTP}}$$

$$TWA = \frac{C_1 \times t_1 + C_2 \times t_2 + C_3 \times t_3}{t_1 + t_2 + t_3}$$

$$= \frac{0.029 \times 190 + 0.016 \times 250 + 0.14 \times 40}{190 + 250 + 40}$$

$$= 0.031 mg/m^3$$

$C_3=0.14mg/m^3$ 已超過 PEL－C(0.1mg/m³)，因此勞工暴露不符規定。

例題 7

一室內作業場所使用混合溶劑從事作業，該混合溶劑為甲苯、二甲苯，經以活性碳為吸附介質之採樣設備從事採樣以瞭解勞工之暴露情形，監測條件及監測結果如下，試評估該勞工之暴露是否符合規定。

採樣現場之溫度、壓力：28°C，750mmHg

校準現場之溫度、壓力：20°C，756mmHg

使用計數型採樣設備 $F_{T_c,P_c} = 100c.c./min$

樣本編號	採樣時間	樣本分析結果(mg)(Wb+Wt)	
		甲苯，*1	二甲苯，*2
1	08:00~10:30	2.8	4.0
2	10:30~12:00	1.9	2.1
3	13:30~15:30	2.4	3.2
4	15:30~17:30	3.0	2.6

*1：甲苯脫附效率 95%

*2：二甲苯脫附效率 96%

▶ 解

樣本編號	採樣時間 (t,min)	採樣體積 (Q_{T_s,P_s},m³)*1	採樣體積 (Q_{NTP}, m³)*2	暴露濃度 C(mg/m³)*3	
				甲苯	二甲苯
1	150	0.015	0.0147	200.5	283.4
2	90	0.009	0.0088	227.3	248.6
3	120	0.012	0.0117	215.9	284.9
4	120	0.012	0.0117	269.9	231.5

*1：$Q_{T_s,P_s}(m^3) = Q_{T_c,P_c}(m^3)$

$$= 100\frac{cm^3}{min} \times t(min) \times \frac{1L}{10^3 cm^3} \times \frac{1m^3}{10^3 L}$$

*2：$Q_{NTP,m^3} = Q_{T_s,P_s} \times \dfrac{750(mmHg)}{760(mmHg)} \times \dfrac{298(°K)}{301(°K)}$

*3：$C(mg/m^3) = \dfrac{W_b + W_f}{DE \times Q_{NTP}}$　（DE：脫附效率）

*4：$PEL-TWA_{甲苯} = 100ppm = 375mg/m^3$

$PEL-TWA_{二甲苯} = 100ppm = 435mg/m^3$

$$TWA_{甲苯} = \frac{200.5\times150+227.3\times90+215.9\times120+269.9\times120}{150+90+120+120}$$

$=226.7(mg/m^3)$

$TWA_{甲苯} < PEL-TWA_{甲苯}(375mg/m^3)$

$$TWA_{二甲苯}=\frac{283.4\times150+248.6\times90+284.9\times120+231.5\times120}{150+90+120+120}$$

$$=263.5(mg/m^3)$$

$$TWA_{二甲苯}<PEL-TWA_{二甲苯}\ (435mg/m^3)$$

惟甲苯及二甲苯具有共通作用：

$$Dose=\left[\frac{TWA}{PEL-TWA}\right]_{甲苯}+\left[\frac{TWA}{PEL-TWA}\right]_{二甲苯}$$

$$=\frac{226.7}{375}+\frac{263.5}{435}=1.21>1$$

因此該作業場所勞工之暴露仍有不符規定情形。

4.7 採樣實務

實施作業環境監測採樣時應考量之問題及程序如下：

1. 確立採樣之目的及適用於評估之標準。
2. 要監測之對象物質為何及應實施監測之作業場所。
3. 參考標準參考分析方法確定要使用之採樣介質、採樣設備。
4. 由採樣場所限制、流量率範圍選擇適當的採樣泵，組成採樣系列組合。
5. 實施採樣設備或採樣系列組合之流量率或 K_v 因子校準。
6. 參考標準分析方法、過去監測紀錄或以直讀式儀器篩測結果，確定一樣本之採樣時間。
7. 確定應製備之空白樣本或必備用以盛裝原物料樣本之容器。
8. 確定能評估所須之樣本數。
9. 組裝並啟動採樣設備實施採樣，並記錄時間、環境條件、採樣流量率位置，並注意採樣流量率之是否一定。
10. 樣本適當的包裝或冷藏以備送實驗室分析，如特殊批號之固體吸附劑或吸收液則亦應送實驗室作脫附效率或回收效率試驗。並將所有資訊於採樣紀錄表（如表 4-4）上記錄。

11. 計算 Q_{NTP} 以為認可實驗室分析後計算濃度之依據。

12. 將獲得之其他資訊提供實驗室參考，以為分析時干擾消除及有害物成分確定之依據。

表 4-4 作業環境採樣紀錄表

採樣者姓名：　　　　　　　　　　　　採樣時溫度：　　　℃
採樣年月日：　　年　　月　　日　　　採樣時壓力：　　　mmHg
事業單位名稱：　　　　　　　　　　　聯絡人及電話：
事業單位地址：　　　　　　　　　　　採樣之有害物質名稱：
採樣方法：　　　　　　　　　　　　　採樣系列組合：

採樣場所	作業名稱	勞工姓名	採樣泵之種類（規格型號）	濾紙或吸附管或吸收液之種類及規格	採樣起迄時間或採樣前及採樣後之計數器數	累計採樣時間（分）或累計採樣計數器數(Counts)	流量計讀數L/min 或每計數流量L/Count	採樣當時採氣量(L)	相當於 25℃，latm 採氣量(L)	樣本編號

註：空白樣本、原物料樣本亦應納入紀錄表內送實驗室。

問題①

作業場所使用乾洗油及三氯乙烷從事衣服之乾洗作業，欲對該作業場所依法令規定實施監測，試依上述採樣程序完成所有工作並紀錄：

1. 作業環境監測之目的：
2. 應監測之物質及標準：
3. 使用之介質：
4. 採樣流量率：
5. 採樣泵及採樣系列組合：
6. 一樣本之採樣時間：
7. 應有之空白樣本種類及數量：

8. 應有之樣本數：

9. 監測條件及採樣紀錄：

10. Q_{T_c,P_c} ：

11. Q_{T_s,P_s} ：

12. Q_{NTP} ：

13. 原物料樣本：

14. 完成各樣本之包裝、處理。

15. 完成採樣紀錄表。

問題②

人造皮工場混料作業用丁酮、甲苯、乙酸乙酯等溶劑從事原料混合攪拌作業，欲依法令規定實施作業環境監測，試依採樣程序完成所有工作及記錄。

問題③

中央管理方式之空氣調節設備之建築物之室內作業場所，欲依法規規定實施作業環境監測，試依採樣程序完成所有工作及記錄。

問題④

三夾板製造工場從事結合作業使用乳膠從事作業，勞工時有淚眼及眼睛受刺激情形，今欲對該作業場所依法規規定實施作業環境監測，試依採樣程序完成所有工作及記錄。

問題⑤

隧道掘削之建設工程之坑內作業場所，欲依法規規定對該作業場所氣態有害物實施監測，試依採樣程序完成所有工作及記錄。

4.8 監測實施問題研討

1. 作業環境監測目的不同，實施採樣之方式及規劃有何不同。
2. 標準參考分析方法之採樣時應參考應用之資訊有哪些。
3. 採樣泵選用時應考量之因素有哪些。
4. 採樣設備為何要校準、單一有害物及多種有害物共存時，採樣流量率、採樣體積如何決定。
5. 採樣時採樣流量率為何要保持定值。
6. 空白樣本、原物料樣本之用途及必要性為何。何時亦應有介質空白。
7. 樣本包裝之目的及應注意事項為何，何狀況下應冷藏。
8. 採樣紀錄表內各欄之目的為何。
9. 為何採樣結果採樣總體應換算為 NTP 之體積。
10. 您應提供認可實驗室除採樣紀錄表內容外，相關之資訊內容為何。

EXERCISE
習題

1. 舉例說明主動式採樣分析法與被動式採樣分析法之意義及兩者在其間的不同與限制。
2. 何謂擴散捕集法(Diffusive sampling)？試述其在作業環境監測之應用。
3. 何謂現場空白(field blank)樣品？又何以在環境測量時，要採集及分析現場空白樣品？
4. 試問作業環境空氣中之二甲苯應如何採樣及分析？又其間測結果是否符合標準應如何評估？
5. 已知某採樣塑膠袋內裝 20 公升含 40ppm 苯(C_6H_6)之混合空氣，當時大氣 760mmHg，溫度是 25°C。試問：
   (1) 採樣袋內苯之濃度相當為若干 mg/m^3？
   (2) 隔日，採樣袋溫度升為 30°C，且大氣壓力變為 752mmHg。則採樣袋內含苯之混合空氣體變為若干？
   (3) 設若該採樣袋不發生洩漏，採樣塑膠袋內苯之最終濃度為若干 ppm？
6. 試比較活性碳及矽膠吸附之特性。
7. 固體吸附劑之影響因素有哪些？試述之。
8. 試述空白樣品種類並如何判斷樣品污染來源？
9. 試述採樣時現場空白樣品的製備方法及其目的。
10. 某員工個人採樣資料如下：
    溫度 30°C，氣壓 754mmHg，採樣流速 50c.c./min，採樣介質：活性碳管(100mg/50mg)，採 7 小時，分析結果前段含苯 0.15mg，後段含苯 0.04mg，求 1atm、25°C 下勞工暴露濃度？
11. 試述如何以主動式採樣採集作業環境空氣中的無機酸？請以圖示意採樣設備組，說明採樣時應注意事項，以及樣品一般以何種儀器分析？
12. 某次作業環境測定採集甲苯(MW＝92)樣本 5L（於 NTP 下），分析結果前段為 1.5mg，後段為 0.05mg，則空氣中甲苯之濃度為多少 ppm？

13. 有一使用 CCL_4 有機溶劑之作業場所，採樣前以活性碳管測得 CCL_4 尖峰最高濃度為 100ppm，若以 2 個 4 小時樣品採樣，採樣流率應為多少以下才不致發生破出現象？（活性碳管對 CCL_4 之破出質量為 15mg，CCL_4 分子量為 154）

14. 以活性碳管對四名員工採樣甲苯（分子量為 92），資料如下：

	前段	後段	採樣時間
員工 1	13mg	2.0mg	8hr
員工 2	10mg	0.8mg	9hr
員工 3	8mg	0.5mg	7hr
員工 4	6mg	0.2mg	6hr

若採樣流量為 100mL/min，甲苯 PEL−TWA=100ppm，試評估四名員工之暴露情況。

15. 設某勞工在作業場所使用含甲苯及丁酮之混合有機溶劑從事作業，某日對該勞工進行個人暴露監測，其監測條件及監測結果如下表，請列出計算過程並評估勞工之暴露是否符合法令規定。採樣現場的溫度為 27°C，壓力為 750mmHg（與校正現場的溫度壓力相同）採樣設備：計數型採樣泵（流速為 100c.c./min）+活性碳管

採樣編號	採樣時間	樣本分析結果	
		甲苯(mg)	丁酮(mg)
1	08:00~10:30	2.9	4.0
2	10:30~12:00	1.8	2.5
3	13:00~15:00	2.4	3.2
4	15:00~17:00	3.0	2.1
分子量		92	72
脫附效率		95	85
八小時日時量平均容許濃度(ppm)		100	200

16. 下列為丁酮作業環境測定資料：採樣時溫度 25°C，氣壓 760mmHg，採樣時速 100mL/min，計採 8 小時，實驗室分析結果為 4.8mg，其 PEL=200ppm，分子量 72。
(1) 試以 mg/m^3 表示其時量平均濃度。
(2) 試以 ppm 表示其時量平均濃度。
(3) 是否符合法定容許濃量標準(PEL)？

CHEMICAL
WORKPLACE ENVIRONMENT MONITORING

粒狀物之採樣分析

05
CHAPTER

5.1　捕集方法概要

5.2　監測方法之種類

5.3　粒狀物之特性

5.4　粒狀污染物的捕集原理

5.5　粒狀污染物的採樣方法

5.6　採氣體積、流率之決定及樣品之保存、運送

5.7　採樣實務

5.8　監測實務問題研討

習　題

5.1 捕集方法概要

實施作業環境監測之整個過程中，採集試料所選用之捕集方法，將視對象物之物理化學性質，其在空氣中存在之狀態，採集後之分析方法及其分析極限等作適當之考慮。本章將依次分節討論粉塵、金屬燻煙、特定化學物質、石綿等各種粒狀物之採樣及分析。

5.2 監測方法之種類

空氣中浮游粒狀物質濃度之監測方法可區分為如下二大類：

1. **浮游監測法**

係指空氣中懸浮粒狀物質任其在浮游狀態之下，其濃度之監測方法謂之。浮游測定法可利用光學的、電氣的、音響的原理，而目前實用化的粉塵測定儀器，多採用光學的方法，如散射光式粉塵測定器、透光式粉塵測定器等。

2. **捕集監測法**

係指對空氣中懸浮粒狀物質加以捕集後，其濃度之測定方法謂之。
粒狀物之捕集方法可分為：

(1) 溫差式：使含塵之空氣通過有溫差之空間，利用粉塵的避熱性，而於低溫側捕集粉塵之方式，如：熱聚塵器(thermal precipitator)。
(2) 吹附式：係以含塵之空氣吹噴於捕集板，利用捕集板之附著劑或絕熱(adiabatic)膨脹現象所產生之微細水滴，使粉塵附著於板上以捕集粉塵之方式。如多階式衝擊器(cascade impactor)。
(3) 滌洗式：利用含塵之空氣與捕集液衝擊洗滌，以使捕集液捕集粉塵之方式。如衝擊式捕集瓶(impinger)。
(4) 沉降式(sedimentation)：利用空氣中之懸浮粉塵在捕集板上自然沉降以捕集之方式。
(5) 靜電式：利用電極間之電暉放電(corona)使含塵之空氣通過時，粉塵因而帶電，藉著電力吸引以捕集粉塵之方式。如靜電集塵器。
(6) 過濾式：利用吸引使含塵之空氣經過濾層，以過濾層捕集粉塵之方式諸如：高容量採樣器(high-volume sampler)，低容量採樣器(low-volume sampler)。

5.3 粒狀物之特性

空氣中有害物質係以粉塵(dusts)、燻煙(fumes)、霧滴(mists)等粒狀物以及氣體或蒸氣之狀態存在。粒狀物質之採樣，即以能吸入肺部或其所經過途徑而引起身體作用之粒狀物為必要考慮。粒狀物依其對健康之影響可分為生物氣膠、非礦物氣膠、礦物性氣膠（金屬、含游離 SiO_2，含矽酸鹽等）及厭惡性粉塵（如大理石、水泥、石墨、氧化鋁、碳酸鈣等）。矽酸鹽氣膠又可分為纖維狀矽酸鹽（如石綿、滑石）及非纖維狀矽酸鹽（如雲母、漂白土），其中以石綿（如陽起石、透閃石、螺紋石等）具致癌性，最受關注。

粒狀污染物由於形狀不一，除了纖維狀物質常以長度及長寬比來定義大小外，其餘以粒子體積之等效直徑(equivalent volume diameter; dv)－即相當於粒子總體積換算成等體積之球形粒子之直徑－來做為粒子大小界定的方式，然而，上述粒徑大小之定義，並未能充分考慮到粒狀污染物在空氣中傳輸的行為，因此亦無法描述粒狀污染物由於其形狀、密度、大小之不同，對人體所造成之不同的暴露情況。基此，在工業衛生上目前常以氣動粒徑(aerodynamic diameter, d_{ae})來表示粒子之大小。所謂氣動粒徑為相當於具有與該粒子在空氣中於標準狀態(STP)下有相同終端沉降速度之球形水滴的直徑。

由於粒狀物對人體健康之影響取決於粒狀物之種類及粒徑大小，粒徑越小對人體健康影響越大。所謂全塵量（總懸浮微粒）係指於空氣中所有懸浮之粒狀物，而吸入性粉塵(PM_{10})則指其粒徑小於 10 微米者，可沉積於鼻孔上呼吸道，無法深入肺部者，當粒徑介於 2 微米至 10 微米，粒狀物即能穿越咽喉區域進入人體胸腔，可達氣管與支氣管及氣體交換區域，即所謂胸腔性粉塵。粒徑小於 2 微米者，極易進入肺泡造成病變，稱為可呼吸性粉塵(respirable dust)，三者粒徑大小與穿透比率關係如圖 5-1 所示，由圖中可知可呼吸性粉塵之特性在氣動粒徑 4μm 大小之粒狀物，約有 50%全塵量可達氣體交換區；氣動粒徑為 10μm 者，僅約有 1%可到達。若三者皆假設吸入人體百分率（穿透率）皆為 50%，則吸入性粉塵、胸腔性粉塵及可呼吸性粉塵之氣動粒徑分別為 100μm、10μm 及 4μm。為實際應用，表 5-1 可用來查得於總粉塵中各氣動粒徑可達肺泡區之百分率。

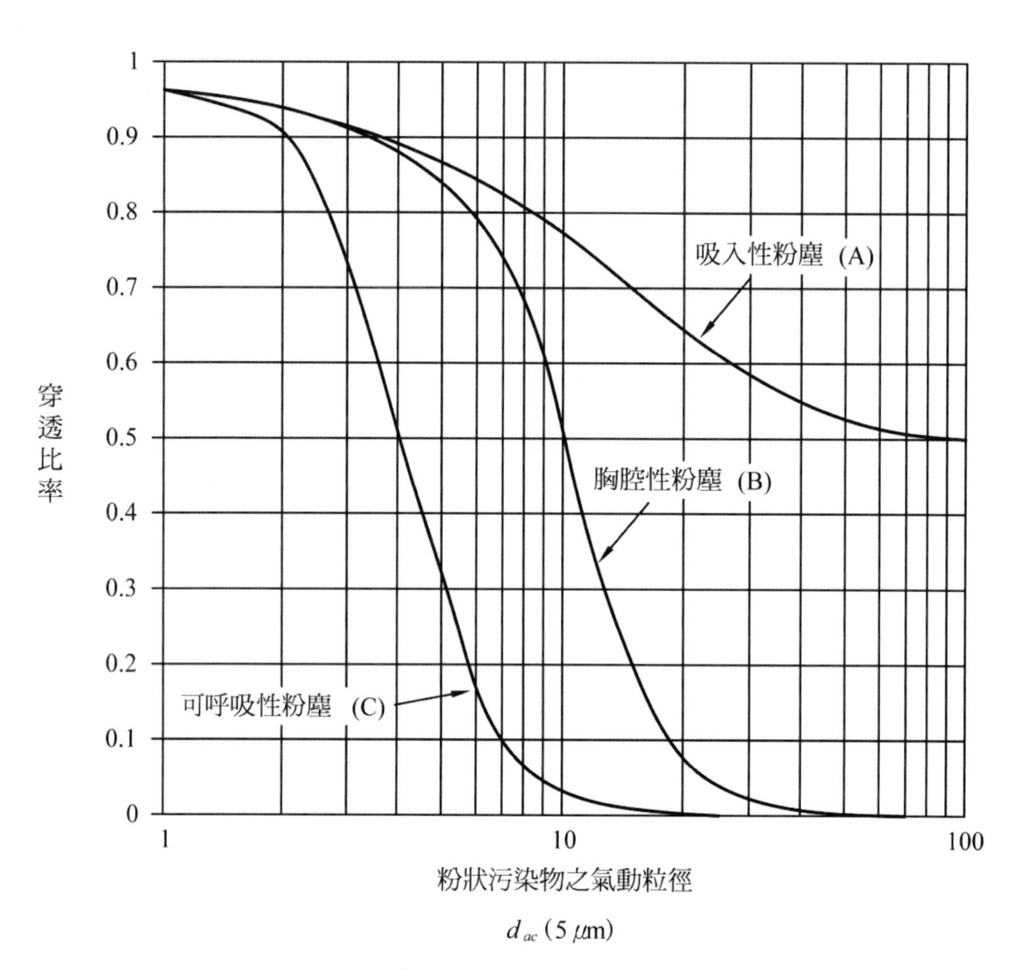

● 圖 5-1　與健康有關之粒狀污染物的採樣準則曲線

表 5-1　與健康有關之氣膠採樣準則

Dae (μm)	可吸入性氣膠於總氣膠中所占比率	胸腔性氣膠於總氣膠中所占比率	可呼吸性氣膠於總氣膠中所占比率
0	1.00	1.00	1.00
1	0.97	0.97	0.97
2	0.94	0.94	0.90
3	0.92	0.92	0.73
4	0.89	0.89	0.50
5	0.87	0.85	0.30
6	0.85	0.80	0.17
7	0.83	0.74	0.09
8	0.81	0.66	0.05
9	0.79	0.58	0.03
10	0.77	0.50	0.01
12	0.74	0.35	
14	0.72	0.23	
16	0.69	0.15	
18	0.67	0.09	
20	0.65	0.06	
25	0.61	0.02	
30	0.58	0.01	
35	0.56		
40	0.55		
45	0.53		
50	0.52		
100	0.50		

5.4 粒狀污染物的捕集原理

5.4.1 過濾捕集

過濾捕集係目前最被廣泛採用的粒狀污染物捕集方法。主要係因為其具經濟性及便捷性的優點。過濾捕集的採樣裝置包括：

1. **濾紙**：用以捕集粒狀污染物，其原理有阻截、靜電、衝擊、沉降等。
2. **濾紙總固定器或採樣頭(filter holder or sampler)**：用以承裝濾紙，並在保持氣密的情況下，使被捕集的粒子能均勻地進採樣口(sampling orifice)並被捕集在濾紙上。
3. **採樣泵(sampling pump)**：用以提供動力以吸入大氣中的粒狀污染物。
4. **導管(tube)**：用以連接採樣頭及採樣泵。

目前最常用的濾紙材質及其特性分述如下：

1. **薄膜濾紙(membrane filter)**

薄膜濾紙由於可將粒子捕集於濾紙表面，故可用於樣品需以顯微鏡分析時採用。一般常用以製造薄膜濾紙的材質包括纖維素酯(Mixed Calicoes Ester, MCE)、聚氯乙烯(PVC)、聚四氟乙烯(Polytetrafluroethylene, PTFE)。MCE 由於具有溶於酸之特性，故亦常用於石綿纖維、金屬粉塵、金屬燻煙之採樣。分析前，石綿纖維需要滴油性試劑，使濾紙溶解成透明狀，方便於顯微鏡下計數，而金屬粉塵、金屬燻煙則需經硝化過程使濾紙溶解，俾便於採樣後之原子吸收光譜分析。然值得注意的是其容易吸濕，應盡量避免用於稱重分析。常見 MCE 濾紙之孔徑為 0.45μm 及 0.8μm 二種。PVC 濾紙常用於游離二氧化矽、厭惡性粉塵及氧化鋅之捕集，不需前處理，即可分析。至於 PTFE 濾紙在市面上常見濾紙孔徑有 1μm、2μm 及 5μm 等種類，一般用於含農藥、殺蟲劑及鹼土金屬等易腐蝕粒狀污染物之捕集。

2. **纖維濾紙(fiber filter)**

常見的纖維濾紙有玻璃纖維濾紙及石英纖維濾紙。玻璃纖維濾紙可用於捕集含殺蟲劑等之粒狀污染物，另由於其強度較佳，亦常用於高流量之環境採樣（其規格通常為 5×10 英吋）。另石英纖維紙常用於高流量之環境採樣，但因材質較易碎裂，當固定濾紙於採樣頭時，需特別小心。

3. 核膜濾紙(nuclepore)

其材質為聚碳酸鹽(polycarbonate)，具高強度、抗高溫及化學侵蝕和透光性之特性，故常被選用做為石綿採樣濾紙，俾便於可透光電子顯微鏡(transmission electron microsocopy, TEM)之分析。

濾紙依其組成或構造而有不同之種類，其各種不同之用途列如表 5-2 所示。

表 5-2 濾紙種類及用途

濾　紙	用　　途
纖維素酯	石綿計數、金屬燻煙、酸霧滴
玻璃纖維	全塵量、油霧滴、煤焦油瀝青揮發物
纖 維 素	全塵量、金屬、殺蟲劑
聚氯乙烯	厭惡性粉塵、游離二氧化矽、油霧滴、氧化鋅、鉻酸
鐵 氟 龍	特殊用途（高溫）

目前尚無一種濾紙適合用於所有可能之捕集與分析條件，適當濾紙之選擇，將視氣溶膠(aerosol)、採樣效率，以及分析時將使用之化學程序等之物理性與化學性而定。

對於懸浮粒狀物質採樣所使用濾紙之選擇，通常須考慮下列因素：

(1) 採集後之分析方法。
(2) 濾紙之微量成分之背景含量(background levels of trace)或其主要成分(major constituents)。
(3) 可決定捕集效率之濾紙孔徑之大小。
(4) 濾紙之最大容許負荷(maximum permissible loading)。
(5) 採樣時空氣之溫度與濕度。
(6) 通過採樣系統預估之壓力降(anticipated pressure drop)。

5.4.2 慣性力及重力捕集

利用慣性力及重力的氣膠捕集器包括衝擊採樣器(impactors)、旋風分離器(cyclones)、衝擊採樣瓶(impingers)及析出器(elutriators)。基本上，上述氣膠捕集器可分為特定粒徑氣膠捕集器(size-selective aerosol sampler)及氣膠分粒裝置(size-segregated aerosol sampler)。所謂特定粒徑氣膠捕集是指僅捕集某些粒徑大小範圍的粒子（如可呼吸性氣膠）；而分粒捕集係指能將氣膠區分為若干粒徑大小範圍的粒子而分別捕集之。一般而言，旋風分離器、析出器及單層式衝擊採樣器(single-stage impactors)係屬特定粒徑氣膠捕集器，其通常於捕集器後段接有一濾紙以承接經前所分離出的特定粒徑大小的氣膠。至於階梯式衝擊採樣器(cascade impactors)、階梯式旋風分離器(cascade cyclones)及水平式析出器(horizontal elutriators)則屬分粒裝置的範疇，這類的捕集器通常具多段捕集的功能。氣膠經分粒裝置的各段捕集後，可藉化學或稱重分析方法以求得氣膠內所含化學物質或重量與粒徑分布的關係。在實際採樣時階梯式衝擊採樣器及水平式析出器係用於一般作業場所氣膠粒徑分析採樣，而階梯式旋風採樣則僅用於煙道採樣。

1. **衝擊採樣器(impactors)**

衝擊採樣器主要原理係利用氣膠本身的慣性力而加以捕集。大粒徑的氣膠由於具較大慣性力，當進入採樣器後將直接撞擊在採樣板上，而較小粒徑者則隨著氣流轉彎進入下一層採樣板以達到分離氣膠之目的（如圖 5-2）。基本上，各層採樣板的捕集特性與氣流進入該層採樣板的速度有關。因此階梯式、衝擊採樣器，一般係藉著改變各層採樣板內進氣孔大小以達到改變進氣氣流速度，進而達到分層捕集不同粒徑範圍氣膠之目的。一般而言，捕集器各層進氣孔尺寸係由大而小，故越上層捕集板可以捕集到較大粒子，而越下層部分則捕集較小粒徑的粒子；另外氣流在流經最後一層採樣板後則將終為最後的濾紙層所捕集。理論上，各層採樣板的捕集效率係以 50%攔截粒徑(50% cut point diameter, D_{50})來表示。所謂 D_{50} 是指 50%的該氣動粒徑(dae)氣膠可被該層採樣板所捕集。

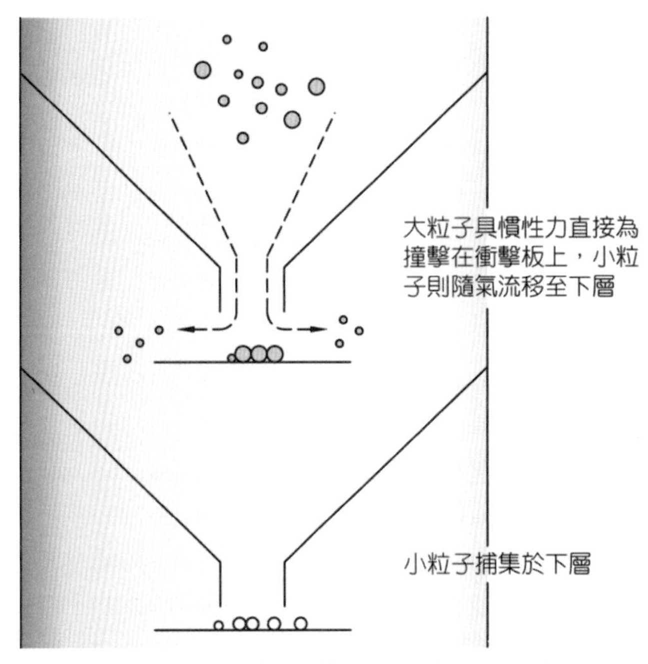

圖 5-2　衝擊採樣器之捕集原理示意圖

2. **衝擊採樣瓶(impingers)**

衝擊採樣瓶之採樣原理有如衝擊採樣器，但其主要不同在於氣流進入採樣瓶後被導入一含有液體的採樣瓶。粒子因慣性衝擊採樣瓶底部後由捕集液捕集（如圖 5-3）。

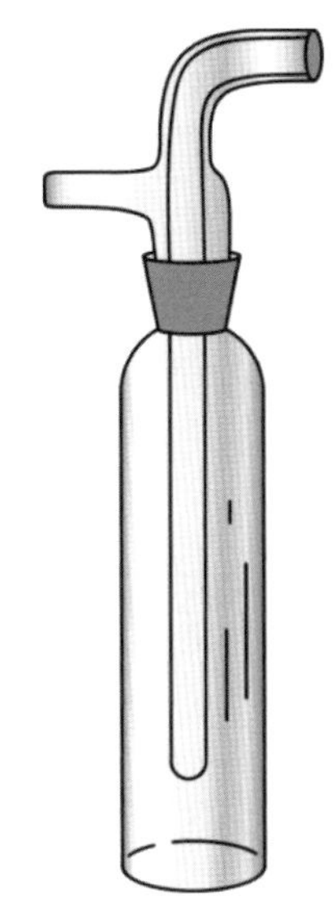

圖 5-3　衝擊採樣瓶示意圖

3. **旋風分離採樣器(cyclone samplers)**

旋風分離採樣器主要利用側向進氣流，使得氣流進入採樣器產生旋轉渦流由上而下旋轉，而最終於渦流中心(vortex core)形成逆向由下而上的渦流流出採樣器（如圖 5-4）。氣膠在採樣中較大氣動粒徑者，由於其較大慣性力而撞擊於捕集器的壁上，而較小的粒子則為底部圓筒所捕集。旋風分離器在工業衛生上常被當作一種氣膠捕集的前處理設施，用來分離某部分氣動粒徑的粗氣膠，至於小粒子則藉著中心渦流以導入濾紙層再加以收集。旋風分離捕集原理目前已在可呼吸氣膠的採樣方法中廣泛地被採用。旋風分離器所能分離氣膠氣動粒徑大小的能力與旋風分離大小尺寸(cyclone dimensions)、氣體黏滯性(gas viscosity)及進氣流率(flow rate)有關，其分離效率有如慣性衝擊採樣器，可以 D_{50} 之氣動粒徑來表示。

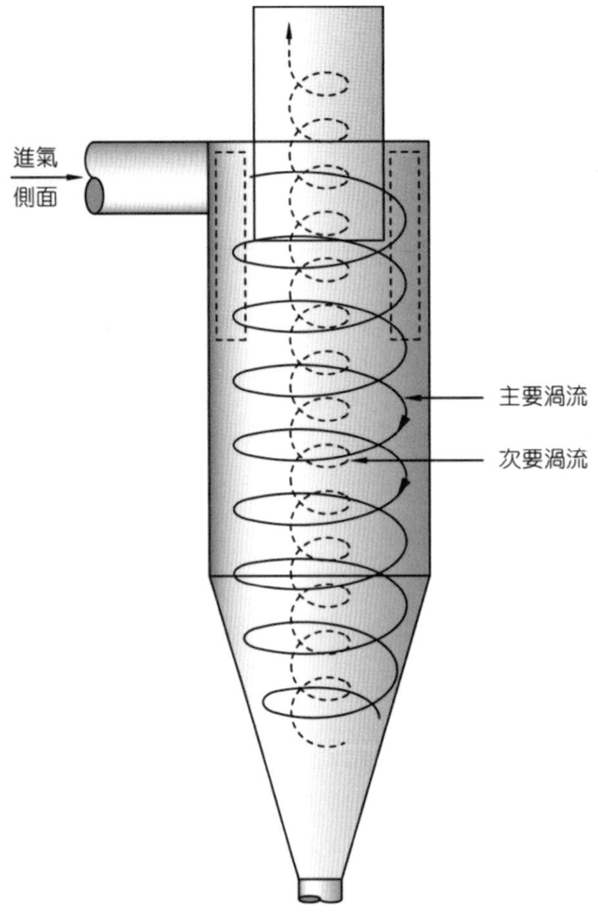

圖 5-4 旋風分離採樣器之氣流流動狀態

4. 析出器(elutriators)

析出器與上述採樣器之不同乃在於其捕集原理係利用重力沉降以分離不同氣動粒徑大小的氣膠，析出器主要可分為垂直式析出器(vertical elutriators)及水平式析出器(horizontal elutriators)。

垂直式析出器含一直立式導管，進氣流緩慢均勻地由下而上。當粒子之終端沉降速度大於氣流之流速者，將無法隨著氣流流出採樣器，進而因沉降而被捕集。一般而言，此類的採樣器常用於為棉塵採樣。

水平式析出器係經由一連串的水平沉降板，使不同氣動粒徑的氣膠由於其重力沉降速度不同而沉降在不同的沉降板上，以進而達粒徑分離之目的。此種採樣器由於體積較大鮮少用於個人採樣，一般使用於作業環境中的固定式採樣。

5.5 粒狀污染物的採樣方法

5.5.1 粗粒狀污染物的採樣法

全塵量採樣法係目前法令上規定對粗氣膠的採樣法。就個人採樣而言，全塵量採樣法所用的採樣器（或濾紙）大小計可分為 25mm、37mm、47mm 及 50mm 等種類，其中並以 25mm 及 37mm 最常被使用。若以採樣器的操作型式來區分，則可分為開面式(open-face)及蓋面式(closed-face)二種。一般使用開面式時，應使用三層式採樣頭(three-stage cassette)，其中第二層係用以固定濾紙於採樣頭上，第三層為一蓋面，至現場採樣時應予除去。使用此法時，其主要目的乃為使捕集的粒狀污染物能均勻地分布在捕集的濾紙上，故適用於纖維狀氣膠採樣，因其採樣後往往僅截取部分濾紙面積來做分析計數。至於採用蓋面式時，其採樣頭一般均為二層式，且上面層應具蓋面而僅留一大小為 4mm 的孔徑做為採樣口(sampling inlet)。採用此法時，主要是為了避免濾紙於採樣時受到污染，然由於採樣口遠小於濾紙面積，故所捕集之氣膠將集中在濾紙中心部分，而無法均勻地分布在濾紙上，因此適用於纖維狀以外之氣膠採樣（重量分析法）。

5.5.2 細粒狀污染物的採樣方法

目前最被廣泛用於個人採樣的可呼吸性氣膠採樣器為美國所發展之 10-mm 耐龍製旋風分離器(10-mm nylon cyclone)及 SKC 鋁製旋風分離器。採樣器之採樣流率依照 NIOSH 規定為 1.7L/min，但值得注意的是 MSHA 卻建議 2L/min 方足以代表可呼吸性氣膠採樣，此類採樣器之缺點為其耐龍材質易產生靜電，在採樣時容易造成誤差。另外 SKC 鋁製旋風分離器之規定採樣流率為 1.9L/min，此採樣器由於內徑較小，其缺點為較難清洗。由於可呼吸性氣膠因質量較小，故在實際採樣時，往往需要較長採樣延時，所得之樣本方足以做為重量分析。

5.5.3 特殊性氣膠的採樣方法

石綿的採樣方法

石綿為矽酸鹽，呈纖維狀，主要用於製造石綿瓦或煞車來令片，可隔熱防火。空氣中石綿之採樣，是利用過濾捕集法，以纖維素酯薄膜濾紙為濾材，裝於直徑 25mm、三層式濾紙匣、加 50mm 長防止靜電之延長管，纖維素酯薄膜濾紙(cellulose ester membrane filter)孔徑為 0.8~1.2μm，後面用墊片補強。上述濾紙匣，利用可撓性軟管與個人採樣泵連接，採樣流量設定在 0.5~1.6L/min。採樣後再加以裱數使濾紙呈透明狀，利用位相差顯微鏡計算合於規定大小（長度大於 5μm，長寬比大於 3，最少需檢視 20 個視野，計數到 100 根纖維為止，每個視野約 1~10 根石綿為宜）之石綿纖維數量，再推算其濃度。

5.5.4 氣膠粒徑分析的採樣方法

氣膠粒徑分析採樣除了可用以瞭解作業場所中氣膠在各粒徑範圍之重量濃度外（即粒徑分析曲線之外）；並可依可吸入、胸腔性及可呼吸性氣膠之採樣準則，以求得可吸入性、胸腔性及可呼吸性氣膠之重量濃度。氣膠分粒裝置目前以衝擊式採樣器最常被使用，最著名係以 29 為開頭的一系列個人衝擊式採樣器；例如 298 採樣器（含八層採樣板）、296 採樣（含六層採樣板）及 294（含四層採樣板）。上述各粒徑分析採樣器均具有內裝式濾紙承接器來用以承接 37mm 之濾紙。此類採樣器之採樣流率為 2.0L/min，各層之 50%攔截粒徑(D_{50})如表 5-3 所示。在實際採樣情況下，氣膠由於本身的慣性力，凡屬大於衝擊板 D_{50} 的氣膠將有 50%將衝擊於衝擊板上，為方便稱重分析，各衝擊板上均置有一衝擊薄膜（如聚碳酸鹽製的衝擊膠膜），在膠膜上並塗採油脂以防止氣膠反彈或再揚起，此一塗抹油脂的衝擊薄膜於採樣前後的重量差即可代表上層衝擊板之捕集量。

表 5-3　操作條件為 2.0L/min 情況下，290 系列之各階梯式衝擊採樣器各層採樣板之 D_{50}

層別 型號	1	2	3	4	5	6	7	8	濾紙層
Model									
298	21.3	14.8	9.8	6	3.5	1.55	0.93	0.52	0
296			9.8	6	3.5	1.55	0.93	0.52	0
294	21.3	14.8	9.8		3.5				0

5.5.5 粒狀污染物採樣實例

1. 粒狀污染物之採樣程序與範例

實施作業環境粒狀污染物採樣時，應考量之問題及程序如下：

(1) 確認採樣之目的及適用之標準。

(2) 要監測之對象物質為何及監測之地點。

(3) 參考採樣方法及標準分析方法確定使用之採樣濾紙。

(4) 由採樣流量率範圍選擇適當之採樣泵及其他採樣元件，組成採樣系統。
(5) 採樣系統之採樣流率之校準。
(6) 參考樣本之標準參考分析方法及過去監測紀錄或依照直讀式測定儀器測定結果，決定採樣時間。
(7) 確定應準備之空白樣本、必備之容器並擬定樣本輸送方式。
(8) 擬定採樣策略，確定所需之樣本數。
(9) 採樣前後樣本適當的包裝或冷藏，以運送認可實驗室分析。
(10) 將作業環境監測所有採樣資訊記錄於採樣紀錄表內。
(11) 計算採樣總體積待認可實驗室分析結果獲得後，計算濃度。
(12) 採樣時所獲得之資訊應提供認可實驗室參考，以作為干擾消除及有害物確定之依據。

粒狀污染物之採樣除應考量上述原則外，對於採樣所需之設備、方法、採樣結果之計算，仍應依其採樣物質之種類及目的而有不同的考量。以下依全塵量、可呼吸性氣膠、氣膠粒徑分析及石綿採樣之特性分別敘述之：

2. 全塵量的採樣實例

(1) 所需設備：
A. 流率在 1.0~4.5L/min 之採樣泵（高流量）。
B. 37mm 採樣頭（三層式）。
C. 37mm 濾紙及襯墊(supporting pad)。
D. 精確度至 0.01mg 之天平。
E. 氣密膠帶(sealing bend)。
F. 其他：背負肩帶(harness)、7-mm 內徑之導管、標籤、鉗子。

(2) 方法：
A. 將濾紙置於恆溫箱中過夜，以去除濕度對稱重時的干擾。
B. 採樣前濾紙稱重。通常需準備多於預備使用之濾紙數目，以供稱重、校正及採樣不慎受損或污染時可換用。
C. 鬆開採樣頭，將濾紙襯墊及濾紙大小以鉗子置入，再旋緊採樣器，採樣孔並以栓塞(pulg)封閉以防止濾紙於採樣前受到污染。採樣器側邊應以膠帶或氣密膠帶固定以確保氣密。
D. 利用導管將採樣頭與採樣泵聯結，並進行流量校正，使流量在 2.0±0.1L/min 範圍內。
E. 將採樣設備放入背負皮帶中並攜帶至採樣現場。

F. 選擇勞工並將背負皮帶連用採樣設備使其背上，此時採樣頭應位在勞工之衣領附近。

G. 記錄時間啟動採樣泵。

H. 採樣終止時應記錄時間、關閉採樣泵並利用栓塞將採樣頭封閉。

I. 取出採樣頭、小心帶回實驗室。

J. 重新連結採樣頭及採樣泵做採樣後流量校正。

K. 取出採樣頭並將其置於恆溫箱過夜。

L. 取出濾紙稱重。

M. 每批次採樣時為防止稱重誤差，宜設一校正濾紙於採樣前後稱重。

N. 將各值記錄於表 5-4。

表 5-4　全塵量氣膠採樣記錄表

測定氣膠種類：						採樣者：						
測定作業場所：						日　期：						
濾紙編號	採樣泵編號	採樣地點	採樣時間			流量(L/min)			採樣總體積(V)(m^3)	總氣膠捕集量(mg)	全塵量(mg/m^3)	備註
			開始	停止	總計 min	採樣前	採樣後	平均值				

(3) 計算：

A. 求取平均採樣流率(Q_{ave} : L / min)

$$Q_{ave} = \frac{\text{採樣前之校正流率} + \text{採樣後之校正流率}}{2}$$

B. 求取總採樣時間(T: min)

T＝採樣後時間－採樣前時間

C. 求取總採樣空氣體積(V: m^3)

$$V = \frac{Q_{ave} \times T}{1,000}$$

D. 求取總氣膠捕集量(W: mg)

採樣前濾紙稱重＝X_1(mg)

採樣後濾紙稱重＝X_2(mg)

採樣前校正濾紙稱重＝Z_1(mg)

採樣後校正濾紙稱重＝Z_2(mg)

$$W = (X_2 - X_1) - (Z_2 - Z_1)$$

E. 求取全塵量(C:mg/m^3)

$$C = \frac{W}{V}$$

(4) 應注意事項

A. 為避免濾紙遭受污染，於置放或取出濾紙時應使用鉗子或鑷子。

B. 採樣前濾紙破損或採樣後濾紙遭受巨大振盪，此時應將所採得之樣本丟棄以避免誤差。

C. 採樣泵流率容許誤差為±5%（即 0.1L/min），當採樣流率超過此範圍時，應予廢棄。

D. 稱重之天平應設有靜電去除裝置，以防止樣本因靜電而造成量測誤差。

3. 可呼吸性氣膠採樣實例

(1) 所需之設備：

A. 階梯式衝擊採樣器，此採樣器之選取依作業場所氣膠的性質而定。一般而言，若以粗氣膠為主則可選用 294 型採樣器，若主要含細氣膠則應選取 296 型採樣器，唯若含粗及細氣膠則以 298 型較為適當。

B. 衝擊薄膜。

C. 用以塗敷衝擊薄膜之油脂（如 silicone）。

D. 採樣泵的選擇如前例，唯流率應保持穩定在 2.0L/min。

E. 餘設備如前二例。

(2) 方法：

A. 將衝擊薄膜塗敷油脂後應連同濾紙置入乾燥箱中過夜，並於使用前加以稱重。

B. 組合衝擊採樣器，並與採樣泵連接。

C. 採樣前流率校正。

D. 採樣後各層衝擊薄膜及濾紙均應再用乾燥箱乾燥後方可稱重。

E. 餘採樣方法如前二例，並將各測值填入表 5-5。

(3) 計算：

本實例為方便說明特以一虛擬之翻砂作業場所之採樣結果記錄於表 5-5 中，至於如何藉此採樣結果以瞭解作業場所氣膠之粒徑分析則分述如下：

表 5-5 階梯式衝擊採樣器採樣結果記錄及計算表

採樣日期：3-20-1995

採樣地點：翻砂作業場所

採樣流率：(1)採樣前流率(Q_1)＝2.10 L/min

(2)採樣前流率(Q_2)＝1.90 L/min

(3)平均流率(Q_{ave})＝2.0 L/min

採樣時間：(1)開始採樣時間(T_1)＝8:00AM

(2)結束採樣時間(T_2)＝14:00

(3)總共採樣時間(T_t)＝6:0hrs

採樣器層別	採樣器各層之 D_{50}：dae(μm)	採樣前稱重 W_1(mg)	採樣後稱重 W_2(mg)	總捕集量 W(mg)	捕集氣膠之粒徑範圍 dae(μm)	捕集氣膠之粒徑中點 dae(μm)
濾紙層	0.00	72.98	72.98	0.00	0.00~0.52	0.26
8	0.52	169.31	170.01	0.70	0.52~0.93	0.73
7	0.93	148.12	149.27	1.15	0.93~1.55	1.24
6	1.55	109.35	111.90	2.55	1.55~3.50	2.53
5	2.50	164.24	166.95	2.71	2.50~6.00	4.75
4	6.00	171.02	172.91	2.89	6.00~9.80	7.90
3	9.80	172.18	174.54	2.36	9.80~14.80	12.30
2	14.80	163.48	165.04	1.56	14.80~21.30	18.05
1	21.30	167.85	169.85	2.00	21.30~40.00	30.65

估計最大粒徑：40.00μm

總氣膠捕集量(W_T): 15.92mg (0+0.7+⋯+2.0)

總採樣體積(V): 0.72m^3 (2.0L/min×6×60)

全　塵　量：22.11mg/m^3 (15.92/0.72)

A. 計算平均採流率(Q_{ave})：

$$Q_{ave}=\frac{Q_1+Q_2}{2}\ (L/min)$$

B. 計算總採樣時間(T_1)：

$$T_t=T_2-T_1\ (hrs)$$

C. 計算總採樣體積(V)：

$$V=\frac{(Q_{ave}\times T_t)\times 60}{1000}(m^3)$$

D. 採樣器各層之 D_{50}：可由表 5-5 中查得，其中估計最大粒徑則以作業場所之類別大略估計。

$$全塵量=\frac{W(mg)}{V(m^3)}$$

E. 採樣器之各層捕集前後之重量，依實際量測結果記錄於表 5-5 中（如 W_1，及 W_2 欄）。

F. 採樣器各層之總捕集量 W：

$$W=W_1-W_2\ (mg)$$

G. 總氣膠捕集量(W_T)：

$$W_T=\sum W\ (mg)$$

H. 計算全塵量：

$$全塵量=\frac{W_T}{V}\ \ (mg/m^3)$$

I. 氣膠粒徑分析之計算：

a. 捕集氣膠之粒徑範圍(μm)係以採樣器內各層所捕集的氣膠粒徑 D_{50} 來決定。例如濾紙層係用以承接第八層之 $D_{50}(=0.52μm)$至濾紙層之 $D_{50}(=0.00μm)$，故其範圍為 0.00~0.52μm；又如第四層係以承接第三層 $D_{50}(=9.80μm)$至第四層 $D_{50}(=6.00μm)$故其範圍為 6.00~9.80μm；餘則類推。

b. 捕集氣膠之粒徑中點為上述各層捕集粒徑範圍之中點。如濾紙層為 0.26(=(0+0.52)/2)；第四層為 7.90μm(=(9.80+6.00)/2)。

c. 由總氣膠捕集量欄及其相對應之捕集氣膠之粒徑中點，可瞭解其粒狀污染物以粒徑範圍 2.53μm 至 12.30μm 為最主要部分。

(4) 應注意事項：

A. 由於粒徑分析採樣之採樣結果係分別以各層採樣捕集量來計算，故總氣膠量係分配在八個衝擊板及一濾紙層中。當作業場所氣膠濃度不高時，往往需極長的採樣時間方足以捕集到足夠量。

B. 由於每次採樣後一個樣本需稱重九次，而任何一次稱重失誤均會影響結果之可信度，故採樣後應小心稱重。

C. 當作業場所氣膠濃度過高時，極易造成某些層次的衝擊板超過負荷(overloading)，致使氣膠並未被捕集於應捕集的衝擊板上，故本採樣法往往需要許多經驗以決定適當的採樣延時。

D. 由於採樣流率會影響各階層捕集效率，故當採樣流率誤差範圍超過±0.1L/min 時，樣品應考慮廢棄。

E. 採樣後樣本應小心運送，避免因劇烈振動致使原停留在上層的粒子落至下層。

例題 1

一乾淨濾紙重 10μg，經 24hr 粉塵採樣後，濾紙重 10.1μg，若流量率為 500c.c./min，溫度為 20°C，壓力為 1atm，求現場粉塵濃度並 NTP 下之粉塵濃度。

▶ 解

C（濃度）＝W（重量）／V（採樣體積）

$$V = 500 \times 24 \times 60 \times 10^{-6} = 0.72\,m^3$$

$$\Rightarrow C = (10.1 - 10)\mu g / 0.72\,m^3$$

$$= 138.9\mu g / m^3$$

$$\frac{P_1V_1}{P_2V_2} = \frac{T_1}{T_2} \Rightarrow \frac{1\times 0.72}{1\times V_2} = \frac{273+20}{273+25} \Rightarrow V_2 = 0.75\,m^3$$

NTP 下之微粒濃度＝$(10.1-10)\mu g/0.75m^3 = 133.3\mu g/m^3$

4. 石綿採樣實例

(1) 採樣設備

A. 採樣器(sampler)：直徑 25mm、三片式濾匣（採樣時採用開面式採樣），加 50mm 長防止靜電之延長管，採用孔徑 0.8~1.2 μm 之纖維素脂薄膜濾紙(cellulose ester membrane filter)並加墊片(backup pad)。

B. 個人採樣泵：流率為 0.5~1.6L/min，用可撓性軟管連接如圖 5-5 所示。

(2) 測定程序

A. 採樣

a. 接妥採樣組合系列(sampling train)後，校正個人採樣泵。

b. 將個人採樣泵掛於作業人員腰帶上，採樣器夾在作業人員衣領上，將延長管之蓋子取下，實施開放面採樣，開口朝下。延長管與採樣器接合處以熱縮套管等包妥，以防洩漏。

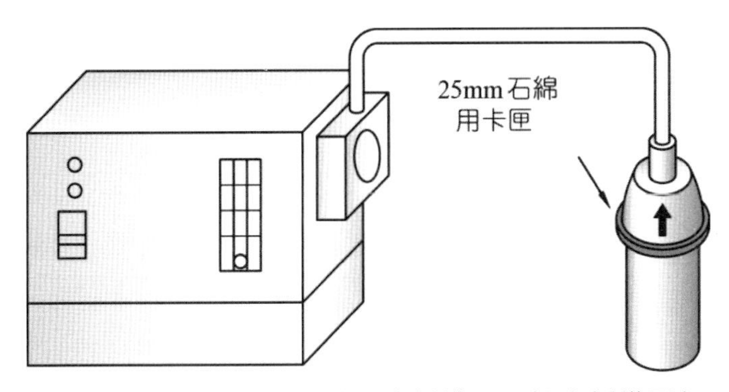

圖 5-5　石綿採樣設備（含採樣器及個人採樣泵）

c. 每組樣品做兩個空白試驗，或以樣品數的百分之十的數目做空白試驗。空白試驗係在採樣現場，將一組採樣器兩端之蓋子取下，連同採樣器主體，與正供採樣之採樣器的兩個蓋子同時放入清潔之袋子或盒子內保存，待採樣之後，分別將採樣器蓋妥即可。

d. 採樣流量為 0.5~1.6L/min，但採樣後之濾紙，其纖維密度應在 100~1,300f/mm^2 之間。

e. 採樣完成後，將採樣器取下，蓋妥後小心存放。

f. 將採樣完成後之採樣器放入硬質盒子內，並置入防震填料，以防彼此碰撞或受損。

例題 2

一水泥浪板混料等作業場所使用石綿為其原料之一，一勞工之暴露情形監測條件及監測結果如下，試評估該勞工之暴露情形是否符合規定？

採樣現場之溫度、壓力：32°C，756mmHg

校準現場之溫度、壓力：24°C，756mmHg

附浮子採樣系列組合浮子調整位置如表所示。

各樣本採樣流量率為各浮子設定位置校準線相對之流量率。採樣條件及分析結果：

樣本編號	採樣時間	採樣流量率 F.(L/min)	分析結果,Ws (f/mm^2)
1	08:00~12:00	2.0	400
2	13:30~14:30	2.5	200
3	14:30~16:30	2.2	160
4	16:30~17:30	2.4	1200

解

樣本編號	採樣時間（分）t	採樣體積 (T_c,P_c),cm^3,*1	採樣體積 (T_s,P_s),cm^3,*2	採樣體積 (NTP)(cm^3),*3	暴露濃度 (f/c.c.),*4
1	240	480,000	486,442	472,757	0.33
2	60	150,000	152,007	147,736	0.52
3	120	264,000	267,532	260,016	0.24
4	60	144,000	145,927	141,827	3.28

*1： $Q_{(T_c,P_c)},cm^3 = F(L/min)\times t(min)\times\frac{10^3\,cm^3}{1L}$

*2： $Q_{(T_s,P_s)},cm^3 = Q_{(T_c,P_c)}\times\sqrt{\frac{305(^\circ K)}{297(^\circ K)}\times\frac{756(mmHg)}{756(mmHg)}}$

*3： $Q_{NTP}(cm^3) = Q_{(T_s,P_s)}\times\frac{756(mmHg)}{760(mmHg)}\times\frac{298(^\circ K)}{305(^\circ K)}$

$$*4：C(f/c.c.)=\frac{W_s \times 385(mm^2)（濾紙的有效採集面積）}{Q_{NTP}}$$

$$TWA=\frac{0.33\times240+0.52\times60+0.24\times120+3.28\times60}{240+60+120+60}(f/c.c.)$$

$$=0.7f/c.c. \quad >PEL-TWA \quad (0.15\ f/c.c.)$$

$$PEL-STEL=0.15(f/c.c.)\times2=0.3(f/c.c.)>編號\ 3\ 之濃度$$

無論短時間或 8 小時平均濃度皆大於標準

因此，從以上監測結果數據，該勞工之暴露違反規定情形。

5.6 採氣體積、流率之決定及樣品之保存、運送

5.6.1 採氣體積、流率之決定

原則上採用勞動部、美國職業安全衛生署、美國職業安全衛生研究所或其他工業衛生權威機構所開發之標準方法中建議之採氣體積及流率。但實際採樣，有時為顧及樣本數、人力、經費、現場濃度、分析儀器的偵測下限、採樣時間、採樣介質所能負載的最大量及分析方法的適用範圍種種因素，常須視現場情況自行選擇採氣量及流量。

1. 有機溶劑採樣

一般建議流量值為 50~200mL/min，流率太高，分析物與吸附劑接觸時間太短，捕集效率降低，因此需注意避免使用大於標準方法之最大採樣流率及最大採樣體積，採樣時間短時，採樣流率不可太低，以免達不到分析儀器之偵測下限。

例題 3

一有機溶劑作業場所，以 CCl_4 為超音波洗淨劑，正式採樣前，作業環境測定人員先以檢知管測得操作時之尖峰最高濃度為 100ppm(＝64mg/m^3)，如依 NIOSH 採樣策略建議以二個四小時樣品做個人暴露危害評估時，流率應為多少，才不會發生破出(break-through)現象？

解

依 NIOSH S314 標準方法資料得知標準活性碳管對 CCl_4 之破出質量為 15mg。因質量(mg)＝濃度(mg/m^3)×流量(m^3/min)×採樣時間(min)，故 15mg＝64mg/m^3×F_{max}(mL/min)×10^{-6}m^3/mL×4 小時×60min／小時，F_{max}＝97.65mL/min 小於標準方法之最大採樣流量 200L/min。

2. 可呼吸性粉塵(respirable dust)之採樣

如採用標準 Dorr-Oliver 10mm 尼龍材質旋風分離器，則：(1)流率應控制在 1.7L/min(±5%)；(2)使符合 ACGIH 可呼吸性粉塵分粒裝置性能曲線之規範；(3)其他種類的分類裝置，應使用製造商說明書內規定之流量，如 SKC 之鋁製旋風分離器，規格流率為 1.9 L/min，以避免因流量的使用不當或不穩定而造成分粒裝置、分離效果與原規格不合之情形。

3. 全塵量及金屬採樣

一般標準流率約為 1~2.5 L/min。採氣體積之決定若以 37mm 濾紙為例，以使濾紙上樣品重量 3~5 mg 較為恰當。有些如結晶型游離二氧化矽之採樣，濾紙之捕集量更需低至 1.2mg 以下，因此常需以直讀式儀器或其他方法先預測其大略濃度，再配合採集之樣品數、採樣時間，而決定其流率。

4. 石綿採樣

OSHA 標準方法中建議的採樣流率應低於 2.5 L/min，NIOSH7400 標準方法中建議流率視現場石綿濃度可介於 0.5~1.6 L/min。採樣時間長時，流率不可太高，或高粉塵濃度的干擾計數易生誤差。採樣時間短時，流率亦不可過低，(尤其低濃度作業場所)，否則計數也容易產生誤差。

例題 4

依據 NIOSH 7400 校正二版之標準方法，指出石綿鏡檢之可行範圍為 100~1300f/mm^2，我國現行「勞工作業環境空氣中有害物容許濃度標準」值為 0.15f/c.c.，假設現場的濃度為 1f/c.c.，預計採二個四小時樣品，則採樣流率之上限及下限分別應為多少？

解

一張 25mm 濾紙的有效採集面積為 385mm^2($=\pi/4\times22.14^2$mm^2)

流量上限：

$1300f/mm^2\times385mm^2=0.15f/mL\times Fmax(mL/min)\times4$ 小時 $\times60min/hour$

$Fmax=13902.6mL/min$

流量下限：

$100f/mm^2\times385mm^2=0.15f/mL\times Fmin\ (mL/min)\times4$ 小時 $\times60min/hour$

$Fmin=1069.4mL/min$

5. 常用之粒狀物採系列組合

(1) 使用附 37mm 直徑之 PVC 濾紙之濾紙匣加吸引裝置及流量指示器。
用於總粉塵之採樣。

(2) 使用附 39mm 直徑之 MCE 濾紙之濾紙匣加吸引裝置及流量指示器。
用於重金屬等粉塵之採樣。

(3) 使用離心分離器加吸引裝置及流量指示器。
用於可呼吸性粉塵之採樣。

(4) 使用附 25mm MCE 濾紙及 5 公分延長管(Cowl)之濾紙匣加吸引裝置及流量指示器。

6. 採樣流量及每一樣本總採樣量之決定

一般以能夠採到足夠精確分析之量為原則，或可分析之偵測下限值，以有害物之容許濃度或預估作業環境之濃度，實際暴露之時間或容許濃度所規定之時間等，以決定最少採樣體積。

$$Q(m^3) \geqq \frac{S_{(mg/mL)} \times q_{(mL)}}{1PEL_{(mg/m^3)}}$$

S：測定物在分析液之密度

q：分析液體積

如果最合理、捕集效率最佳、且能模擬作業人員呼吸狀態之採樣流率(F)確定（可由建議之採樣分析方法獲得）。則採樣時間亦可確定。一般氣態有害物採樣流率之範圍為 0.01~0.02 L/min；總粉塵、金屬燻煙、霧滴為 1 L/min 至 3 L/min；可呼吸性粉塵如使用 10mm 離心分離器者約為 1.7 L/min；石綿為 0.5~2.5 L/min。

$$t_{(h)} = \frac{Q_{(m^3)} \times 1000_{(L/m^3)}}{F_{(L/min)} \times 60_{(min/h)}}$$

除上述之考量外，採樣時亦應事先確認捕集介質如固體吸附管、吸收液之可吸收、吸附、反應之能力(Break-through capacity)，即應考量一樣本最大可採樣之體積(Q_{maxi})。

$$Q_{max\,i(m^3)} = \frac{W_{BTC}}{C_{(mg/m^3)}}$$

W_{BTC}：一樣本最大能捕集、或吸收、吸附、反應之量，mg。

$Q_{maxi(m^3)}$：一樣本在預估濃度 C, mg/m^3 下可捕集、吸收、反應含測定對象物空氣之體積。

一般合理之採樣總體積為最大可採樣體積之 20~80%，且不得低於最少採樣體積。如果空氣中之相對濕度達於 90%或以上時，則最適當之總採樣體積應稍降低，以 50%之最大可採樣體積為宜。

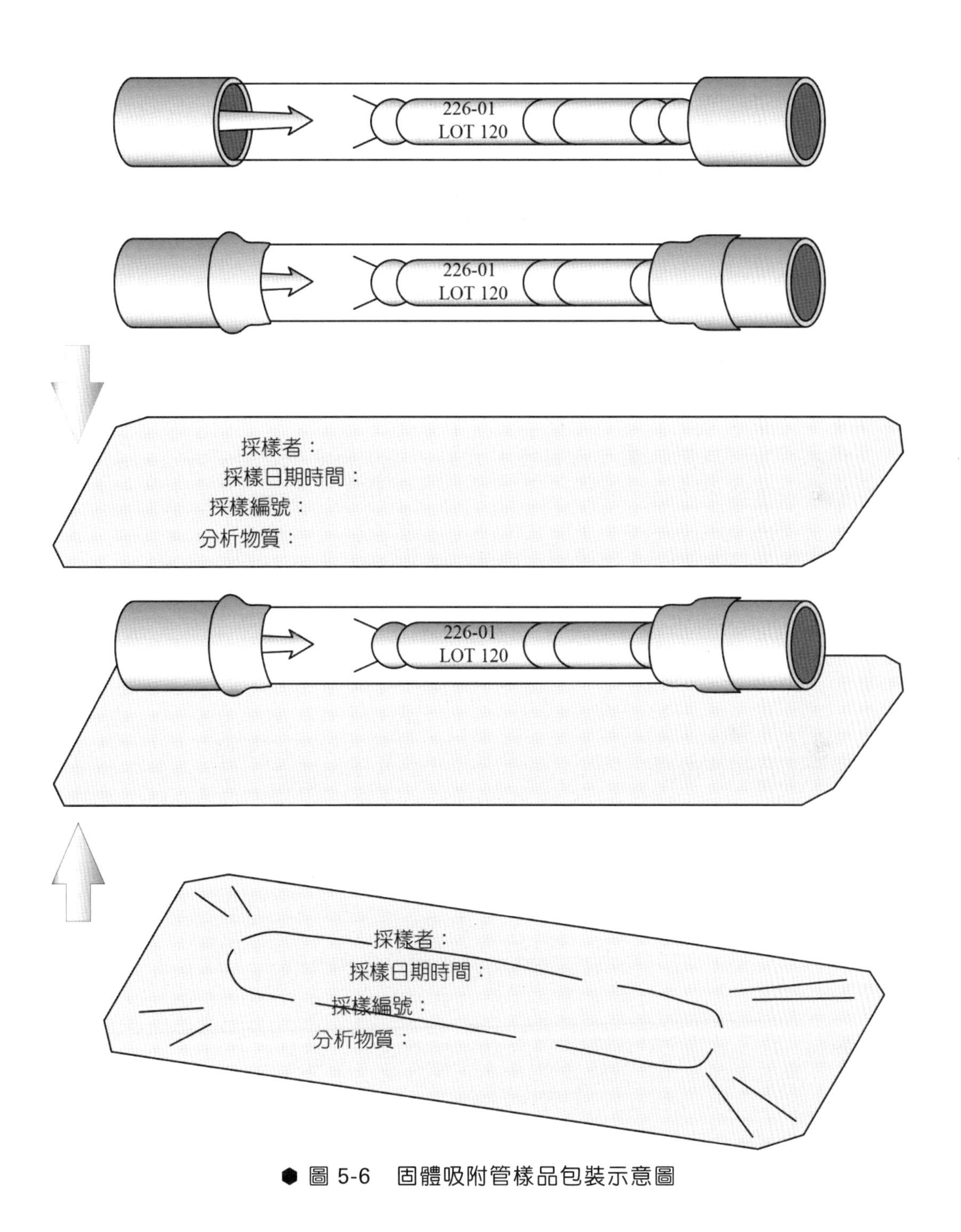

圖 5-6　固體吸附管樣品包裝示意圖

5.6.2 樣品保存與標示

1. 固體吸附管樣品

採樣後將吸管二端加蓋，先以石膜密封蓋口，再如圖 5-6 加以包裝後，放入冰箱內存放。同一家工廠的樣品可以橡皮筋綁在一起。採樣前應先查閱標準方法中所列保存期限資料。現場空氣樣品絕對禁止與原料樣品或分析用試藥一起存放，以免遭受污染。

2. 液體吸收液樣品

採樣後將捕集液倒入 20 mL 之樣品瓶內，再以少量純吸收液濕潤起泡器內壁一併倒入樣品內加蓋，並以石蠟膜密封後置於一專用之冰箱存放。

3. 原料樣品

樣品瓶旋緊，以石蠟膜密封後，置於負壓抽氣之藥品櫃內存放。樣品瓶上應詳細註明名稱、日期。

4. 石綿樣品

採樣後將樣品濾紙採集面向上置於高濕度控制箱內，或以其他靜電消除設備（如放射線源等）處理，而且樣品存放時並應避免與聚乙烯之物質接觸，以避免因靜電造成存放期間樣品中石綿纖維脫落現象。樣品正確的包裝法如圖 5-7 所示。

5. 全塵或吸入性粉塵樣品

採樣後，將樣品濾紙採集面向上，置於恆溫、恆濕控制箱內，使之恆重。樣品正確的包裝法如圖 5-8 所示。

6. 金屬樣品

將樣品保存於密閉箱內，避免遭受污染及振動。樣品正確包裝法如圖 5-8 所示。

7. 特殊樣品

需保持低溫或不安定之樣品應以鋁箔紙密閉包裝，防止陽光照射並存放於冰箱中。採樣單位與分析實驗室均應設置專用樣品保存區，使用之冷凍、冷藏室內應放置經校正過之溫度計，並定期記錄。

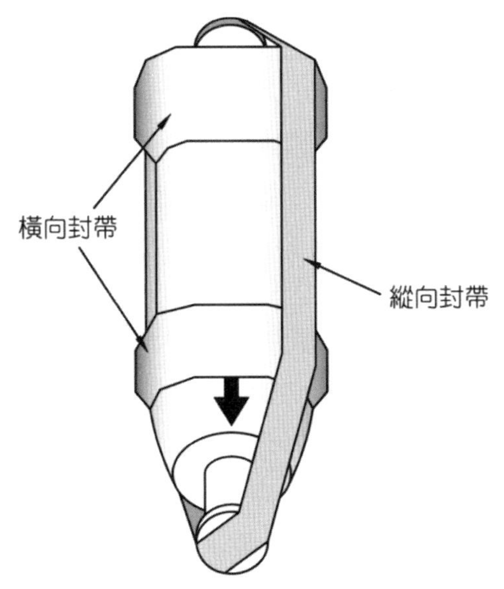

● 圖 5-7　石綿採樣器之包裝

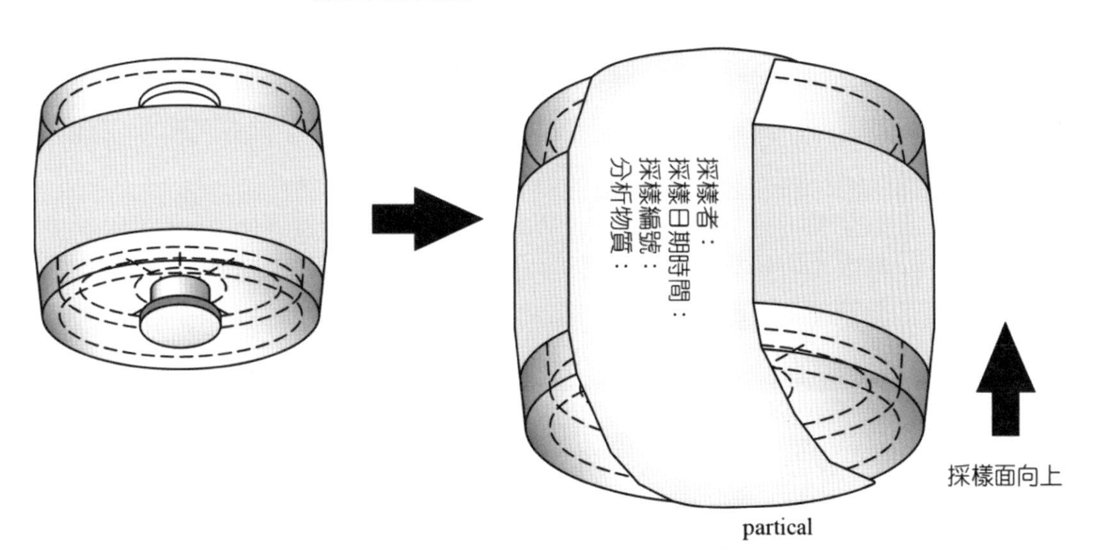

● 圖 5-8　濾紙匣(filter cassette)包裝圖示

5.6.3 樣品運送

1. 現場採樣部分

(1) 作業環境測定技術人員於現場採樣完成後，即應將樣品編號並予登錄，連同樣品分析申請書裝妥，掛號郵寄實驗室，郵寄日期及郵寄方式亦應同時登錄。

(2) 樣品如係託人送至實驗室，則應讓受託之人在樣品分析申請書上簽名、註明日期及受託時樣品狀態，一併與現場樣品裝妥後送往實驗室。如非作業環境測試人員親自包裝時，包裝人員亦應在樣品分析申請書（如表 5-6）上簽名、註記日期及包裝時樣品狀態。

(3) 郵寄樣品時應參考國內郵政有關法規，尤其是一些劇毒性、易燃性、致癌性原料樣品及標準試劑、液體、氣體樣品之郵寄規定。

(4) 現場樣品與原料樣品嚴禁一起運送，以避免現場樣品及空白樣品受到污染。樣品運送前除應按圖 5-9 方式貼上封條標籤外，應另外以硬厚之紙箱或其他堅固容器包裝，並加入適當之充填物質，以防止劇烈振動，造成樣品受損。容器外面應標示如「請小心搬運」、「請冷藏」等字樣。原料樣品，起泡器吸收液，如為腐蝕性、易燃性液體，除按圖 5-9 方式標示包裝外，並應於周圍充填強力吸濕性充填物質，包裝箱外貼上警告標示及緊急處理措施。

(5) 樣品郵寄前應先予以分類包裝，如起泡器吸收液與活性碳管、濾紙樣品等應分開包裝。盡可能將同類採樣介質之樣品放在同一包裝盒內，但不同工廠的樣品應分開填寫樣品分析申請書。

(6) 石綿樣品之運送，應避免與易產生靜電之物質（如：包裝用之聚苯乙烯充填物）接觸，以避免靜電造成之樣品損失。

(7) 需要保持低溫或者不安定之樣品，應以冰枕、鋁箔紙（防止陽光照射）處理外，並立即寄達實驗室處理。郵寄時應考慮郵寄所需時間，避免於假日或週末前一、二天才寄出，並於樣品分析申請書及包裝盒外註記，以免樣品變質。

(8) 欲更改或增加欲分析物質時，除以電話先聯絡實驗室外，並應補寄新的樣品分析申請書，加註申請部分之內容及申請單位主管簽章。

(9) 急件樣品應於樣品分析申請書內說明理由，且經申請單位主管簽章、日期，並於包裝盒外顯明之處註記。

(10) 某些特殊情況下，如：只為確認作業場所中是否確有某一有害物質存在，此時定性的分析往往是最重要的訊息，亦應註記於分析申請書內，以省略昂貴、費時之定量分析。

採樣者：
採樣日期時間：
採樣編號：
分析物質：

● 圖 5-9　樣品標籤及方向標示

表 5-6 樣品分析申請書

<table>
<tr><td colspan="3">1.採樣人員姓名：</td><td colspan="4">2.採樣日期：</td></tr>
<tr><td colspan="3">3.現場樣品編號：</td><td></td><td></td><td></td><td></td></tr>
<tr><td rowspan="2">4.採樣方式</td><td colspan="2">□個人採樣（勞工姓名______）</td><td></td><td></td><td></td><td></td></tr>
<tr><td colspan="2">□區域採樣（採樣位置______）</td><td></td><td></td><td></td><td></td></tr>
<tr><td colspan="7">5.運送方式　□郵寄　郵寄方式　日期：　樣品狀態：</td></tr>
<tr><td colspan="7">□攜帶　攜帶人員姓名　日期：　樣品狀態：</td></tr>
<tr><td colspan="3">6.現場溫度：</td><td colspan="4">7.現場濕度：</td></tr>
<tr><td colspan="2">8.採樣泵編號：</td><td></td><td></td><td></td><td></td><td></td></tr>
<tr><td>9.採樣泵流量</td><td>□L/min
□c.c./min</td><td></td><td></td><td></td><td></td><td></td></tr>
<tr><td colspan="2">10.採樣時間(min)：</td><td></td><td></td><td></td><td></td><td></td></tr>
<tr><td>11.採氣量</td><td>□L
□M³</td><td></td><td></td><td></td><td></td><td></td></tr>
<tr><td colspan="7">12.捕集介質型式　□濾紙　□活性碳管　□矽膠管　□吸收液　□其他</td></tr>
<tr><td colspan="7">13.捕集介質廠牌及批號：</td></tr>
<tr><td colspan="5">14.申請分析化學物質名稱：　容許濃度：</td><td colspan="2">□ppm
□mg/m³</td></tr>
<tr><td colspan="5">申請分析化學物質名稱：　容許濃度：</td><td colspan="2">□ppm
□mg/m³</td></tr>
<tr><td colspan="5">申請分析化學物質名稱：　容許濃度：</td><td colspan="2">□ppm
□mg/m³</td></tr>
<tr><td colspan="7">15.補充樣品　□空白樣品　支　□原料樣品　支</td></tr>
<tr><td colspan="7">16.採樣人員對實驗室之補充說明：</td></tr>
<tr><td colspan="7"></td></tr>
<tr><td colspan="7"></td></tr>
<tr><td colspan="7"></td></tr>
<tr><td colspan="7">17. 樣品管理員姓名：　收件日期：　樣品狀態：</td></tr>
<tr><td>18.實驗室樣品編號：</td><td></td><td></td><td></td><td></td><td></td><td></td></tr>
</table>

5.7 採樣實務

1. 機械模具製造工廠商翻砂作業場所從事粉塵作業，現欲對該作業場所實施採樣，試依上述採樣程序進行採樣前及完成採樣應有工作。
   (1) 作業環境監測目的。
   (2) 監測之對象物質。
   (3) 採樣介質。
   (4) 採樣流量率。
   (5) 採樣泵及其他附屬元件。
   (6) 採樣時間。
   (7) 空白樣本。
   (8) 樣本數。
   (9) 監測條件。
   (10) 原物料樣本。
   (11) 完成包裝各樣本。
   (12) 完成採樣紀錄。
2. 石粉製作工廠，時常煙霧瀰漫，要實施作業環境監測，試依採樣程序完成所有工作。
3. 剎車來令片製造工場使用石綿為其材質，今欲對該作業場所實施作業環境監測，試依採樣程序完成所有工作。

5.8 監測實務問題研討

1. 依作業環境監測目的不同，粒狀污染物之採樣方式有何不同？
2. 採樣泵之選擇應考量哪些因素，其對粒狀污染物採樣有何影響？
3. 粒狀污染物採樣設備為何要校準及採樣時流量率為何應定值？
4. 濾紙的選擇應考慮哪些因素？
5. 粒狀污染物採樣後您應提供認可實驗室相關之資訊內容為何？

EXERCISE
習題

1. 試述粉塵作業場所的空氣採樣分析方法。
2. 身為專職工礦衛生技師或礦業安全技師，你被要求作廠內空氣中金屬粉塵的採樣定量分析。
   (1) 若該採樣使用到濾紙，請問濾紙捕集空氣中金屬粉塵的原理為何？（請以氣膠(aerosol)運動方式來簡要回答）
   (2) 承上題，請列舉兩種濾紙名稱，並簡述個別濾紙用在採集上述廠內金屬粉塵優缺點。
   (3) 若上述空氣採樣工具為個人採樣幫浦，採樣前後需作流量校正，可用何種校正工具？請依初級標準(primary standard)及二級標準(secondary standard)舉一例說明。
   (4) 若測得結果顯示空氣中該金屬時量平均濃度值為 40 微克／立方公尺($\mu g/m^3$)標準偏差為 10 微克／立方公尺($\mu g/m^3$)。若該物質的空氣中容許暴露濃度為 50 微克／立方公尺($\mu g/m^3$)，試問此作業環境空氣中該金屬時量平均濃度是否已超過法規容許暴露濃度標準？（請列式計算、說明）
   (5) 同時，此次作業環境測定結果顯示，該空氣中金屬粉塵粒徑分布的幾何平均大小(GM)為 20 微米，幾何標準偏差(GSD)為 2，則該空氣中金屬粉塵之幾何平均粒徑大小±一單位幾何標準偏差(GM±1 GSD)的上限與下限為若干微米(μm)？
3. 如想對某勞工之氧化鎂燻煙暴露情況做量測，應如何為之？請依：(1)介質選擇，(2)採樣器組裝，(3)樣本前處理，(4)分析儀器選擇及，(5)濃度表示方法…等逐項說明。
4. 試說明作業環境空氣中可呼吸性厭惡性粉塵及總厭惡性粉塵應如何採樣，並由採樣組件之選擇、組合、校正、配戴及其後續之量測方法等分項說明之。
5. 何謂氣動粒徑，可呼吸性粉塵？
6. 何謂厭惡性粉塵？試舉三例說明之。
7. 請說明工業衛生界為何需進行「氣懸微粒分徑採樣」，請列舉並說明三種分徑準則。

8. 試述如何採集作業環境空氣中的石綿，請以圖示意採樣設備組合，說明採樣時應注意事項？及以何種儀器分析樣品？

9. 試述纖維素酯、聚氯乙烯和銀膜等材質之濾紙，主要是用來採集空氣中何類有害物質？化驗分析時之前處理步驟為何？

10. 試述如何以主動式採樣採集金屬燻煙？請圖示採樣組合，說明採樣時應注意事項？及樣品以何種儀器分析？

11. 試述如何採集空氣中游離二氧化矽？請圖示採樣組合，說明採樣時應注意事項？及樣品以何種儀器分析？

12. 一粉層作業場所以階級式衝擊式採樣器結果如下：

採樣前流率：2.00L/min

採樣後流率：1.90L/min

開始採樣時間：8:00AM

結束採樣時間：12:00AM

採樣器層別	採樣器各層之 D_{50}：dae, μm	可吸入性粉塵比率，%	胸腔性粉塵比率，%	可呼吸性粉塵比率，%	採樣前稱重 mg	採樣後稱重 mg
濾紙層	0.00	100	100	100	75.44	75.44
8	0.52	98	98	100	150.66	151.79
7	0.93	96	96	97	148.75	150.32
6	1.55	93	93	89	146.90	149.25
5	3.50	86	86	40	157.98	159.29
4	6.00	81	67	5	165.76	166.92
3	9.80	73	30	1	150.35	151.88
2	14.80	67	9	0	168.10	170.37
1	21.30	57	1	0	154.86	156.65

試計算：

(1) 全塵量

(2) 可吸入性粉塵濃度

(3) 胸腔性粉塵濃度

(4) 可呼吸性粉塵濃度

心之靈糧

上帝給每一個人一份特質，也許是你的能力、才華、個性、專長、興趣，都是無人可以替代的，也是無需比較的。你可能是五千兩，他可能是兩千兩，上帝給你幾千兩不重要，重要的是你用了多少。所謂天生我才必有用，天才是把自己放對地方的人。因此，我們不要比較，不要計較，好好睡覺。

CHEMICAL
WORKPLACE ENVIRONMENT MONITORING

儀器分析

06
CHAPTER

本章大綱

6.1 標準分析參考方法
6.2 採樣方法
6.3 儀器分析原理及功能
6.4 氣相層析儀
6.5 高效率液相層析儀
6.6 離子層析儀
6.7 原子吸收光譜儀
6.8 分光光度儀
6.9 紫外光－可見光光譜儀
6.10 紅外光光譜儀
6.11 X-光繞射分析
6.12 位相差顯微鏡
習　題

6.1 標準分析參考方法

採樣完成之後，接下來就是實驗室的樣品分析，以了解樣品種類及濃度，其流程如圖 6-1 所示。為使各實驗室所分析之樣品濃度有其一致性，避免因使用之分析方法不同而有不同之結果。行政院勞委會已參考美國職業安全衛生署(OSHA)所採用之方法，建立多種有害物採樣分析建議方法，供為各界參考應用，表 6-1 所示為甲醇之標準分析參考方法，內容包括各不同單位如美國職業安全衛生研究所(National Institute for Occupational Safety and Health, NIOSH)、美國政府工業衛生技師協會（American Conference of Governmental Industrial Hygienists, ACGIH 等）所訂之容許濃度標準、基本物性、採樣條件及分析方法，茲就相關因素列述如後：

6.1.1 編　號

每一危害物分析方法皆有一四碼之編號，第一碼代表有害物種類，1 為有機溶劑、2 為特化物質、3 為金屬、4 為粉塵、5 為其他。第二碼為各有害物之分類，0 為法規中無分類，1 為法規中各項之第一類，2 為法規中各項之第二類，3、4 則分別為各項之第三、四類，第三、四碼則為流水號，所以編號 1207 代表甲醇為第二類有機溶劑。

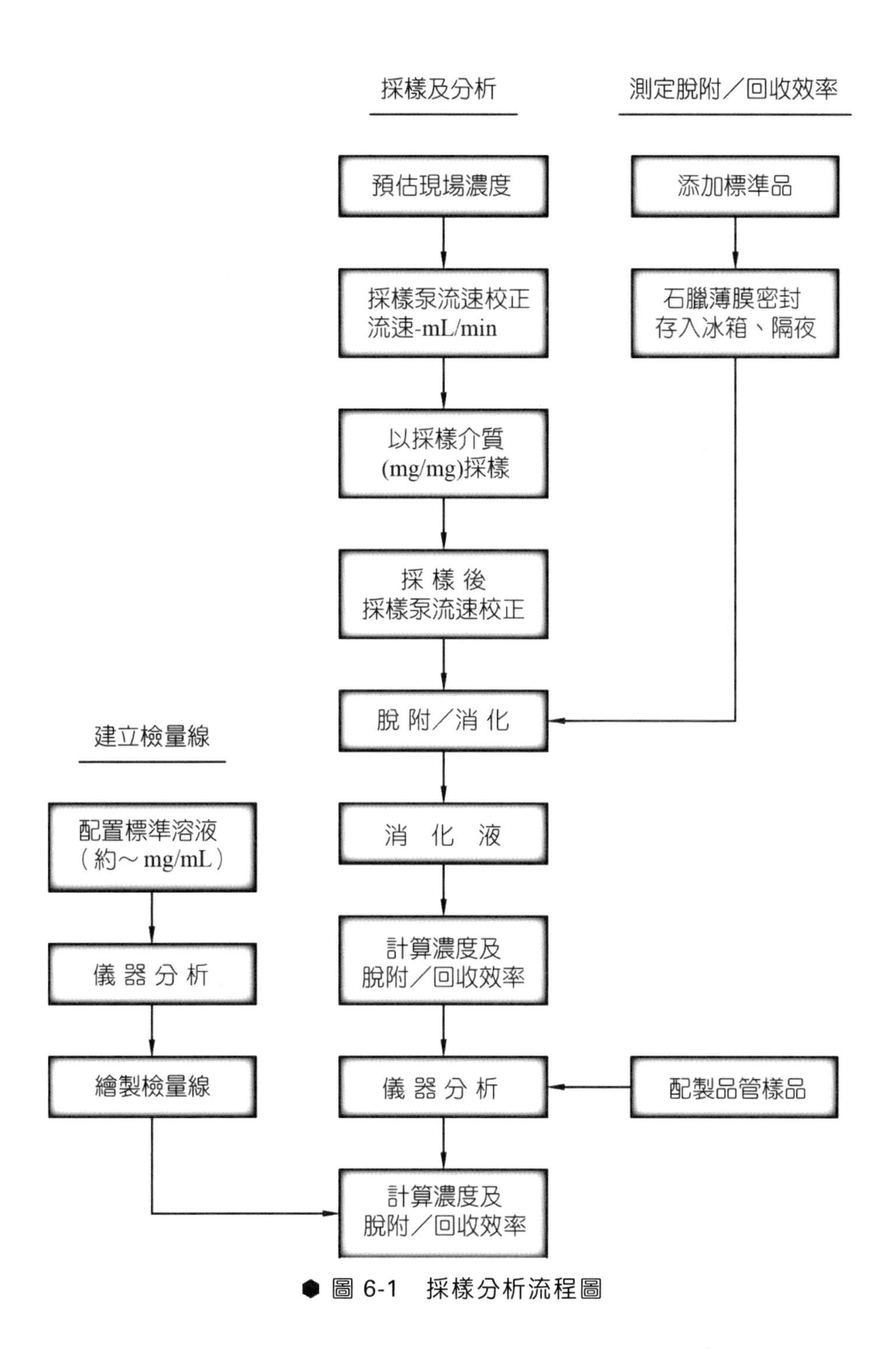
採樣及分析
測定脫附／回收效率
預估現場濃度
添加標準品
採樣泵流速校正
流速-mL/min
石臘薄膜密封
存入冰箱、隔夜
以採樣介質
(mg/mg)採樣
採 樣 後
採樣泵流速校正
脫 附／消 化
建立檢量線
配置標準溶液
（約～ mg/mL）
消 化 液
儀 器 分 析
計算濃度及
脫附／回收效率
繪製檢量線
儀 器 分 析
配製品管樣品
計算濃度及
脫附／回收效率

圖 6-1　採樣分析流程圖

表 6-1 勞動部標準分析參考方法

1207　　　　　　　　　　　　　甲醇

分子式：CH_3OH; CH_4 O	Methanol
分子量：32.04	參考資料：NIOSH 2000 (2/15/84) 編輯日期：07/20/90
容許濃度標準(TLV) NIOSH：200 ppm；800 ppm/15min ACGIH：200 ppm；STEL 250 ppm ACGIH：200 ppm 勞委會：200 ppm (1 ppm＝1.310mg/m^3 NTP)	基本物性： 液態，沸點 64.5°C 密度 0.792 g/mL 20°C 蒸氣壓 15.3KPa(115 mmHg，15.1%(v/v) 20°C) 爆炸範圍為 6~36%(v/v) in air
別名：原醇(carbinol)；甲醇(mechy1 alcohol)；木精(wood alcohol)；CAS#67-56-1	
採樣	分析
採樣介質：矽膠管(100mg/50mg) 流　　速：20~200mL/min 採 樣 量： 最低 1L　200ppm 　　　　　最高 5L 樣品運送：例行性 樣品穩定性：6 週 現場空白樣品：樣品數的 10% 現場樣品：1~10mL	方法：GC/FID 分析物：methanol 脫附：1mL 水，放置 4 小時 注射量：1μL 溫度： 注射器-180°C 　　　偵測器-250°C 　　　管　柱-40°C 持續 15 分鐘 載流氣體：氮氣，2.0mL/min
準確度	管柱：fused silica wcot DB-WAX,30m × 0.53mm ID 標準樣品：分析物溶於水中 檢量線範圍 0.1~6mg/樣品 預估偵測極限：0.1mg/mL 精密度偏差(CV_1)：3.2%
範圍：140~540mg/m^3（5L 樣品） 偏差：不顯著 全精密度偏差(CV_T)：0.063	
適用範圍： 5L 的空氣樣品，本方法之有效分析範圍為 25~900mg/m^3(19~690ppm)，此方法適用於最高容許濃度標準之測定，甲醇在高濃度或相對濕度較高的環境中，可使用前段為 700mg 的矽膠管。	
干擾： 未確定，其他可適用之管柱有 SP-1000，SP-2100 或 FFAR 等；在相對濕度較高的環境下，會降低採樣介質的採樣容量。	

6.1.2 檢量溶液配製計算

檢量溶液的濃度應含括待測物的濃度，其配製量計算步驟如下：

配製質量＝預估現場濃度×採樣體積

預估現場濃度的單位為 mg/m^3，若為 ppm 則需以換算因子換算之。

以下就苯胺(aniline)的配製作說明：

設苯胺的現場濃度約為 0.1~45ppm，採樣體積為 5L，現場溫度和壓力分別為 25°C，一大氣壓。苯胺的密度為 1.022g/mL，濃度換算因子為 $1ppm=3.81mg/m^3$，且脫附劑的體積為 1mL。

現要配製一檢量溶液可含括 45ppm 空氣中苯胺的濃度，設最高濃度為 50ppm，則 1mL 檢量溶液應含苯胺之量為

$$50\ \text{ppm} \times \frac{3.81(\text{mg}/\text{m}^3)}{\text{ppm}} \times \frac{\text{m}^3}{10^3\,\text{L}} \times 5\text{L} = 0.95\text{mg}$$

所以 1mL 脫附劑中約需含 0.95mg 的苯胺。

6.1.3 脫附效率及監測程序

脫附效率因不同之化學物質而異，同一化學物質之脫附效率因廠牌或批號而異，因此對某一批不同批號之採集介質，對每一化合物至少均應實施一次以上之脫附效率測試。脫附效率測定程序，以活性碳管為例，所有之採集管理處理方法皆相同。

1. 樣品添加

現以活性碳管為例，其他採集管理處理方法雷同。

(1) 以切管器或挫刀，將活性碳管之兩端熔封切開，切開之斷口至少為管內徑之一半。

(2) 將活性碳管後段之活性碳取出，丟棄。

(3) 以微量注射針筒(syringe)取介於檢量線測定之濃度範圍的三個含量分別添加於三根活性碳管之前端活性碳上，注入時，盡量使分析物之溶液均勻地分布在活性碳上。

(4) 將活性碳管以塑膠蓋蓋好，並以石蠟薄膜(parafilm)加封。每個樣品添加量應在檢量線範圍之內。

(5) 將此已添加分析物之活性碳管冷藏靜置過夜，使分析物能充分地吸附在活性碳上。

2. 樣品脫附

(1) 打開蓋子，把前端之玻璃綿拿出丟棄（或是取出後端之聚甲醯胺甲脂(PU)泡綿）將前端之活性碳倒入 2mL 的玻璃小瓶(vial)中。

(2) 每個小玻璃瓶內各加入已知量的脫附劑（通常為 1.0mL），立即蓋上瓶蓋。

(3) 以振盪器振盪 60 分鐘。

(4) 從玻璃小瓶中取出適量之分析物，注入層析儀分析。

3. 脫附效率計算

(1) 配製五種不同濃度的標準溶液，建立檢量線。

(2) 以回收之分析物濃度換算而得的回收質量，計算脫附效率。

$$\text{脫附效率} = \frac{\text{回收質量}}{\text{實際添加質量}} \times 100\,\%$$

4. 在上述脫附效率測定過程中應注意下列安全措施

(1) 必須在氣櫃(Hood)裡使用溶劑。

(2) 作業時避免吸入溶劑及溶劑與皮膚接觸。

(3) 佩戴安全眼鏡。

6.1.4 品質管制基本規範

執行作業環境測定時，當樣品採集的正確代表性及分析結果的準確性越高，越能對作業環境的實際狀況有正確的認知，並據以作有效的環境評估，故而採樣及分析過程皆必須進行品保品管，將一切可能之人為或儀器誤差降至最低並判斷誤差是系統誤差或隨機誤差，以獲得高品質之數據。

1. 檢量線製作

將一系列各不相同且已知濃度的標準品，此即為標準氣體，放到預先設定好的儀器內測試，以各儀器讀值相對於各標準品濃度繪製校正線，此即為檢量線。將待測樣品於相同的測試條件測試，將其讀值對照到檢量線上，則可求出待測樣品之濃度，此即定量方式。使用層析法，光學比色法、電極法等儀器進行化合物分析時，都須製作檢量線，包括使用 GC、HPLC、IC、AA、UV、離子電極等。標準氣體亦可用以校正氣體監測器等直讀式儀器。

分析真實樣品時，應至少以五種不同濃度的標準溶液建立檢量線，檢量線的濃度範圍應包括待測樣品的濃度，檢量線的線性關係（r 值）需不小於 0.995。

2. 空白樣品分析

為確保採樣及分析過程中，所使用的溶劑、採集介質及使用的設備器皿沒有受到污染，須執行溶劑空白、介質空白樣品、及現場空白樣品分析。

3. 品管樣品分析

為確保分析的準確度（以相對誤差表示）和精密度（以變異係數表示），由另一個分析員配製 3 個品管樣品（可為混合物），以不預告濃度方式交由分析員執行品管樣品分析，品質管制可用 $\bar{X}-R$ 表示管制；若品管樣品配製濃度在檢量線中間濃度至最低濃度間，可有效評估分析員當日的技巧，而以「平均相對誤差＋2×平均變異係數≦25%」來控制。品管之內容包括精密度、準確度、完整性及方法偵測極限，其定義如下：

(1) 精密度(precision)：量測值之再現性，即再一次量測值皆很相近，可以變異係數(Coefficient of Variance, CV)表示，即

$$CV = 量測值之標準偏差(SD) / 量測值之平均值(\bar{X}) \quad \text{(6-1)}$$

$$SD = \sqrt{\frac{\sum(Xi-\bar{X})^2}{n-1}}$$

$\bar{X}$（平均值）$= \sum Xi / n$

Xi：某次量測值

n：量測次數

精密度＝CV×100%

精密度代表隨機誤差(random error)，是因為測量對象變化所致，如環境濃度分布變異，環境溫度、壓力、風速變異。

(2) 準確度(accuracy)：係量測濃度與實際值之差，以相對誤差表示，即

$$準確度＝|量測濃度-配製濃度|／配製濃度\times 100\%$$

準確度代表系統誤差(systematic error)，是因為儀器誤差如泵流率校準不正確所引起。

(3) 完整性(completeness)：係評估最終所得有效數據數目與預期所得數據數目之比值。

(4) 方法偵測極限：為一待測物某一種基質中，以某一種特定檢驗方法所能測得之最小濃度。

4. 破出體積(break-through volume)

採集介質的前段對空氣中有害物的最大採集容量可用破出實驗來測試，當採集介質出口端的氣體濃度為進氣端濃度的 5%時，即稱為破出。此時，將採樣流率乘以破出時間所得之值即為破出體積。通常在採樣泵流率太高或低估空氣中待測物濃度時，很容易造成破出。在分析上，常以採集介質之後段來查驗採樣是否有破出現象，當後段的有害物含量大於前段的 25%時，表示在採樣過程中，可能有樣品損失情形發生，該樣品應視為無效。在分析方法中，則較保守的，以後段含量大於前段的 10%時，定義為破出。

5. 破出測試

在進行作業環境監測分析時，大部分是以採樣介質來進行採樣，而採樣介質中之吸附劑則是吸收污染物的主要物質，採樣介質中吸附劑對於污染物的吸收容量，可以用破出體積(Break-Through Volume, BTV)或破出時間(Break-Through Time, BTT)來加以測定。

破出測試準則：

(1) 測試氣體濃度是以 2PEL 濃度進行採集。

(2) 測試氣體是以勞委會（或 NIOSH/OSHA）採樣分析建議方法中所建議之最高採樣流率進行，一般均設定在 200mL/min。

(3) 經測試破出體積不足，則可利用下列方法加以改善：

A. 降低採樣流率。

B. 增加吸附劑體積。

C. 或選擇其他採集介質。

(4) 測試 30°C、80%相對溼度(RH)之 5%破出，即後端氣體濃度為前端氣體濃度之 5%；即為 5%破出，此時破出時間乘以採樣流率即為破出體積。

(5) 建議的最高採樣體積時，以破出體積再乘以安全係數 0.67 為建議破出體積。

(6) 破出測試一直持續測試直至 5%破出達到或測試四小時；當 5%破出時，以 5%破出為準，當達四小時仍未破出，則以採樣四小時未達破出為測試結果。

(7) 當線上連續偵測不易操作時（如破出濃度太低，低於儀器偵測極限），則用一系列採集管後段的取樣量來測試破出，此採集介質之破出極限應為後段濃度≦1/10×前段濃度，若後段濃度＞1/10×前段濃度，則為破出。

一支活性碳管大約可吸附 20mg 之污染物含量，而固定量活性碳管所能吸附化合物含量與流率無關，僅與此一化合物物種類、濃度、溫度、溼度有關，而固定化合物於固定濃度下之破出時間與流率成反比，也就是說其他變因不變，則流率減半，破出時間將可增加一倍。一般有機污染物之採樣流率大多以 100mL/min 來進行，但在實際採樣時，因無法得知化合物之實際暴露濃度到底有多大，故可以假設以最壞狀況的 2PEL 濃度暴露來計算採樣時間，或是先以檢知管來預估現場之暴露濃度，若現場暴露濃度低時，則採樣時間可酌予加長，以避免採樣時間過短而造成樣品採集之量低於分析偵測極限，而分析不到污染物之困擾。

6.2 採樣方法

基本上採樣之考量原則內容如下：

1. 作業現場的溫度及溼度狀況

當溫度高、溼度大時，破出時間會降低；溼度超過 65%時，活性碳及矽膠等吸附劑的有效吸附時間會降低。

2. 空氣中待採化合物的預估濃度值

若能知概估值，則有助於採樣流率及採樣時間的決定，增加採集有效樣品的成功率。

3. 採樣流率的決定

原則上選用方法中建議流率範圍的中段，避免太低流率而超出採樣泵所能提供的穩定流率範圍，造成總採樣體積計算的困難或較大偏差，或者因採樣體積的不足，使採集的化合物低於儀器所能偵測的可量化最低濃度，成為無效樣品；亦需避免流率太高，使破出時間減短；若採樣目的是為評估相當八小時日時量平均濃度，則採樣體積需大於方法建議的最小採樣體積，但不超過最大採樣體積。

例題 1

某有機溶劑作業場所，使用苯溶劑，今將執行作業環境測定，經查閱勞動部採樣分析建議方法 1903，苯之相關資料如下：八小時日時量平均容容許濃度為 10ppm，採集介質為 100mg/50mg 活性碳管，建議採樣流率為 0.01~0.20L／分，採樣體積為最低 2L，最高 30L，破出體積大於 45L，分析之濃度範圍為 41.5~165mg/m^3，於 NTP 狀態下 1ppm＝3.19mg/m^3。

▶ 解

實施相當八小時日時量平均濃度監測時，可選擇採樣流率為 0.1L／分，於八小時的作業時間內，分二段連續採樣，每段採樣時間為四小時，每段採樣體積為 0.1L／分×4 小時×60 分＝24L。

6.3 儀器分析原理及功能

在職業安全衛生之分析檢測範圍中可能使用之儀器種類非常多，在本章節中僅就勞動部採樣分析建議方法中較常用之數種分析儀器加以介紹。如之後各節。

6.4 氣相層析儀

6.4.1 原理及功能

1. 基本原理

氣相層析儀(Gas Chromatography, GC)為色層分析法之一種，其基本原理係為各種成分在動相(mobile phase)與靜相(stationary phase)之親和力不同因而造成移動速度差，而將各種不同移動速度的成分分開。此原理亦為各種層析法之基本原理。

氣相層析儀的靜相一般為固體，亦可為液體薄膜；動相則為氣體，稱之為載流氣體(carrier gas)，氣相層析儀即因動相為氣體而稱之為氣相層析儀。被分析成分經注入載流氣體之氣流中，經過靜相時，於不同操作溫度之各種成分在靜相與動相間之分配會達成一動態平衡，氣相層析儀即係利用各種成分有不同之平衡係數，滯留時間(retention time)不同而加以分離。

一般而言，當動相流速固定，靜相及其他相關條件相同時，同一成分的滯留時間相同，故由氣相層析儀圖譜上的滯留時間可將分析物定性，即相同條件下，相同滯留時間的各成分大概可視為相同的成分。又各成分之濃度與圖譜上之波峰面積成正比，故利用此特性可將各成分分別予以定量如圖 6-2 所示。

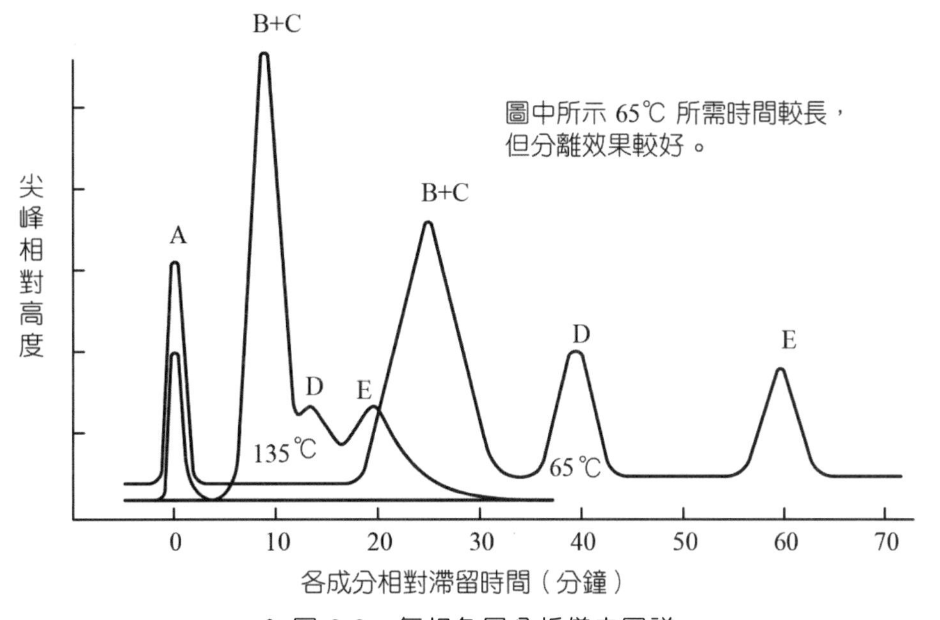

圖 6-2 氣相色層分析儀之圖譜

2. 儀器基本結構

氣相色層分析儀，基本組成如圖 6-3 所示：

(1) 載流氣體(carrier gas)：

載流氣體為動相。一般常以惰性氣體為載流氣體，例如氮氣、氦氣或氬氣，因氮氣較便宜故最常使用。載流氣體流率快時可縮短滯留時間，波峰型狀亦較陡峭，為理想圖譜；但若流率過快，有時不易達到分離之目的，即兩種成分的波峰可能重合或部分重合，會增加計算波峰面積之偏差。

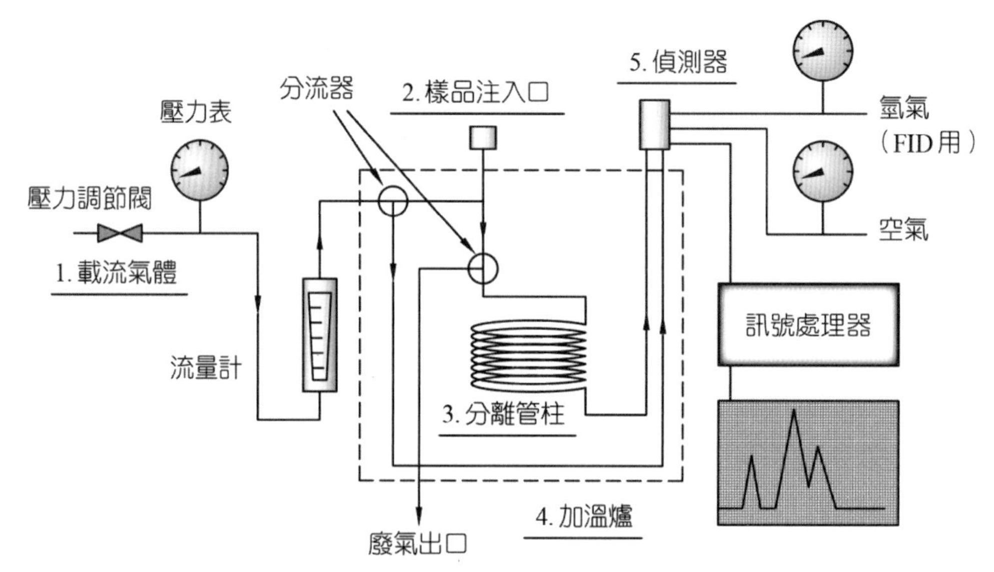

● 圖 6-3　氣相層析儀結構示意圖

(2) 注入口(injection port)：

為樣品注入處，在此處將樣品加熱氣化。注入口溫度需較分析樣品之沸點高，以保證樣品能完全氣化，有些書籍中建議比沸點高 50°C 以上。注入口之矽膠塞應經常注意更換，否則使用一段時間後會因注射針之插入抽出磨損而漏氣。注入口亦可使用氣相層析儀專用之採樣氣體直接注入裝置，直接將氣態樣品注入。

(3) 分離管柱(column)：

樣品由注入口注入後，經載流氣體帶至填充有靜相的管柱。管柱一般為直徑 1~8mm 不鏽鋼製，長度約數公尺，管柱填充物(packing material)之種類視分析物而定，依分析物之組成而選擇適當的管柱以達最佳分離效果。填充物常見者為矽藻土，有極性及非極性兩種；亦可以用液相為靜相，將其裱敷(coating)於固體顆粒上。以同一類之管柱而言，加長管柱有助於提高分離效果，但會加長滯留時間，整體分析所需之時間也相對增加。

(4) 加溫爐(oven)：

為免樣品凝結為液態，或滯留時間過長，管柱必須裝於有控溫裝置之加溫爐中。提高管柱溫度有助於縮短滯留時間，但若溫度不適當則會降低分離效果，故使用氣相層析儀時，須選擇一適當的溫度以達最佳分離效果，且又不失節省分析時間之要求。

(5) 偵檢器(detector)：

樣品中各成分經管柱分離，依滯留時間長短依序分別至偵檢器，予以定量。偵檢器常見有以下五種：

A. 火燄離子偵檢器(Flame Ionization Detector, FID)：

FID 需藉著燃燒氣體（氫氣及空氣之混合物）來將樣品離子化以測定其導電度，為最常用之一種。

B. 熱導電度偵檢器(Thermal Conductivity Detector, TCD)：

TCD 係以熱敏電阻為熱源，不同物質之熱傳導度不同，當樣品流經熱敏電阻時因熱傳導度不同而產生電阻值之變化，測定其變化可得分析圖譜。

C. 電子捕獲偵檢器(Electron Capture Detector, ECD)：

ECD 係以放射性物質放出 β 射線，並以氬或氦氣為載流氣體，樣品中不同物質將影響其電子流，測定其電子流變化情形則可得到分析圖譜，含鹵素之碳氫化合物常使用 ECD。

D. 光游離偵檢器(Photo Ionization Detector, PID)：

PID 係以紫外光能使樣品分子游離帶電，再測量其游離帶電之情形可得到電子訊號，依其訊號強弱則可得分析圖譜。

E. 火燄激發偵檢器(Flame Photometric Detector, FPD)：

FPD 係以氫氣火燄將樣本中所含之磷或硫轉變為特殊型態，並發散出特殊光譜；偵測該光譜之波長特性及強度可得定性及定量之結果。

偵檢器之溫度一般較管柱最高溫度要高，以免氣態樣品送至該處後產生凝結現象。

(6) 記錄器(recorder)：

偵檢器將檢出之訊號放大傳送至記錄器後，記錄器將列印圖譜。新式的記錄器尚附有積分器，可自動將各波峰之面積積分列印出數據。

3. 氣相層析儀之功能

氣相層析儀於職業衛生上，多用於液相或氣相有機物之定量及定性分析，但不適合不易揮發之物質，有機溶劑之分析更為廣泛，另農藥亦可以用氣相層析儀分析。

在勞動部採樣分析建議方法中，一般以固體吸附管如活性碳管或矽膠等採樣之有機溶劑空氣採樣樣品，經適當溶劑脫附萃取後，多以氣相層析儀分析，如醇類、酯類、酮類、醛類、醚類與芳香烴類等皆是，在職業衛生實驗室中氣相層析儀是應用最廣的分析儀器。

6.4.2 操作方法

1. 依分析物性質選擇氣相層析儀適當之分析條件，例如注入口溫度、偵檢器溫度、管柱種類、管柱溫度、載流氣體流率。
2. 配製一系列已知濃度的標準溶液，其濃度範圍需涵蓋樣本濃度。
3. 注入已知濃度之定量樣品（一般約 1μL 至 5μL）。
4. 計算波峰面積（或波峰高度）並繪出波峰面積（或波峰高度）與濃度作圖之檢量線。
5. 注入與標準溶液等體積之待測樣品。
6. 有相同滯留時間者視為同一成分，以波峰面積由檢量線換算求出各成分之濃度。

6.4.3 分析結果之偏差來源及注意事項

一般而言，氣相層析儀本身偏差不大，其偏差多由操作技術或條件不當所致。

6.5 高效率液相層析儀(High Performance Liquid Chromatography, HPLC)

6.5.1 原理及功能

1. 基本原理

液相層析儀的基本原理與氣相層析儀相似，係利用各種成分與靜相之親和力不同因而造成速度差，而將各種不同移動速度的成分分離。液相層析儀與氣相層析儀最大不同點在於液相層析儀之動相為液體。

2. 儀器基本結構

液相層析儀基本結構大致與氣相層析儀相似。一般結構如圖 6-4，主要部分分別介紹於下。

(1) 動相：為液態。通常動相為非極性液體，靜相為極性。若動相為極性，靜相為非極性，則稱為「反相色層分析」。液相層析儀有時可使用「梯度沖提法」，梯度沖提法即動相由兩種或多種溶劑所組成，隨著時間進行平穩的改變溶劑的混合比例。此法可縮短分析所需的時間，並增加分離效果；梯度沖提法與氣相層析儀的階段升溫有異曲同工之效。

(2) 注入口：此處無須加溫，直接將液態樣品注入，由動相液體帶至管柱。

(3) 管柱：管柱中的填充物即為靜相，靜相可為液相或固相（例如：矽膠、礬土、活性碳、有機或無機合成樹脂）。管柱的溫度控制裝置可有可無。

(4) 高壓泵：由於現代科技進步，可將管柱直徑縮小以提高靈敏度，但同時需要高壓泵，以使動相及樣品可快速通過狹小的管柱。高壓泵有恆壓式及定流速式兩種。

(5) 偵檢器：有數種型式，如紫外光／可見光光度計、折射率偵測器、火燄離子化偵檢器等。

(6) 記錄器：可記錄波峰面積或波峰高度或吸收度，由此可換算求得濃度。

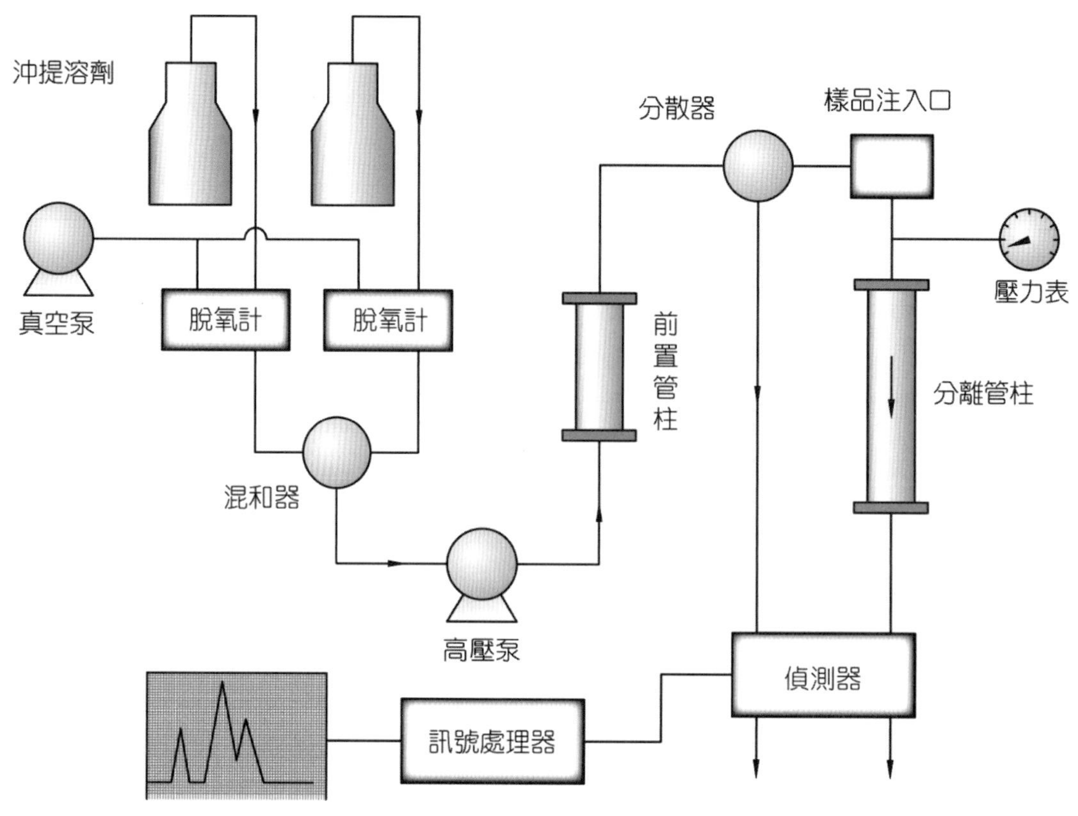

● 圖 6-4　高效率液相層分析儀之結構示意圖

3. 高效率液相層析儀之功能

液相層析儀可做液相樣品的定性及定量分析，樣品沸點過高、或樣品不宜加溫而不便使用氣相層析儀者皆可考慮使用液相層析儀分析；故生化分析及農藥分析常用液相層析儀。另液相層析儀亦可作為製備純品之用。

在職業衛生之環境測定分析中，聯苯胺、二甲氧基二胺基聯苯、對苯二酚、酚、五氯酚、二異氰酸甲酯等許多不易以氣相層析儀分析之非溶劑類有機物質皆使用高效率液相層析儀分析。

6.5.2　操作方法

操作步驟原則上大致與氣相層析儀原理相似，需設定適當分析條件，例如動相溶劑之選擇、動相流速、動相梯度沖提程序設定、管柱種類及偵測器種類之選擇等。通常溫度條件並非重要影響因子。

6.6 離子層析儀(Ion Chromatography, IC)

6.6.1 原理及功能

1. 基本原理

離子層析儀之原理與液相層析儀類似，屬層析法之一種，係利用待測離子在動相（沖提液）與靜相（管柱中離子交換樹脂）間不同之親和力而得以分離。離子被動相攜帶至偵測器之時間不同，該時間相當於滯留時間，可作為定性之用。

欲分析之離子被動相攜經分離管柱時會與離子交換樹脂中成分發生離子交換之化學變化。

如分析離子與離子交換樹脂親和力較強時，化學反應將傾向於化學反應式右方，而使該離子不易被帶出，滯留時間較長。反之，如親和力較弱時，陰離子易保持原有之離子狀態，反應傾向於反應式左方，離子易於被沖提液帶走，滯留時間即較短。

離子層析儀之偵測器為高靈敏度之電導度計，而沖提液一般為強電解液，濃度高而多量，造成背景值相當高，訊號雜訊比(S/N)變小，常會遮蓋欲分析離子之訊號，因此需在沖提液流經分離管柱後再經過一抑制管柱，將沖提液中之強電解質轉變微弱電解質，並且能將原欲分析之離子由鹽類轉變為酸或鹼而加強其電導度。

2. 儀器基本結構

離子層析儀之構造及外型如圖 6-5，主要部分介紹如下：

(1) 幫浦

幫浦係用於將欲分析之溶液與沖提液泵送至分離管柱。

(2) 分離管柱

因陰離子分析之沖提液 pH 值約為 8~12 左右，陽離子分析時則為 2~5 左右，因此酸鹼值很強，一般離管柱中充填之樹脂材多為低容量有機離子交換樹脂，可耐強酸鹼。使用低容量交換樹脂可延長抑制管柱壽命，且可使抑制效果更佳。

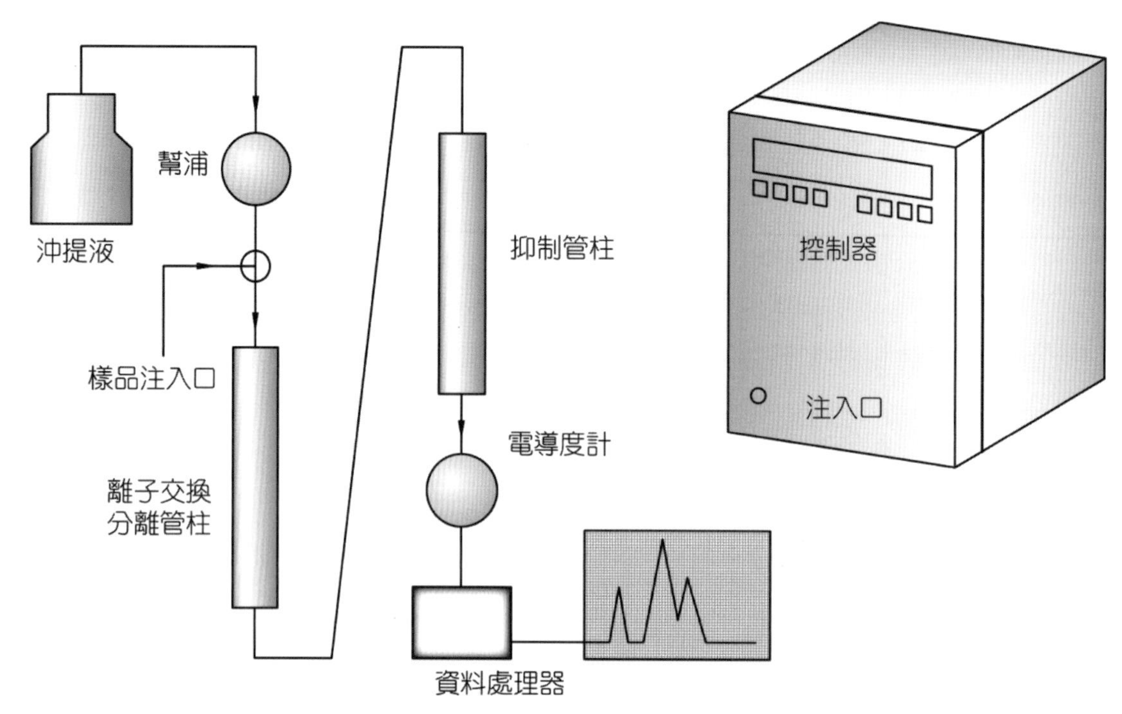

● 圖 6-5 離子層析儀構造與外型示意圖

(3) 抑制管柱

一般為高容量交換樹脂，其作用有二：a.可降低沖提液之電導度，b.可提高分析離子之解離度，整體而言即提高了訊號雜訊比，亦即提高分析之靈敏度。

(4) 偵測器

在一般情形下偵測器為電導度計，但如為重金屬分析時因不易以電導度計測量，可將重金屬離子以呈色劑形成錯離子呈色後再以 UV/Vis 偵測器來測定。

(5) 資料處理系統

由偵測器所得之滯留時間及波峰強度資料可以積分器得到波峰面積作為定性定量之用，亦可經由電腦處理。

3. 離子層析儀之功能

離子層析儀是較新型的分析儀器，可以分離以上所提及之各種陰陽離子，以及一些有機酸離子及重金屬離子等，其特點為可同時分離不同價數之離子，加以定性及定量。如以原子吸收光譜儀無法分析不同價之金屬離子。由工業毒物學之經驗中得知許多價數不同之離子，例如三價鉻及六價鉻，或三價砷及五價砷對人體之毒性並不相同。如以原子吸收光譜分析常無法區別，或是需要以繁複之前處理步驟將其分離。

目前勞動部採樣分析建議方法中已有氨、氯、甲酸、碘、硫酸等物質係以離子層析儀分析。

6.7 原子吸收光譜儀 (Atomic Absorption Spectroscopy, AA)

6.7.1 原理及功能

1. 基本原理

原子吸收光譜法係先將物質加溫打斷化學鍵，使成穩定的基態原子(stable ground state atom)，而後以特定波長之可見光光源照射，使電子產生轉移，成為基態的自由原子(free ground state atom)，原子由穩定態至自由態會吸收能量，且各種元素會吸收數段不同波長之能量，因此會產生包含數個吸收峰之吸收光譜。一般從事分析時選擇一不與其他金屬元素重疊之吸收波長作為測定之用。吸收能量之情形將符合比爾定律(Beer's Law)，故由其吸收能量的多寡，可測得吸收度，並可換算為待測物的濃度。

由上所述可知當光線穿透一固體、液體或氣體之待測物時會有部分特定波長之光線被吸收。若某特定波長之光線在穿透待測物前之強度為 I_0，經穿透該待測物後之強度為 I（如圖 6-6），則 I/I_0 之值為該待測物之穿透率(transmittance T)。穿透率 T，通常以百分比表示之。

$$T = \frac{I}{I_0} \quad \text{(6-2)}$$

穿透率倒數之對數值稱為吸收度(absorbance A)。

$$A = -\log T = \log\left[\frac{I_0}{I}\right] = \log\left[\frac{1}{T}\right] \quad \text{(6-3)}$$

吸收度與光線通過待測物之路徑長度及待測物中特定成分濃度成正比，若該成分之吸光係數為 a (absorptivity)，濃度為 c，而光線通過待測物之路徑長度為 b，則可以下式表之：

$$A = abc \quad (6\text{-}4)$$

由式 6-4 中說明，當 b 為定值時，可由吸收度 A 求出待測物中某成分之濃度 c。此原理稱為比爾定律(Beer's Law)，為吸收光譜分析法之最基本理論。在以下的章節中所提及之光譜類儀器皆以此定律為定量之根本。

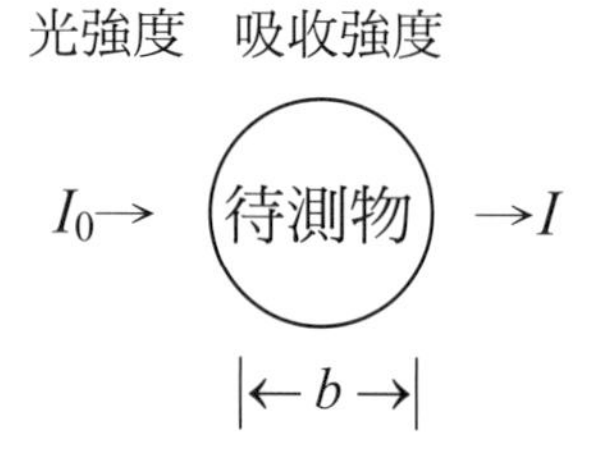

圖 6-6　溶液吸收特定波長光線之示意圖，強度為 I_0 之光線通過厚度為 b 之溶液後，強度降低為 I

本章節所介紹之光譜類儀器包括分光光度儀、紫外光－可見光光譜儀、原子吸收光譜等，分光光度儀及紫外光－可見光光譜儀係用紫外光或可見光之吸收，通常由於分子之鍵結電子受光激發產生能階之移轉，此時能量較低之鍵結所吸收光線之波長位於可見光區，若較內層或能階較高之鍵結電子產生之吸收，則多位於紫外光區。原子吸收光譜儀則利用原子於高溫時電子能階於可見光區之能量變化。

2. 儀器基本結構

原子吸收光譜儀之結構示意圖如 6-7：

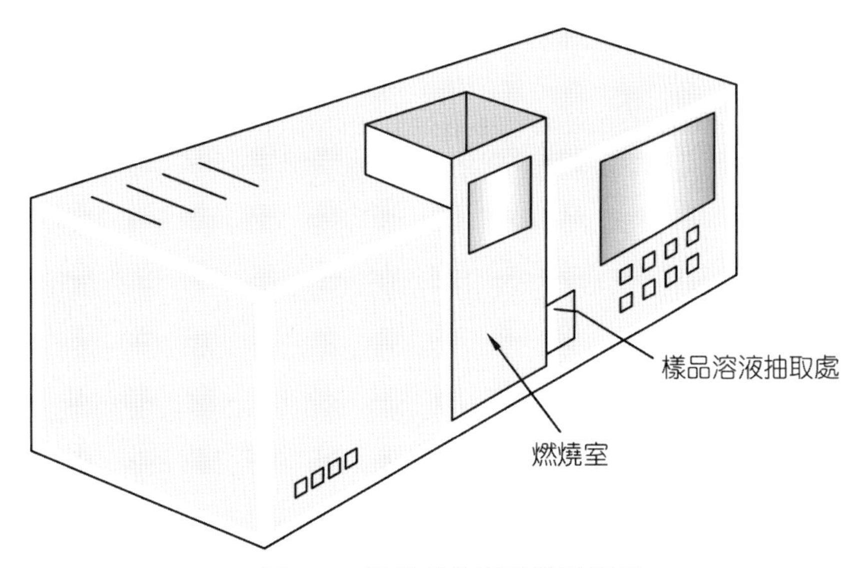

圖 6-7　原子吸收光譜儀示意圖

(1) 光源(light source)

光源為中空陰極管(Hollow Cathode Lamp, HCL)或無電極式放電燈(Electrodeless Discharge Lamp, EDL)，HCL 之構造如圖 6-8。當兩電極加上電壓，氣體游離成離子，離子向兩極移動，生成 5~15mA 的電流，使陰極表面原子被逐出，形成原子雲，可放出特定的輻射，此為中空陰極管產生光譜之原理。

EDL 為密封之石英管，內含少許惰性氣體及金屬或其鹽類，經磁場或微波輻射將其激發產生光譜，其光譜能量一般較強。

各種元素的吸收光譜不同，故各種元素需以特定波長的光源激發；例如欲進行鉛的定量分析時，需使用測鉛專用之燈管為激發光源。

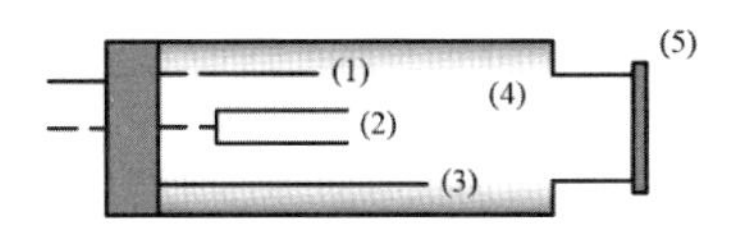

(1) 陽極：多為鎢絲或鎳

(2) 陰極：待測金屬元素製成，可放出待測光譜

(3) 玻璃擋板

(4) 陰極管內部為半真空，充填氖氣或氬氣

(5) 石英窗

圖 6-8　原子吸收光譜光源(HCL)之構造

(2) 原子化器(atomizer)

物質於此處被激發為基態的自由原子(free ground state)。此部分一般說來有兩種較長用型式：火燄原子激發原子化器(flame atomizer)以及電熱爐原子化器(electrothermal atomizer)。其原理簡述如下：

A. 火燄原子激發法：經由噴霧器(nebulizer)，將待測物分散成極細小之顆粒，再與吾人供給之氣體燃料混合，由燃料燃燒提供激發的能量，使分子成為自由原子。燃料可為空氣與丙烷、空氣與乙炔或乙炔與一氧化氮之混合物，視樣品所需之燃燒溫度而選擇適當燃料。

B. 電熱爐法：目前新式儀器的此部分是以高溫爐取代老式的燃燒爐嘴(burner)。以電流控制石墨、鉭、或其他電熱物質，故有時又稱石墨爐法；爐體之溫度可控制。加溫分三步驟：

a. 乾燥(dry)：去除樣品中的水分。

b. 灰化(ash)：去除有機或無機的揮發性物質。

c. 原子化(atomize)：將待測物激發為基態的自由原子。石墨爐法雖無需燃燒氣體，但需以氬氣或氮氣為載流氣體(carrier gas)，可避免原子化時電熱物質之氧化。

(3) 光學系統(optical system)

由燈源及單色光器(monochrometer)組成。燈源發出之光線經原子化器達單色光器（如圖 6-9），去除必要光譜以外之干擾。

(4) 偵檢器(detector)

接於光學系統單色光器之後，感應待測樣品與空白樣品並轉換為吸收度來，表示樣品之濃度。

3. 功能及使用範圍

原子吸收光譜法經常被使用於重金屬的定量分析。其優點為操作快速，準確性高，僅需要少量之樣品即足以供分析之用，且測定範圍廣，故目前在勞動部採樣分析建議方法中重金屬的定量分析多使用原子吸收光譜儀，如鎘、鋇、鈷、銅、鉛等係使用火燄法。而容許濃度較嚴格之鈹則使用較靈敏之石墨爐法。

原子吸收光譜儀在職業衛生上應用廣泛，但也有其缺點，例如無法分析出重金屬樣品之價數，故某些重金屬價數不同而有不同毒性者將無法分別定量。

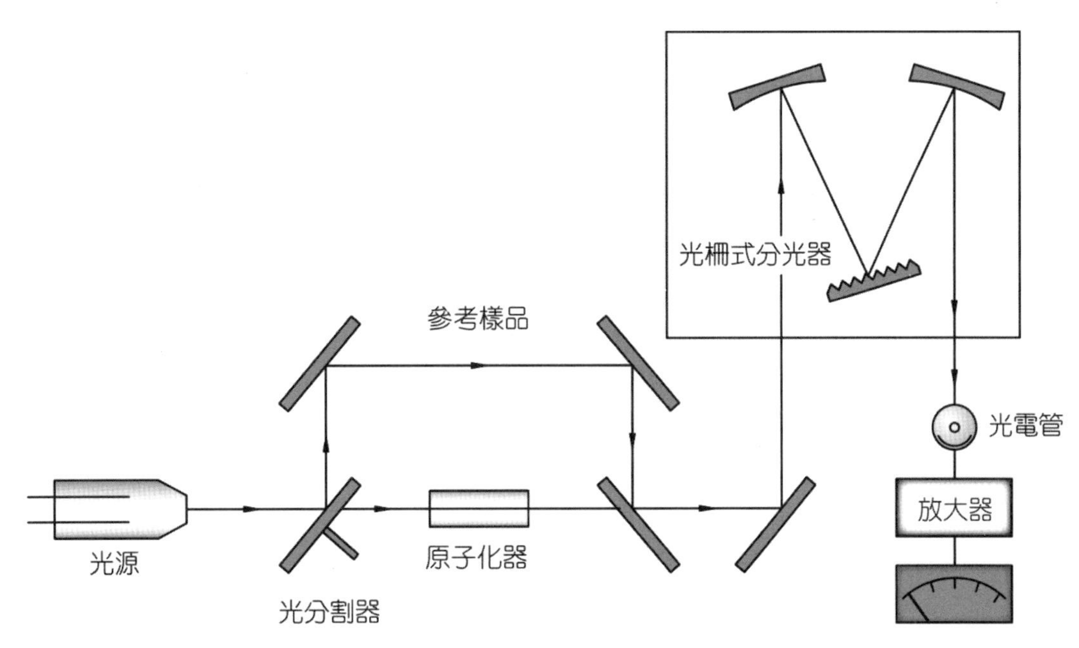

● 圖 6-9　雙光束原子吸收光譜結構示意圖

6.7.2　操作方法

1. 樣品前處理

(1) 消化法

空氣中重金屬之採樣一般以濾紙為之，分析前加酸消化或熱處理，使樣品成為均勻之溶液以便以原子吸收光譜儀分析。詳細的前處理步驟需參考有關資料。

(2) 氫化物產生法

某些物質係先使其與其他化學物質反應生成氫化物，再將氫化物之氣體導入火燄中量測光譜吸收度。在勞動部採樣分析建議方法中砷即是使用氫化物產生法。

(3) 冷汞蒸氣法

將汞化合物溶液中之汞轉化為蒸氣直接量測其光譜之方法，勞動部採樣分析建議方法中汞即使用該法。

2. 分析條件

以原子吸收光譜儀分析樣品時須查閱儀器說明書或有關文獻之各種物質最適分析條件，例如：波長(wavelength, nm)，狹縫(slit, nm)，電流(current, mA)，光束（單或雙光束）；若為火燄法需調整燃燒爐嘴高度，選擇適當助燃劑、燃料及流速；若為非火燄法則需選擇適當的乾燥條件、灰化條件、原子化條件、清除溫度及攜帶氣體。

3. **儀器操作步驟**

(1) 裝入適當之中空陰極管，並調整樣品之最適分析條件。

(2) 配製各種濃度之標準品（待測樣品之濃度需落於標準樣品之濃度範圍內）。吸入或注入適當量之標準樣品溶液（一般約 5μL），並讀取吸收度，由吸收度及濃度製作檢量線(calibration curve)。

(3) 吸入或注入樣品，讀取吸收度，由吸收度比對檢量線求得樣品濃度。

(4) 因原子吸收光譜儀線性範圍較窄，在測定時需調整至某一濃度範圍，如超過時應稀釋後再重新測定。

6.7.3 分析結果之偏差來源及注意事項

原子吸收光譜儀常發生之偏差原因略述於下：

1. 儀器之光學系統未調整至最佳狀況，例如波長選擇錯誤、狹縫過寬過窄、光軸不正等皆會導致感度降低。
2. 樣品與標準樣品的背景條件不一，待測成分外之物質干擾以致準確度降低。
3. 火燄高度或角度會影響感度。
4. 吸收度過高（>0.9）或過低（<0.1），誤差會增大。
5. 濃度應妥為調整，如需稀釋時倍率應準確。

6.8 分光光度儀(Spectrophotometer, SP)

6.8.1 原理及功能

1. **基本原理**

分光光度儀為吸收光譜儀器中最基本也是最簡單之一種儀器；所謂吸收光譜分析法乃指測量某物質對光譜之某一特定波長吸收程度以計算其濃度之方法。

許多有機物或無機物之液體以及溶液，常會呈現不同之顏色。而許多原本無色之化學物質液體或溶液也可經由特殊之化學反應而使其呈現出不同顏色。液體中含有該物質成分越多則顏色越濃。化學品呈現各種不同顏色之原因在於其分子結構中電子在不同軌域間轉移時吸收各種特定波長之光線所致；當光線透過溶液後，某些波長被吸收，未被吸收之互補色部分即為吾人肉眼所見之顏色。

2. 儀器基本結構

分光光度儀之結構一般如圖 6-10，其主要部分如下：

(1) 光源

要量測吸收光譜必需要有光源以產生光線，一般分光光度儀之光源為鎢絲燈，並透過一狹縫做為光源。

(2) 單色光器(monochromatic)

量測吸收光譜乃是量測對特定波長光線吸收程度，故單色光器相當重要，一般單色光器係使用稜鏡來分光產生光譜。

分光光度儀之分析光譜波長範圍約在 350nm 至 700nm 間，但不同廠牌及儀器型號間稍有差異。

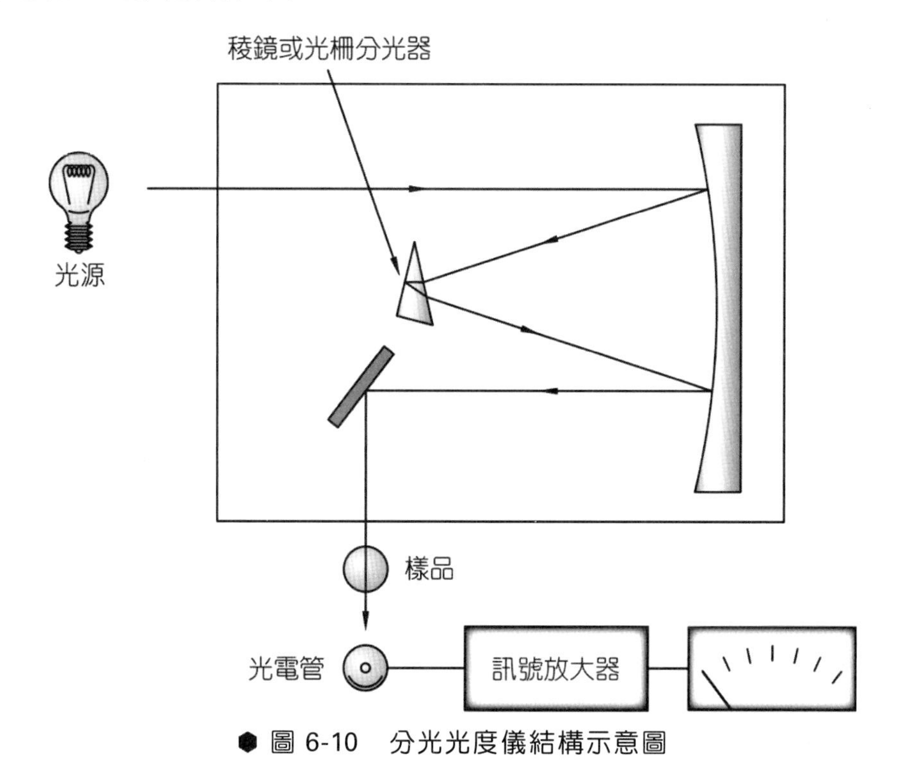

圖 6-10 分光光度儀結構示意圖

(3) 容槽(cell)

待測樣品之容器為玻璃試管或石英玻璃試管，外型一般為圓型。上刻有方向定位記號，在欲量測波長範圍之吸收度要相當低，最好趨近於零。

(4) 偵測器

分光光度儀之偵測器為光電管或光電倍增管(photo-multiplier tubes)，可將透過樣品之光線接收並放大為電子訊號，再經電路轉換為指針或數位顯示。

3. 分光光度儀之功能

分光光度儀在環境測定上使用相當廣泛，許多無機物之鹽類本身即呈現特殊之顏色，可以分光光度儀從事定性及定量之檢測。而本身不呈現色彩之無機物或有機物可以特定化學反應使其生成吸收特定波長之物質，如此一來即可以用分光光度儀定性及定量。

雖然分光光度儀可以直接測定一些物質之濃度或經由呈色方法來間接測定濃度，但因若干化學上以及儀器上之偏差而限制其應用範圍。最重要之限制在於其對光線之吸收度，理論上，一般將濃度調整在吸收度約為 0.1 至 0.9 間，若超過此一範圍時，溶液之吸光特性可能不符合比爾定律而使測定結果之偏差增大。

在職業衛生上目前有數種勞動部採樣分析建議方法係使用分光光度法，可使用分光光度儀分析，例如聯胺、次乙亞胺、硫化氫、鉻酸（六價鉻）及二氧化氮等，其中大部分係使用衝擊瓶採樣，由衝擊瓶中吸收液所採得之樣品經呈色處理後，即可測量其特定波長之吸收度而換算出現場濃度。

6.8.2 分析結果之偏差來源及注意事項

1. 化學偏差

(1) 成分之影響

當被測溶液中有兩種以上物質對同一波長產生吸收時，測出之吸收度即無法代表單一物質之吸收，也不能換算為該物質之濃度。

(2) 濃度之影響

比爾定律僅在吸收度約為 0.1~0.9 之間，即穿透率約為 90~10%之間較準確，所以比爾定律是適用濃度範圍較窄的定律。在高濃度時吸收物質間距離減小，各個物質會影響其相鄰物質之電荷分布，因而影響其對光線吸收之性質。當溶液中電解質濃度過高時也可能影響到測量之結果。

(3) 物質特性

某些物質本身之吸收度並不符合比爾定律，無法以吸收光譜分析法分析。吸光係數與溶液折射率有關，故溶液濃度變化時若影響折射率即會影響吸收光譜測量之結果。

若某物質在不同濃度下會解離、聚合或者與溶劑發生化學反應也會產生不正確之測量結果。

(4) 呈色反應之穩定度

若干呈色反應之生成物並不穩定，常於呈色一段時間後即發生逐漸褪色之現象，此時將使量測結果發生誤差，故呈色反應後應於規定時間內讀取讀數。

2. 儀器偏差

比爾定律之理論基礎乃建立於「單一波長」之情況，但一般經由光柵或稜鏡之連續光譜由狹縫過濾後並不能產生真正單一波長之光譜，但一般做溶液之吸收度量測時偏差並不明顯。

6.9 紫外光－可見光光譜儀(Ultra-Violet and Visible Spectroscope, UV-Vis)

6.9.1 原理及功能

1. 基本原理

UV-Vis 光譜儀之基本原理與分光光度儀相同，皆為量測物質對特定波長之吸收程度以得知其濃度，在應用上也相似；但 UV-Vis 較精密，且應用範圍除可見光外尚擴展至紫外光區；較昂貴機種之波長範圍可由 190nm 至 1000nm。

紫外光或可見光之吸收通常由於分子之鍵結電子受光激發產生能階之移轉，此時能量較低之鍵結所吸收光線之波長位於可見光區。若較內層電子或能階較高之鍵結電子產生之吸收則多位於紫外光區。

2. 儀器基本結構

光譜儀一般外型較分光光度儀大，結構也較精密，請參閱圖 6-11。

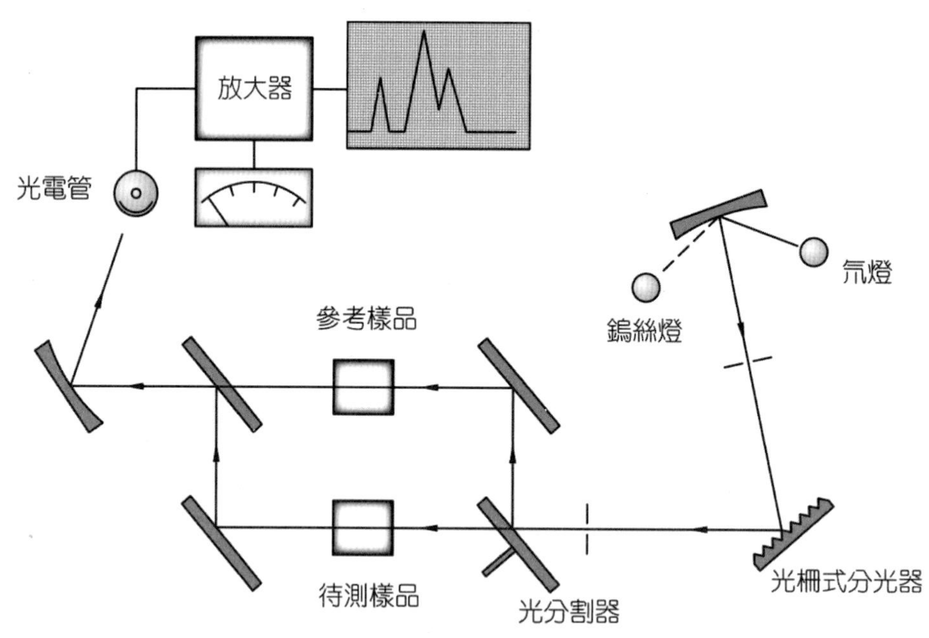

圖 6-11　UV-Vis 光譜儀結構示意圖

(1) 光源

紫外光－可見光光譜儀之光源除使用鎢絲燈或鹵素燈外，尚可使用氫燈(hydrogen lamp)或氘燈(deuterium lamp)以作為紫外光之光源。儀器上通常有一轉換器以變換使用光源。

(2) 單色光器

此類儀器之單色光器多使用光柵(reflection grating)，機械構造也較精密。反射光柵為一表面有數百條或數千條平行溝槽之金屬面，光線射入此金屬表面後反射之光線將產生繞射，再經一狹縫將可得到波長範圍相當窄而精確的單色光。有若干較高價者於單色光器之狹縫尚設有調節器，可調整狹縫寬度以便得更為精確之波長範圍。

(3) 容槽(cell)

光譜儀容槽一般為方型。分析光譜位於可見光時可使用玻璃製品，但玻璃會吸收紫外線，故當使用紫外光範圍做分析時則必需使用石英製之容槽。方型容槽一般以膠合之方法製造，故應避免強酸。近年因塑膠精密鑄模技術之發展，也有若干商品為塑膠製造，用後即丟棄，但因塑膠會吸收紫外光，故限用於可見光區之呈色分析。

(4) 偵檢器及顯示器

偵測器多使用光電倍增管，與分光光度儀相似。但 UV-Vis 光譜儀多採雙光束(double beam)之設計，由同一光源發射之光線在透過樣品前經由光學器材將光束分為兩路，同時通過參考樣品及分析樣品，如此所得之數據即為真正之吸收度。

3. 光譜儀之功能

UV-Vis 光譜儀價格較分光光度儀昂貴，但因其結構較精密，功能較多，故使用上較方便，分析結果可得之資料較豐富。若干物質以分光光度儀分析時需經呈色；也有若干物質可直接測定；無論在定性或定量上皆較分光光度儀準確。

6.10 紅外光光譜儀 (Infrared(IR) Absorption Spectroscopy)

6.10.1 原理及功能

1. 基本原理

紅外光譜分析法亦為吸收光譜之一環，紅外光光譜儀之基本原理與分光光度儀也類似，皆為量測物質對特定波長之吸收程度，以判別被測定之物質。紫外光及可見光光譜分析係偵測分子中電子轉移之能量變化，而紅外光譜分析則測定分子中各鍵結原子振動及轉動之能量變化。一般有機物分子中有特定之原子稱官能基(functional group)，此種官能基會在特定之紅外光波長產生強烈吸收，若干礦物分子也有吸收特定波長之現象。以儀器分析時，由特定吸收波長與資料比對即可判斷樣品中可含有的物質種類；傳統紅外光譜儀在定量上因準確性較差故使用上多以定性為主，但近年科技之進展發展出傅立葉轉換紅外光譜儀則在定量方面有所改進。

2. 紅外光譜儀之功能

紅外光譜儀在職業衛生上之一般用途以分析有機物為主，且多用於定性，為分析未知物之輔助方法。在例行性之職業衛生實驗室分析中較少使用紅外光譜儀。

在環境監測分析上可攜帶型之紅外光譜儀常用來鑑定突發事件中所外洩之污染物種類，但定量方面之能力並不十分理想。

6.11 X-光繞射分析(X-ray Diffraction)

6.11.1 原理及功能

1. 基本原理

結晶物質中各種原子之間有固定距離，即所謂的結晶格子。當 X-光射入結晶時，結晶格子即發生類似光柵之現象，產生光干涉及繞射現象。不同之物質結晶格子不同，產生之繞射結果亦不相同。X-光射入結晶之角度不同所反射或繞射結果也不相同，由其監測結果可得知結晶格子之特性，並進一步判斷其中化學結構。

2. 功能及使用範圍

X-光繞射分析之主要用途為監測結晶物質之定量及定性分析、在職業衛生上，二氧化矽、石綿等矽化物可以 X-光繞射分析法分析之。如以 X-光繞射分析時，粉塵採樣濾紙一般採用銀膜濾紙，因金屬銀之射峰較不致干擾其他物質，而最近之研究則顯示聚氯乙烯濾紙之繞射峰對二氧化矽分析影響不大，亦可用以採樣；如經進一步確認後將可取代昂貴之銀膜濾紙，以降低採樣成本。

例題 1

暴露於含可呼吸性結晶型游離二氧化矽粉塵為塵肺症主要的原因之一，結晶型游離二氧化矽係指二氧化矽之分子間呈現規則排列並有一定之晶格形狀。試回答下列問題：

（一）我國勞工作業場所容許暴露標準中，空氣中第一、二種粉塵容許濃度所稱的結晶型游離二氧化矽有哪些？（4 分）

（二）可用來分析結晶型游離二氧化矽濃度之分析方法有那些？（6 分）

（三）結晶型游離二氧化矽那些被分類為具致癌性第 1A 級物質，且《優先管理化學品之指定級運作管理辦法》將其列為運作者於運作時必須備查之化學品？（2 分）

（四）某啤酒食用食品級矽土過濾固成分，由規則表知該矽土粒徑分布 D10/D50/D90 分別為 6nm/22 nm/45nm，另由安全資料表如該矽土含 67% 之結晶型游離二氧化矽，過濾製程之矽土投料作業為特定粉塵發生源，經採樣分析勞工作業場所 8 小時日時量平均濃度為 X mg/m^3，結晶型游離二氧化矽為 Y%，請說明如何區別第一種、第二種粉塵之可呼吸性粉塵級總粉塵之 8 小時日時量容許濃度。(8%)（110.07 甲級衛生師）

▶ 解

（一）結晶型游離二氧化矽係指石英、方矽石、鱗矽石及矽藻土。

（二）X 光繞射分析。

（三）是。

（四）第一種粉塵：含結晶型游離 二氧化矽 10% 以上之礦物性粉塵。

第二種粉塵：含結晶型游離 二氧化矽未滿 10%之礦物性粉塵。

若 Y 大於等於 10 就是第一種粉塵 可呼吸性粉塵容許濃度標準為 $10/(Y+2)$ $mg/m^3 = 10/(67+2) = 0.145mg/m^3$ 總粉塵容許濃度標準為 $30/(Y+2)$ $mg/m^3 = 30/(67+2) = 0.435mg/m^3$。

若 Y 小於 10 就是第二種粉塵 可呼吸性粉塵容許濃度標準為 $1mg/m^3$ 總粉塵容許濃度標準為 4 mg/m^3。

6.12 位相差顯微鏡 (Phase Contrast Microscopy, PCM)

6.12.1 原理及功能

1. 基本原理

位相差顯微鏡主要是利用光線之干涉現象使呈像更為清晰。在物鏡聚光器下方有一環型透光環，由光源發射之光線經透光環形成一環型光源，該環型光源之光線透過物鏡中之位相板之環型位置而達目鏡，但樣本邊緣之光線易生折射而使光線偏移至位相板非環型之位置，因位相板在環型處及非環型處將造成光程差，故經此二處之光線將因位相板之作用而發生光波干涉現象。

2. 儀器基本結構

光源為一般鎢絲燈或鹵素燈，因光干涉現象在單波長光源時效果更明顯，故位相差顯微鏡光源上方常置入一干涉式綠色單色光濾色鏡。

該物鏡中附有位相板，不同倍率之物鏡需與聚光器下方不同號數之透光環互相配合，位相差顯微鏡之物鏡不能用一般顯微鏡之物鏡取代。

3. 位相差顯微鏡之功能

位相差顯微鏡主要功能在於觀察微小物件時，比一般顯微鏡更清晰，故在職業衛生上用以計算濾紙上石綿纖維之數量。雖然位相差顯微鏡較一般顯微鏡清晰，但直徑 0.4μm 以下之石綿纖維仍無法呈現。因石綿係使用顯微鏡計數法，故採樣時應使用可加以透明化處理之纖維素酯薄膜濾紙。

EXERCISE

習題

1. 在評估分析數據時有所謂的系統誤差(systematic error)，試申其意並說明導致此種誤差之要因為何？
2. 某勞工使用的甲苯溶劑中含有 10%的苯，如想對該勞工甲苯及苯的暴露情形做評估，請依採樣方法、分析儀器選擇、分析儀器原理、分析結果研判、測定紀錄撰寫等順序逐項說明之。
3. 何謂脫附效率？
4. 試說明有關勞工鉛暴露評估上常用的採樣方法、分析儀器及其原理，說明樣品在分析前常要進行哪些前處理工作？
5. 作業環境監測過程中會有誤差出現：
   (1) 誤差的種類包括隨機誤差(random error)與系統誤差(systematic error)兩種類型，請分別簡述其意義。
   (2) 採樣分析過程中會有不同步驟可導致隨機誤差的出現。假設幫浦採樣流量的隨機誤差以精密度偏差(Coefficient of Variation, CV)來表示為 16%，採樣間的隨機誤差為 2%，分析回收率的隨機誤差為 8%，化學分析的隨機誤差為 9%。若以上是採樣分析過程中的所有誤差來源，試問該採樣分析方法的總精密度偏差(Total Coefficient of Variation, CV_T)為若干？（請列式計算、說明之）
   (3) 試舉一例說明作業環境監測時可能出現的系統性誤差，並簡要說明其補救方式。
6. 試說明作業場所中，有關石綿纖維監測常用之採樣方法、監測儀器及原理。
7. 試以活性碳為例，說明固體採樣介質之脫附效率如何測之？
8. 何謂全精密度偏差(total coefficient of variation)？
9. 設被測物質為甲苯，採集介質為活性碳管，則甲苯之脫附效率應如何測試？請以：(1)樣品添加，(2)脫附方法，(3)儀器分析及(4)脫附效率計算等順序分項作答。
10. 試以圖說明以擴散管法(diffusion tube method)及採樣袋法(sampling bag method)產製標準氣體之流程，並以表比較說明此兩種方法之優點及劣點。

11. 試簡述五種儀器分析設備之原理及功能。

12. 何謂破出？影響採樣介質破出之因素？

13. 何謂精密度、準確度？

14. 試述 GC 之原理及功能。

15. 兩組同學對同一樣品進行 5 次濃度分析結果數據如下：（配製濃度為 5mg/L）
    A. 5.2、5.3、5.1、4.9、4.7
    B. 5.4、5.4、5.2、4.8、4.6
    求 A、B 組數據之平均準確度及精密度。

16. 下列數據為分光光度儀所作分析結果，請畫檢量線並若樣品吸收度各為 0.1 及 0.2，求其對應濃度為何？
    配製濃度(μg / L)　20　40　60　80　100
    儀器讀值（吸收度）0.03　0.04　0.08　0.11　0.13

17. 氣相層析儀架構為何（畫圖說明）？其樣品注入方式有哪些？有何特點？

18 若層析分離解析度不佳原因有哪些？如何改善？

19. GC 之載流氣體有哪幾種？其適用時機為何？
    影響 HPLC 效率因素有哪些？又影響 GC 效率因素有哪些？

心之靈糧

★ 1 1 乘 1.1，乘以十次之後，答案會變多少呢？

2.58

★ 0.9 乘以十次以後，答案會變多少呢？

0.31

★ 雖只差 0.1，但經過累積，結果就差很多，所以不能小看小小的 0.1，這就是「積極」與「懈怠」截然不同的命運！

★ 積少成多，一步一腳印，勿以惡小而為之，這就是所謂蝴蝶效應。

MEMO

直讀式儀器

07
CHAPTER

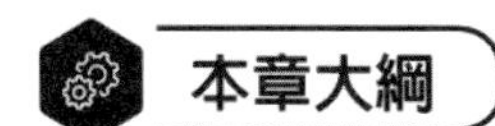

7.1　概　說
7.2　檢知管法
7.3　可燃性氣體與蒸氣監測器
7.4　氧氣監測器
7.5　一氧化碳監測器
　　習　題

7.1 概　說

直讀式儀器(direct-reading instruments)使採樣與分析在同一儀器內完成，所需要的測定結果在很短時間內可由儀器直接讀取。空氣中污染物包括氣體、蒸氣或粒狀物質濃度均可用直讀式儀器測定。直讀式儀器之操作簡單容易，不需要經長時間訓練的技術人員即可使用，故以直讀式儀器之作業環境監測方法又稱為簡易監測法。簡易監測法沒有樣本儲存運送的問題，且不必由實驗室做繁難的化學分析。即使其間測結果誤差較較精密測定法要大，仍為職業衛生人員廣泛地使用。就氣體與蒸氣污染物而言，直讀式儀器有下列數種型式：

7.1.1 比色式指示器(Colorimetric Type Devices)

1. 固　體

使定流量、定體積的空氣經過含浸過化學試藥之多孔固體粒子的小管徑玻璃管（即檢知管），空氣中氣體或蒸氣污染物與化學試藥發生改變顏色的化學反應，由顏色改變的程度或長度決定污染物的濃度。

2. 試　紙

已知量的空氣經過浸過化學試藥的紙張，氣體或蒸氣污染物與化學試藥發生變色之化學反應，由顏色的深淺程度決定污染物的濃度。

3. 液　體

已知量的空氣以氣泡經過液體試藥，空氣中氣體或蒸氣污染物與液體試藥發生化學反應，用指示劑呈色以指示試藥用量，得以計算污染物的濃度，惟國內極少使用。

7.1.2 熱(Thermal)

1. 傳　導(conductivity)

由量測氣體或蒸氣的比熱傳導度(specific heat of conductance)決定氣體或蒸氣濃度。

2. 燃　燒(combustion)

由量測氣體或蒸氣污染物燃燒所產生的燃燒熱，加熱惠斯登電橋的細絲電阻器，以電阻器之電阻改變來量測氣體或蒸氣濃度。

3. 其 他

包括電位法(potentiometry)、電量法(coulometry)、薄膜電化學電池法(thin film electrochemical cells)、紅外線分析法(infrared analysis)與極譜分析法(polargraphy)等。

7.1.3 氣相層析法(Gas Chromatography)

各種蒸氣與氣體在含有多孔吸附介質的圓管中移動，因滯留時間不同而分離，接著以離子化或電磁設備偵測氣體與蒸氣之濃度。

就粒狀物質而言，直讀式儀器有下列數種型式：

1. 電 磁(electromagnetic)
   (1) 以光電池(photocell)偵測空氣中粒子所造成之光散亂量(light scatter)，脈動數目代表粒子數目，脈動大小代表粒子大小。
   (2) 以光電池量測沉降於濾紙上粒子所造成之光反射或光衰減量，求取粒子濃度。

2. 電 離(electrical ionization)

   空氣中粒子在電場中吸收自發射源所發射的離子並減低離子流(ion current)的強度。離子流強度的改變代表粒子濃度。

7.2 檢知管法(Detector Tube Systems)

檢知管法測定需使用採氣泵(pump)與檢知管(detector tubes)，檢知管法為可攜帶式之作業環境空氣中氣態污染物監測之簡易監測方法，目前市售之檢知管系統有多種廠牌。早期的檢知管僅有一氧化碳、硫化氫和苯三種，經過數十年的發展，目前市面銷售的檢知管已超過 100 種，雖然多數檢知管靈敏度欠佳，但是在職業衛生工作中，為篩選之目的或緊急情況，需立即對作業環境污染有初步的瞭解，俾便採取進一步措施時，檢知管法被廣泛地使用。例如化學工廠貯存有害物質之儲槽，經入槽作業準備工作予以放空有害物且充分通風換氣後，勞工入槽作業前仍然應先實施槽內污染物濃度監測，此時如採用採樣及分析同時完成之檢知管法或直讀式儀器，能在很短時間內獲得監測結果，雖然誤差較大，但比長時間等待才能獲得監測結果的精密測定較有實用意義。

又如作業場所爆炸性氣體或蒸氣洩漏測定，空氣污染研究；中毒者呼氣中一氧化碳之測定及血液樣本經處理後釋出一氧化碳之監測，以便證實為一氧化碳中毒等均可採用檢知管法。

檢知管法除了測定時在很短時間即可得到測定結果之優點外，還有操作簡單容易，不需要長時間訓練的技術人員即可操作，儀器輕便，易於攜帶，價格便宜等多項優點。

7.2.1 原　理

1. 檢知管

檢知管為一細長玻璃管如圖 7-1 所示，二端以玻璃熔封，內含有裹覆化學試藥之矽膠、鋁膠或玻璃細粒。測定時將二端玻璃熔封切開銜接檢知器，以檢知器（檢知泵）吸引空氣試料流經檢知管，空氣試料中之污染物與吸附於固體上之化學試藥發生變色之化學反應，利用此化學反應變色之長度，及所採空氣試料之體積，決定污染物濃度。變色的長度係與污染物濃度及空氣試料體積乘積之對數值成正比。

最佳設計之檢知管者能使固體吸附之化學試藥與測試之氣狀污染物迅速反應而趨於平衡，則變色長度僅與空氣試料體積與濃度乘積對數值成正比，而不受採樣速率的影響。此時如採氣量一定，則變色長度由測定之污染物濃度來決定。

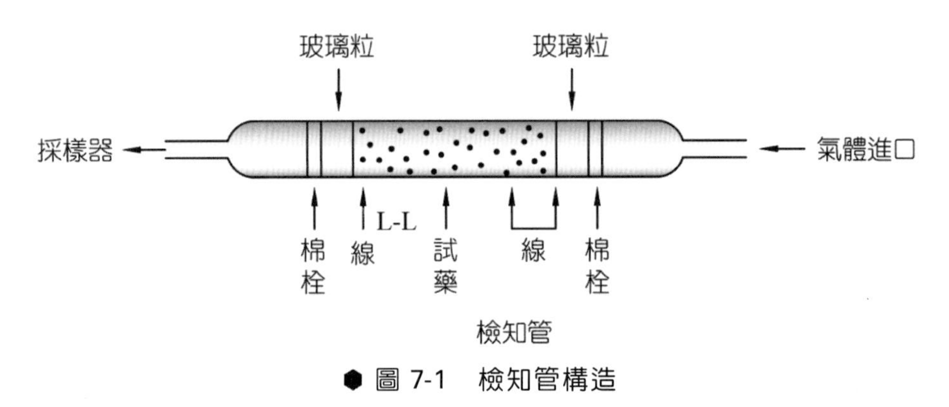

圖 7-1　檢知管構造

2. 檢知器（檢知泵）

不同廠牌的檢知管系統，設計方式雖略有不同，但所採用的原理相同。儀器均分為二部分，檢知器（檢知泵）及檢知管。

採氣泵又稱為檢知器，具有將空氣吸引經過檢知管之功能，測定時檢知器與檢知管應採用同一廠牌，檢知器之型式有風箱式(bellows type)、活塞式(piston type)及連續式(continuous type)三種。

風箱式檢知器外觀類似風箱，以單手操作即可，其詳細構造如圖 7-2 及 7-3 所示。採氣一次(1 stroke)空氣吸引量為 100 毫升。

● 圖 7-2　風箱式檢知管系統

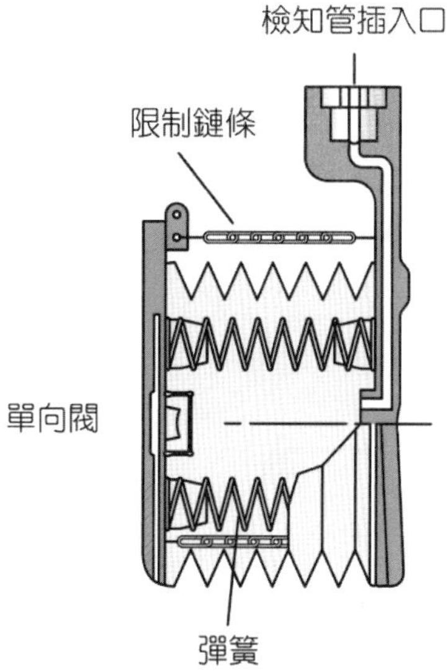

檢知管插入口
限制鏈條
單向閥
彈簧

● 圖 7-3　風箱式檢知器構造圖

活塞式檢知器係利用活塞造成真空以吸引空氣流經檢知管，詳細構造如圖 7-4 所示。採氣一次空氣吸引量亦為 100 毫升。

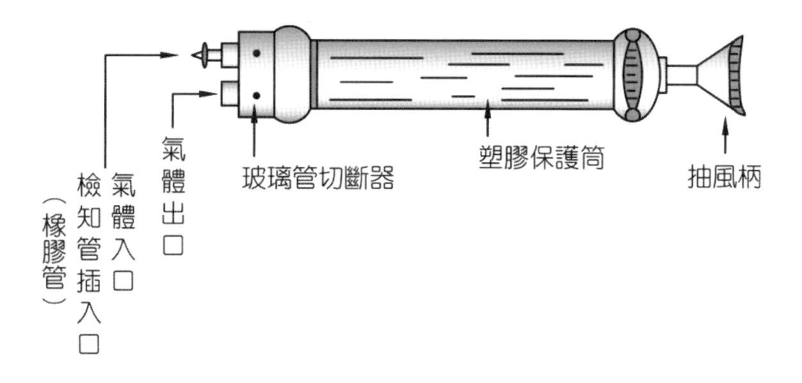

● 圖 7-4　活塞式檢知器詳細構造

連續式檢知器附有定時裝置或計數器(counter)，於設定時間內連續吸引空氣流經檢知管，可以吸引較大量的空氣試料，例如 10 公升相當於 100 strokes 流經檢知管。

7.2.2 操作及注意事項

1. 操作要領

(1) 取未用過的檢知管，二端玻璃熔封以檢知器上之折斷孔折斷。

(2) 將檢知管插於檢知器上。檢知管刻度大的一端靠近檢知器，有箭頭標示者箭頭指向檢知器，有紅點記號者紅點靠近檢知器。如無前述之刻度或記號時，以未填充空間較長的一端遠離檢知器。

(3) 一隻手用力將風箱式檢知器二端塑膠柄壓至底後鬆開，檢知管開口端置於測定位置，等候約 3 至 5 分鐘（等候時間依檢知管使用說明書中規定），待檢知器風箱完全張開，則完成空氣試料 100 毫升之採樣。

活塞式檢知器則將把手拉到底後後固定，檢知管開口端置於測定位置，等候約 3 至 5 分鐘（依使用說明書中規定）後，鬆開「固定」後，軸及把手未被吸回，則完成採樣 10 毫升。

連續式檢知器先於定時器上設定採樣時間，或計數器上設定數目後，啟動檢知器開始採樣，設定時間到達時或計數器計數到達時，檢知器自動停止採樣。

(4) 檢知管上印有採氣次數（例如 300mL 或 3 strokes），依其次數連續採氣。

(5) 檢知管的濃度判讀

採樣後檢知管變色反應已完成，即分析工作亦已完成。有刻度之檢知管，利用管上的刻度讀出濃度；沒有刻度的檢知管，購買時檢知管盒內附有一張濃度表，用來比對判讀濃度。使用濃度表時，令檢知管內含固體化學試藥的部分之二端與濃度長濃度線最大與最小重疊後，以變色長度在濃度上對應讀出其濃度，如圖 7-5 所示。

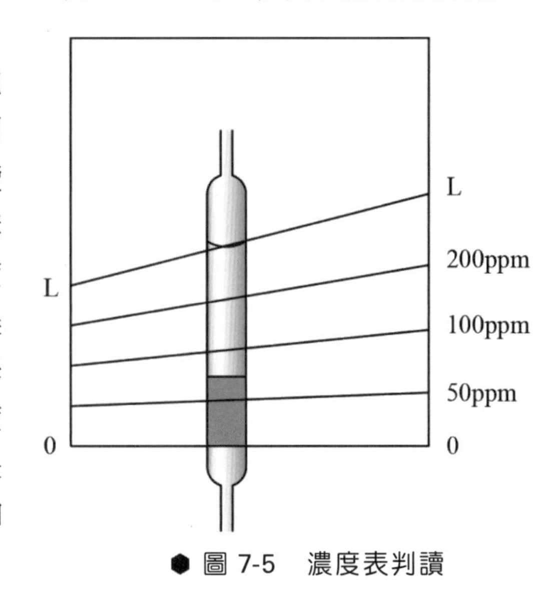

圖 7-5 濃度表判讀

2. 注意事項

以檢知管法實施作業環境監測應注意下列事項：

(1) 檢知管與檢知器應使用同一廠牌組合。

(2) 同一廠牌檢知管有測定涵蓋容許濃度範圍之 B 型低濃度監測用檢知管及涵蓋爆炸下限(Lower Explosion Limit, LEL)濃度範圍之 A 型高濃度監測用檢知管。測定人員應視作業環境之濃度及監測目的選用適當濃度範圍之檢知管。

(3) 判斷檢知管時，濃度範圍可能遇到下列數種變色情形，如圖 7-6 所示，其判斷位置以箭頭指示位置為準。另判讀應於照明良好的場所垂直正視箭頭指示位置讀出濃度。

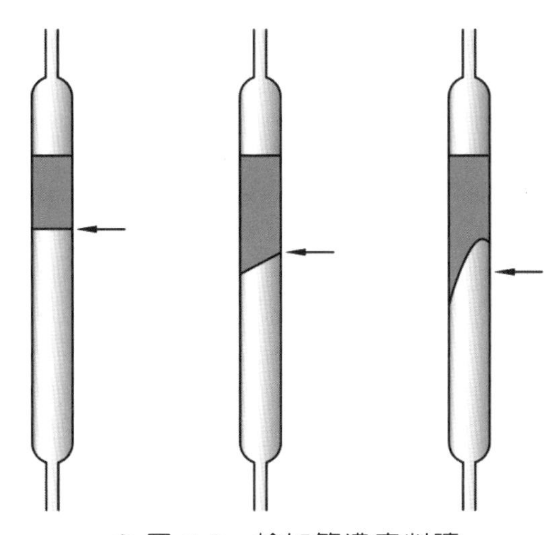

圖 7-6 檢知管濃度判讀

(4) 測定後之檢知管如欲暫時保留參考，應將檢知管二端用蠟密封。

(5) 一支檢知管只能使用一次，不能用相反方向再測一次。

(6) 經認可之檢知管誤差在±25%以內，其誤差大且易受同時存在之其他污染物干擾，因此使用前應詳讀說明正確使用之，以免產生錯誤而危險的結果。

(7) 為消除干擾物質影響而有雙層式檢知管，即有前後二支檢知管，前支檢知管為消除干擾物質，靠近檢知器的後支檢知管方為濃度測定用，如圖 7-7 所示。

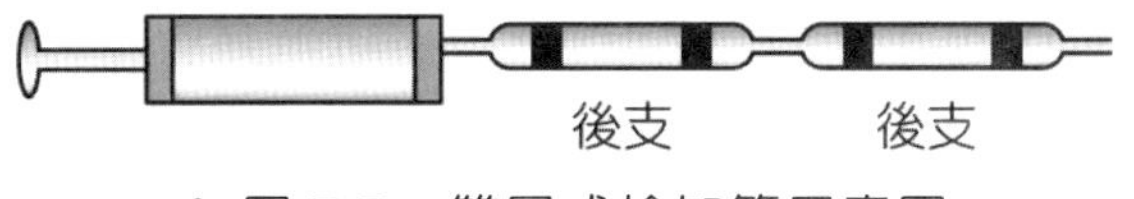

圖 7-7 雙層式檢知管示意圖

(8) 檢知管變色反應屬非均勻相動力之複雜關係，在製造過程與儲存時應有品質管制工作，使用者必須經常且週期性的校準。

(9) 檢知管應存放於陰涼處所（如冰箱冷藏），勿受熱或陽光直接照射。使用時應注意檢知管是否仍在有效期限內。

(10) 使用檢知管法測定儲槽、船艙、坑井……等密閉空間之有害物濃度或缺氧環境，測定人員應避免進入內部，以長度 10 公尺的延長管，由外而內，由上而下測定。

7.2.3 校準及保養

1. 檢知器採氣體積校準

檢知管之採氣體積校準通常採用皂泡計，其裝置情形如圖 7-8 所示，檢知器之採樣體積誤差應在±5%以內，流量校準為量測皂泡在滴定管內走 100 毫升所需時間換算流量，流量校準時必須於檢知器及橡管中間應加入檢知管（參考圖 7-8）。

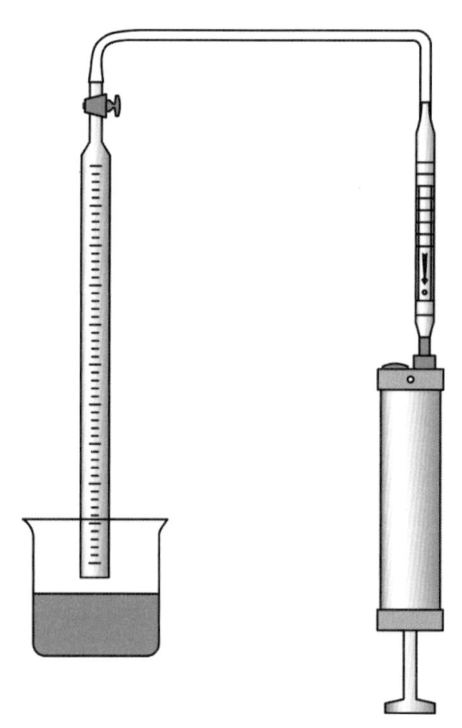

● 圖 7-8　以皂泡計實施檢知器採樣體積及流量校準

2. 保　養

(1) 簡易漏氣試驗(rapid leakage test)

通常每次監測時，即應做漏氣試驗確認測定時無漏氣，即所有空氣試料均流經檢知管而進入檢知器內。

活塞式檢知器以兩端仍為玻璃熔封之檢知管插於檢知器上，把手柄拉至底轉 90 度，等候三分鐘，把手柄再轉 90 度，如果軸及手柄被真空吸回至零位置，顯示氣密良好，沒有漏氣現象；如無法吸回至零位置時，即有漏氣現象，應更換檢知管插入口之橡膠管，及更換活塞上的矽質潤滑油脂。

風箱式檢知器以兩端仍為玻璃熔封之檢知管插於檢知器上，將檢知器內之空氣盡量壓出後，鬆開十分鐘後檢知器仍未完全膨脹開，表示其氣密良好無漏氣現象，若有漏氣現象應加以清洗或更換膜片凡而。

(2) 分解保養

活塞式檢知器採樣 100 次後，應加以分解清洗保養及更換活塞上之矽質潤滑油脂。

7.3 可燃性氣體與蒸氣監測器

許多作業環境可能出現可燃性氣體或蒸氣在危險的濃度範圍內。有些情況下危險可以完全消除，但有些情況無法避免，因此必須測定空氣中可燃性氣體與蒸氣濃度判定是否會構成爆炸危害，此時應使用可燃性氣體與蒸氣監測器或稱為測爆器(combustible gas indicators or explosimeters)。

7.3.1 原　理

測爆器之廠牌很多，外觀或操作方式或許不同，但均利用可燃性氣體或蒸氣燃燒所釋放之燃燒熱量導致改變電阻電流而據以測定。多數以電池操作之惠斯登電橋，其系統圖如 7-9。

空氣試料進入儀器內有高電阻細絲之燃燒室，而發生燃燒作用，所產生的熱能升高細絲電阻的溫度及電阻，而增加惠斯登電橋之電流，於儀器之儀表上指示爆炸下限之百分率(percent of lower explosion limit)。

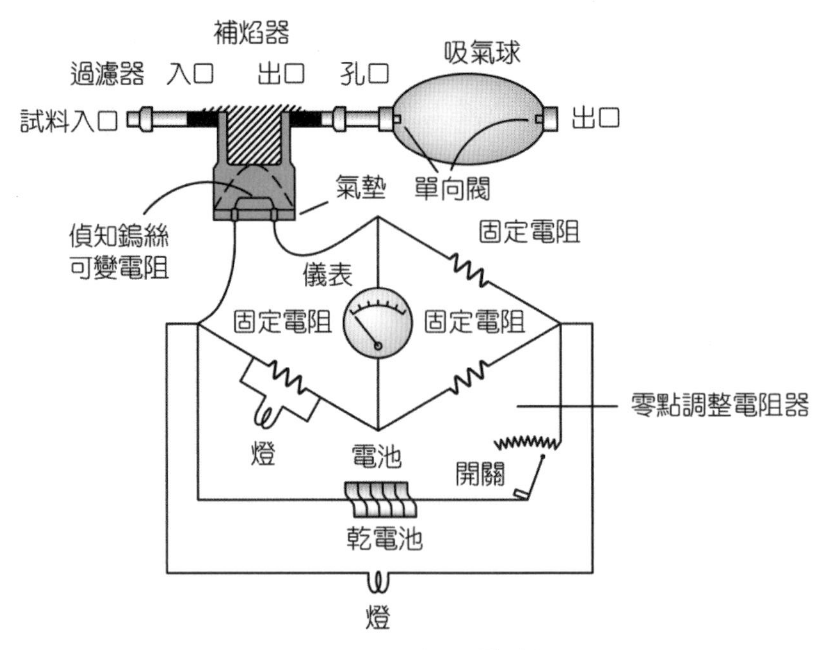

● 圖 7-9　測爆器構造概要

7.3.2　操作及注意事項

使用測爆器前應詳細閱讀製造商所提供的說明書，通常所有的測爆器實施測定前需有一段數分鐘的時間予以暖機(warm up period)，使電池充分加熱細絲電阻器。測爆器有一長度 1 公尺左右的採樣管，尾端為一金屬的探測針(probe)。將探測針置於測定點，經數秒後在儀器之儀表上讀取其回應(response)。

使用測爆器應瞭解儀器指示所代表的意義，以甲烷為例，爆炸下限為 5.0%，爆炸上限(upper explosion limit; UEL)為 14.0%，儀器指示各種不同狀況如圖 7-10 說明，若指針指在 30%LEL 的位置，則其濃度為 $5.0\% \times 30\% = 1.5\% = 1.5 \times 10^4$ ppm。

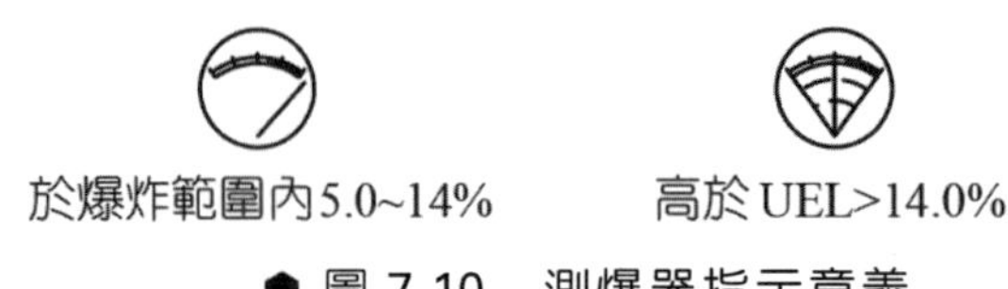

● 圖 7-10　測爆器指示意義

若儀器及電池均可正常操作而讀數為零時，代表無可燃性氣體或蒸氣，亦可能暗示濃度太高致超過爆炸上限，因沒有足夠的氧促成燃燒。指針指示為零時，若將探測針取出移至空氣新鮮處，要是發現指針經過 LEL 進入爆炸範圍，然後再回到零點，則這種現象代表濃度太高，超過爆炸上限。

空氣中不含有可燃性氣體或蒸氣，或不含有氧氣，但含有氬氣時，指針將有指示值。其原因是氬氣之熱傳導度較空氣之熱傳導度為低。當儀器以新鮮空氣歸零，空氣被氬氣替代時，細絲電阻之熱散失較少，溫度升高及電阻增加而有較大之讀數值。空氣試料經延長管進入測爆器有一段時間，因此監測時間應大於早先之監測，結果才有意義。

7.4 氧氣監測器

在可能缺氧或產生氧氣的作用環境，必須實施作業環境空氣中氧氣含量測定，以避免缺氧環境造成缺氧危害，或氧氣含量太高造成乙炔、氫氣等爆炸災害。在礦坑、人孔內、隧道或其他侷限空間(confined spaces)等均有可能造成缺氧環境，必需於作業前實施氧氣濃度監測。儀器有直讀式或間接讀出式，直讀式氧氣監測器具有輕便、容易操作，立即顯示監測結果等優點。

7.4.1 原　理

氧氣監測器之原理為電量原理、比色分析或順磁分析，茲就後者列述如下：

氧氣具有順磁性，能被磁場所吸引；當氧被加熱時失去順磁性變成反磁性，即被磁場所排斥，按此原理空氣試料流經電流加熱之電阻器上之氧分析電池，氧被吸引入磁場，當被加熱時失去順磁性，電阻器冷卻效果正比於空氣試料中氧氣含量。

7.4.2 操作及注意事項

在可能為缺氧環境之處進行氧氣濃度監測，執行人員應事先考慮本身安全問題，本身應於安全場所以儀器之延長管實施密閉空間內之環境監測，如有必要進入密閉空間內實施作業環境測定時，應戴用輸氣管面罩或空氣呼吸器，以防止意外事故發生。使用氧氣監測器時應注意其感知器部分(sensor)是否仍在有效期限內，氧氣監測器使用前均應以新鮮空氣校準。

7.4.3 校　準

氧氣監測器每次使用前均應於新鮮空氣處所，以新鮮空氣校準儀器指示值至21%後，方可使用。

7.5 一氧化碳監測器

一氧化碳為無色無味、無臭之氣體，空氣中濃度達 3,000ppm 以上之暴露會急性中毒致死。因其不具有警告之物理性質，而且在許多作業場所如停車場、車輛修配場、燃燒作業場所、鼓風爐、引擎排氣等均有一氧化碳的存在，故為預防勞工中毒，作業場所一氧化碳監測極為重要。

7.5.1 原　理

目前市面上有多種直讀式一氧化碳測定器，部分定器的原理為催化燃燒。吸引空氣試料進入測定器，一氧化碳與催化劑接觸而被氧化形成二氧化碳，氧化過程中所產生的熱量正比於一氧化碳的含量，測定器以連接於惠斯登電橋的電阻器為熱調節器，偵測一氧化碳濃度。

EXERCISE 習題

1. 請說明檢知管之監測原理？可否重覆使用？誤差範圍如何？應如何保存？
2. 試述直讀式儀器量測有何優缺點？又目前法規以直讀式儀器監測之物質有哪些？
3. 以檢知管法實施作業環境監測應注意哪些事項？
4. 試說明測爆器儀器指示所代表的意義。
5. 試述直讀式儀器使用之時機（或場所）？
6. 試述檢知管之操作要領。
7. 造成檢知管監測結果誤差之主要原因？
8. 試述常用測爆器(Combustible gas monitor)之原理及其使用時機，並說明使用時應注意之事項。

心之靈糧

★ 我思（吃、睡、喝、做、愛）故我在－專注投入是成功關鍵。

★ 雖然我是 B 咖，但是我努力，B 咖也有春天，B 咖也有夢想。

★ 有一天麻雀也會變鳳凰。

附錄一 APPENDIX 模擬選擇題

( ) 1. 以 cassette 進行總粉塵採樣時，濾紙面應 ①朝上 ②朝下 ③不定 ④皆可。

( ) 2. 可呼吸性氣膠之區域採樣一般以何種採樣器較常見？ ①旋風分離器 ②衝擊分離器 ③衝擊採樣瓶 ④水平析出器。

( ) 3. 置有 pad 與濾紙之 cassette 與 cyclone 銜接時濾紙面朝何處？ ①朝上 ②朝下 ③不定 ④皆可。

( ) 4. 下列何者不是 GC 儀器常用的偵測器 ①火燄離子化偵測器 ②紫外光－可見光譜儀 ③電子捕捉偵測器 ④熱導電偵測器。

( ) 5. 粉塵危害標準所稱特定粉塵作業場所，應每 ①三個月 ②六個月 ③一年 ④三年 或作業條件改變時測定粉塵濃度一次以上。

( ) 6. 作業環境中之石綿的測定記錄保存期限是 ①三年 ②三十年 ③五年 ④六個月。

( ) 7. 作業環境中之氯氣的採樣是使用 ①矽膠管 ②活性炭管 ③水性吸收劑 ④捕集袋 較佳。

( ) 8. 鉛中毒預防規則所稱鉛作業之室內作業場所應每 ①三個月 ②六個月 ③一年 ④三年 測定鉛濃度一次以上。

( ) 9. 對勞工工作日量平均暴露量評估，以採樣整個班次全程 ①2 ②4 ③6 ④8 小時為原則。

( ) 10. 工作時段採樣之樣品數及時間的分配以 ①全程單一樣品採樣 ②全程連續多樣品採樣 ③部分時間連續多樣品採樣 ④瞬間多樣品採樣為最多。

( ) 11. 下列標準何者的準確性最高 ①浮子流量計 ②皂泡計 ③乾式體積計 ④計數器。

( ) 12. 進入儲槽作業前需確認氧氣含量在 ①13% ②16% ③18% ④20% 以上，始可進入作業。

( ) 13. 某勞工於一工作日中有三小時暴露於丙酮濃度 80ppm 的作業環境中，其餘時間沒有暴露，則其丙酮暴露的 TWA： ①30ppm ②50ppm ③80ppm ④100ppm。

( ) 14. 採集粉塵所需要的採樣介質為 ①活性碳 ②矽膠 ③濾紙 ④分子篩。

(　) 15. 能穿過人體氣管而到氣體交換區域的粉塵稱之為　①可吸入性粉塵　②胸腔性粉塵　③可呼吸性粉塵　④全塵量。

(　) 16. 一般採樣空白樣品約樣品數之　①10%　②20%　③30%　④40%。

(　) 17. 採集異丙醇，流量 50c.c./min 活性碳對其最大採樣量為 3L，欲連續採樣 8 小時，則需活性碳管　①8 支　②20 支　③30 支　④25 支。

(　) 18. 採樣若要能真正代表勞工真正之暴露應作　①個人採樣　②區域採樣　③瞬時採樣。

(　) 19. 一氧化碳是屬於　①蒸氣　②氣體　③燻煙　④粉塵。

(　) 20. LD_{50} 稱為　①半致死濃度　②半致死劑量　③半衰期　④減半因子。

(　) 21. 硫酸在空氣中產生之狀態一般為　①氣體　②蒸氣　③霧滴　④燻煙。

(　) 22. 下列何者易經由皮膚而被吸收　①甲苯　②鉛粉塵　③石綿纖維　④銅燻煙。

(　) 23. 有害化學物質進入人體最主要的途徑為　①攝入　②呼吸　③吸收　④注射。

(　) 24. 可燃性氣體偵測器之原理　①氣體燃燒所產生的燃燒熱，改變電阻電流　②氣體與化學試藥發生變化的化學反應　③量測氣體的比熱傳導決定氣體或蒸氣濃度　④離子流強度的改變。

(　) 25. 金屬燻煙之採樣可用何種規格之濾紙　①直徑 37mm，孔徑 5mm，MCE 濾紙　②直徑 37mm，孔徑 0.8mm，MCE 濾紙　③直徑 37mm，孔徑 5mm，PVC 濾紙　④直徑 37mm，孔徑 0.8mm，PVC 濾紙。

(　) 26. 石綿採樣所用的濾紙為　①PVC　②MCE　③鐵弗龍　④濾紙。

(　) 27. 下列何者為一級標準的流量計　①皂泡計　②精密型浮子流量計　③定流量孔口流量計。

(　) 28. 採集甲醛蒸氣適合以何種吸附劑為介質　①活性碳　②矽膠　③分子篩。

(　) 29. 以 Dorr-Olivcr 尼龍旋風分離器採粉塵樣品時，流速應定在　①1.7　②1.9　③2.0　L/min。

(　) 30. 一般石綿採樣所用的濾紙直徑大小為　①25mm　②37mm　③47mm。

(　) 31 粉塵採樣時，所用的濾紙應面朝　①上　②下　③上下均可。

(　) 32. 以活性碳為吸附介質時，可以溶劑　①H_2O　②CS_2　③丙酮　為脫附劑。

( ) 33. 能穿過人體氣管而到氣體交換區域者為 ①胸腔性氣膠 ②可呼吸性氣膠 ③可吸入性氣膠。

( ) 34. 採集金屬燻煙所用濾紙為 ①PVC ②MCE ③鐵弗龍 濾紙。

( ) 35. 下列何種固體吸附極具吸濕性，採樣時常加接一乾燥劑以除去水氣 ①活性碳 ②矽膠 ③分子篩。

( ) 36. 石綿採樣所接的延長管通常為 ①1mm ②5mm ③50mm。

( ) 37. 流量校正誤差應在何範圍內 ①5% ②10% ③3%。

( ) 38. 石綿採樣若接一延長管，則使用濾紙匣為 ①開口式 ②閉口式 ③皆可。

( ) 39. 纖維濾紙可以測 ①酸霧 ②石綿 ③全塵量。

( ) 40. 採樣時每組應做幾個空白試驗 ①1 個 ②2 個 ③不需要。

( ) 41. 下列何種樣品不宜以郵寄方式運送 ①固體吸附管樣品 ②液體吸收液樣品 ③粉塵樣品。

( ) 42. 石綿採樣流量最好不超過 ①2 L/min ②2.5 L/min ③5 L/min。

( ) 43. 衝擊採樣主要是利用 ①重力 ②靜電力 ③慣性力 來捕集氣膠。

( ) 44. 可呼吸性粉塵採樣準則典線的特性，為在氣動粒徑為 ①3μm ②4μm ③5μm 大小的粒狀污染物，約有 50%全塵量可達氣體交換區。

( ) 45. 哪一種方式採樣較好 ①全程單一採樣 ②全程多樣品採樣 ③部分時間多樣品採樣。

( ) 46. 採集金屬燻煙所用的濾紙為 ①鐵氟龍 ②混合纖維素酯 ③聚氯乙烯 ④玻璃纖維。

( ) 47. 過濾捕集法通常採用的纖維濾紙為 ①PVC 濾紙 ②玻璃濾紙 ③混合濾紙 ④鐵弗龍濾紙。

( ) 48. 捕集石綿所用的濾紙為 ①纖維素纖維 ②玻璃纖維 ③纖維素酯薄膜 ④聚氯乙烯。

( ) 49. 下列何者不屬於薄膜濾紙之特性 ①具多孔性 ②為有機膠狀物 ③含灰分高 ④薄片厚約 150μ。

( ) 50. 下列何者不是石棉粉塵測定之儀器 ①X 光繞射儀 ②位相差顯微鏡 ③ICP。

( ) 51. 原子吸收光譜儀的光源為 ①鎢絲燈 ②鹵素燈 ③氘燈 ④中空陰極管。

( ) 52. 用來分析作業環境中鉛污染的分析儀器為 ①GC ②LC ③IR ④AAS。

(　) 53. 普通礦物粉塵之濃度為　①ppm　②個/cm^3　③mg/m^3　④M。

(　) 54. 採集可吸入粉塵常用的濾紙孔徑大小為　①25μ　②個/cm^3　③mg/m^3　④M。

(　) 55. GC 偵測器中何者較適合分析含鹵素之碳氫化合物　①FID　②TCD　③ECD　④PID。

(　) 56. 以 GC 分析某物（以沸點：120°C）時，其注射口溫度通常設為　①120°C　②150°C　③170°C　④270°C。

(　) 57. 旋風式濾紙固定器之旋風器是利用　①重力　②慣性力　③靜電吸引力　來分離非可吸粉塵粒子。

(　) 58. 粒狀物的捕集法中何者最常用　①吹附式　②溫差式　③滌洗式　④過濾式。

(　) 59. 全塵量採樣濾匣的材質為　①鐵氟龍　②聚苯乙烯　③聚氯乙烯　④聚丙烯。

(　) 60. 石英是屬於　①金屬性　②含游離二氧化矽　③含矽酸鹽　④粉塵。

(　) 61. 可吸入性粉塵粒子大小為　①50~10μm　②10~5μm　③5~2μm　④2μm　左右。

(　) 62. 風箱式檢知器採氣一次空氣吸引量為　①50mL　②100mL　③25mL　④1L。

(　) 63. 空氣中一氧化碳暴露濃度高於　①50　②1,000　③3,000　④500 ppm 以上時會急性中毒致死。

(　) 64. 測定可燃性氣體或蒸氣的測爆器原理是利用　①燃燒熱量　②吸光度變化　③電化學反應　導致改變電阻電流而據以測定。

(　) 65. 採樣分析時，每組樣品至少做二個空白試驗，或以樣品數的　①5%　②10%　③25%　④20%　數目做空白試驗。

模擬選擇題（答案）

選擇題：

1. (2)　2. (1)　3. (2)　4. (2)　5. (2)　6. (2)　7. (3)　8. (3)　9. (4)　10. (2)
11. (2)　12. (3)　13. (1)　14. (3)　15. (3)　16. (1)　17. (1)　18. (1)　19. (2)　20. (2)
21. (3)　22. (1)　23. (2)　24. (1)　25. (2)　26. (2)　27. (1)　28. (3)　29. (1)　30. (1)
31. (2)　32. (2)　33. (2)　34. (2)　35. (2)　36. (3)　37. (1)　38. (1)　39. (3)　40. (2)
41. (2)　42. (2)　43. (3)　44. (2)　45. (2)　46. (2)　47. (2)　48. (3)　49. (3)　50. (3)
51. (4)　52. (4)　53. (3)　54. (3)　55. (3)　56. (3)　57. (2)　58. (4)　59. (2)　60. (2)
61. (2)　62. (2)　63. (3)　64. (1)　65. (2)

附錄二 108 年 3 月甲級技能檢定學科測試試題

APPENDIX

108 年 3 月化學性因子作業環境監測甲級技術士技能檢定學科測試試題

本試卷有選擇題 80 題（單選選擇題 60 題，每題 1 分；複選選擇題 20 題，每題 2 分），測試時間為 100 分鐘，請在答案卡上作答，答錯不倒扣；未作答者，不予計分。

單選題：

( ) 1. 使用銀膜濾紙為採集介質之有害物為？ ①酚 ②氨 ③汞 ④氯。

( ) 2. 有關粉塵容許濃度之敘述，下列何者錯誤？ ①未滿 10%游離二氧化矽之礦物性粉塵，其 SiO_2 含量愈多，容許濃度值愈低 ②石綿粉塵係指纖維長度在五微米以上且長寬比在三以上之粉塵 ③含游離二氧化矽 10%以上之礦物性粉塵，SiO_2 含量愈大，容許濃度愈低 ④厭惡性粉塵包括可呼吸性粉塵及總粉塵。

( ) 3. 受雇人於職務上所完成之著作，如果沒有特別以契約約定，其著作人為下列何者？ ①由僱用人指定之自然人或法人 ②受雇人 ③僱用公司或機關法人代表 ④僱用人。

( ) 4. 何者對飲用瓶裝水之形容正確：A.飲用後之寶特瓶容器為地球增加了一個廢棄物；B.運送瓶裝水時卡車會排放空氣汙染物；C.瓶裝水一定比經煮沸之自來水安全衛生？ ①AC ②AB ③BC ④ABC。

( ) 5. 下列何種儀器可被用來定量結晶型游離二氧化矽？ ①偏光顯微鏡 ②霍氏紅外線光譜儀 ③高效率液相層析儀 ④原子吸收光譜儀。

( ) 6. 有機物於固定濃度下，採樣破出時間與何者關係正確？ ①與溫度成正比 ②與濕度成正比 ③與採樣流率成反比 ④與現場風速成反比。

( ) 7. 層析管柱的分配係數係指待測物在靜相對動相的何種比值？ ①親和力 ②濃度 ③極性 ④滯留時間。

( ) 8. 雇主對於草袋、麻袋、塑膠袋等袋裝容器構成之積垛，高度在二公尺以上者，應規定其積垛與積垛間下端之距離不得小於多少公分？ ①25 ②20 ③15 ④10。

( ) 9. 採樣設備流率之校準範圍為 20~90 ml/min，則該設備不適於採集下列何種有害物？ ①氫氟酸 ②苯 ③二甲苯 ④四氯化碳

( ) 10. 下列何者屬於分光光度儀分析時儀器偏差的來源之一？ ①光源系統偏移 ②呈色反應之穩定度 ③物質特性 ④濃度。

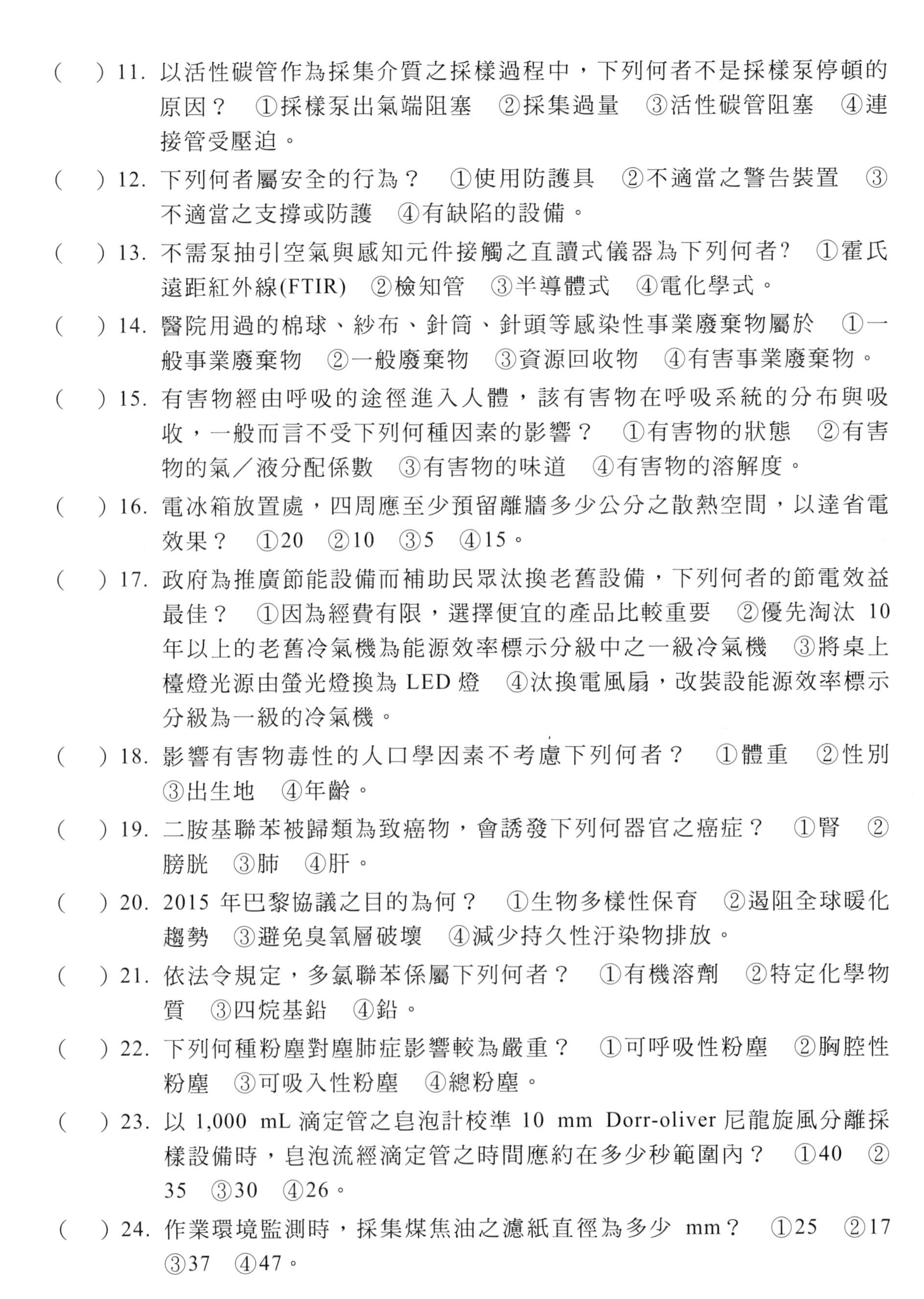

( ) 11. 以活性碳管作為採集介質之採樣過程中，下列何者不是採樣泵停頓的原因？ ①採樣泵出氣端阻塞 ②採集過量 ③活性碳管阻塞 ④連接管受壓迫。

( ) 12. 下列何者屬安全的行為？ ①使用防護具 ②不適當之警告裝置 ③不適當之支撐或防護 ④有缺陷的設備。

( ) 13. 不需泵抽引空氣與感知元件接觸之直讀式儀器為下列何者? ①霍氏遠距紅外線(FTIR) ②檢知管 ③半導體式 ④電化學式。

( ) 14. 醫院用過的棉球、紗布、針筒、針頭等感染性事業廢棄物屬於 ①一般事業廢棄物 ②一般廢棄物 ③資源回收物 ④有害事業廢棄物。

( ) 15. 有害物經由呼吸的途徑進入人體，該有害物在呼吸系統的分布與吸收，一般而言不受下列何種因素的影響？ ①有害物的狀態 ②有害物的氣／液分配係數 ③有害物的味道 ④有害物的溶解度。

( ) 16. 電冰箱放置處，四周應至少預留離牆多少公分之散熱空間，以達省電效果？ ①20 ②10 ③5 ④15。

( ) 17. 政府為推廣節能設備而補助民眾汰換老舊設備，下列何者的節電效益最佳？ ①因為經費有限，選擇便宜的產品比較重要 ②優先淘汰 10 年以上的老舊冷氣機為能源效率標示分級中之一級冷氣機 ③將桌上檯燈光源由螢光燈換為 LED 燈 ④汰換電風扇，改裝設能源效率標示分級為一級的冷氣機。

( ) 18. 影響有害物毒性的人口學因素不考慮下列何者？ ①體重 ②性別 ③出生地 ④年齡。

( ) 19. 二胺基聯苯被歸類為致癌物，會誘發下列何器官之癌症？ ①腎 ②膀胱 ③肺 ④肝。

( ) 20. 2015 年巴黎協議之目的為何？ ①生物多樣性保育 ②遏阻全球暖化趨勢 ③避免臭氧層破壞 ④減少持久性汙染物排放。

( ) 21. 依法令規定，多氯聯苯係屬下列何者？ ①有機溶劑 ②特定化學物質 ③四烷基鉛 ④鉛。

( ) 22. 下列何種粉塵對塵肺症影響較為嚴重？ ①可呼吸性粉塵 ②胸腔性粉塵 ③可吸入性粉塵 ④總粉塵。

( ) 23. 以 1,000 mL 滴定管之皂泡計校準 10 mm Dorr-oliver 尼龍旋風分離採樣設備時，皂泡流經滴定管之時間應約在多少秒範圍內？ ①40 ②35 ③30 ④26。

( ) 24. 作業環境監測時，採集煤焦油之濾紙直徑為多少 mm？ ①25 ②17 ③37 ④47。

(　) 25. 與公務機關接洽業務時，下列敘述何者「正確」？ ①沒有要求公務員違背職務，花錢疏通而已，並不違法 ②與公務員同謀之共犯，即便不具公務員身分，仍會依據貪汙治罪條例處刑 ③唆使公務機關承辦採購人員配合浮報價額，僅屬偽造文書行為 ④口頭允諾行賄金額但還沒送錢，尚不構成犯罪。

(　) 26. 下列何物質屬可燃性氣體亦屬毒性氣體？ ①天然氣 ②氟氣 ③氯氣 ④氨氣。

(　) 27. 行（受）賄罪成立要素之一為具有對價關係，而作為公務員職務之對價有「賄賂」或「不正利益」，下列何者「不」屬於「賄賂」或「不正利益」？ ①招待吃米其林等級之高檔大餐 ②送百貨公司大額禮券 ③免除債務 ④開工邀請公務員觀禮。

(　) 28. 紅外線光譜儀中所使用的樣本槽(cell)材料的材質多為下列何者？ ①氯化鈉 ②石英 ③氧化鋁 ④玻璃。

(　) 29. 雇主對於建築物之工作室，其樓地板至天花板淨高應在多少公尺以上？ ①2.5 ②2.1 ③3.0 ④2.8。

(　) 30. 事業單位違反下列何項，得不經通知限期改善逕予處分？ ①未訂定聽力保護計畫 ②使用未經檢查合格之危害性機械 ③不依規定施實健康檢查 ④未提供勞工必要之安全衛生教育訓練。

(　) 31. 為評估個人暴露何種採樣方式最佳？ ①全程連續多樣本採樣 ②全程單一樣本採樣 ③短時間隨機多樣本採樣 ④部分時間多樣本採樣。

(　) 32. 八小時單一樣本採樣過程發現採樣流量率超過最大採樣流量率時，其樣本分析結果應如何評估？ ①暴露量不變 ②判定樣本失效 ③樣本前後段之分析結果加總評估 ④暴露量減半視之。

(　) 33. 丙酮之爆炸下限為 2.5%，其時量平均容許濃度為 750 ppm，今以可燃性氣體監測器監測丙酮濃度，指針指在 5%，試問其為時量平均容許濃度之幾倍？ ①1.67 ②0.67 ③0.33 ④6.67。

(　) 34. 下列何者可為捕集可呼吸性粉塵之採樣頭？ ①三段式濾紙匣 ②附吸收液之滌氣瓶 ③二段式濾紙匣 ④符合規格之分粒裝置加濾紙匣。

(　) 35. 會造成貧血、齒齦著色、腹痛、腕垂等症狀者，下列何種中毒最可能？ ①鉛中毒 ②汞中毒 ③錳中毒 ④鉻中毒。

(　) 36. 氰化氫之採集濾紙須裱敷下列何種化學物質？ ①硝酸鉛 ②碳酸鈉 ③溴化氫 ④醋酸汞。

(　) 37. 預採樣 8 個樣本，則現場空白樣本應有？ ①2 ②1 ③3 ④4 個。

(　) 38. 粉塵等之作業環境監測紀錄，依法令規定應保存多少年以上？ ①10 ②3 ③5 ④7。

(　) 39. 溫室氣體排放量：指自排放源排出之各種溫室氣體量乘以各該物質溫暖化潛勢所得之合計量，以 ①甲烷(CH_4) ②六氟化硫(SF_6) ③二氧化碳(CO_2) ④氧化亞氮(NO_2) 當量表示。

(　) 40. 對於核計勞工所得有無低於基本工資，下列敘述何者有誤？ ①不計入競賽獎金 ②不計入休假日出勤加給之工資 ③僅計入在正常工時內之報酬 ④應計入加班費。

(　) 41. 正常作業以外之作業，其作業期間不超過 3 個月，且 1 年內不再重複者為 ①作業時間短暫 ②作業期間短暫 ③臨時性作業 ④特殊作業每日。

(　) 42. 下列何者不是溫室效應所產生的現象？ ①氣溫升高而使海平面上升 ②造成全球氣候變遷，導致不正常暴雨、乾旱現象 ③北極熊棲地減少 ④造成臭氧層產生破洞。

(　) 43. 下列何種有機溶劑與正己烷共同使用時，會使多發性神經病變之危害加劇？ ①甲苯 ②鉛 ③丁酮 ④二硫化碳。

(　) 44. 以下何者不是發生電氣火災的主要原因？ ①電器接點短路 ②電氣火花電弧 ③電纜線置於地上 ④漏電。

(　) 45. 流行病學實證研究顯示，輪班、夜間及長時間工作與心肌梗塞、高血壓、睡眠障礙、憂鬱等的罹病風險之相關性一般為何？ ①可正可負 ②負 ③正 ④無。

(　) 46. 何者具法規強制性？ ①閾限值 ②恕限值 ③容許濃度 ④推薦值。

(　) 47. 下列何作業非屬特別危害健康作業？ ①游離輻射作業 ②異常氣壓作業 ③苯之處置作業 ④缺氧危險作業。

(　) 48. 樣本包裝時，樣本必須標註下列何項？ ①樣本編號 ②作業場所 ③採樣介質種類 ④採樣流率。

(　) 49. 同時分析苯、甲苯、二甲苯最適合使用下列何種儀器？ ①火燄式原子吸收光譜儀 ②氣相層析儀附火燄光度偵檢器 ③石墨爐法原子吸收光譜儀 ④氣相層析儀附火燄游離偵檢器。

(　) 50. 下列何者為節能標章？

①　②　③　④

(　) 51. 下列何者行為非屬個人資料保護法所稱之國際傳輸？ ①將個人資料傳送給美國的分公司 ②將個人資料傳送給經濟部 ③將個人資料傳送給日本的委託公司 ④將個人資料傳送給法國的人事部門。

(　) 52. 事業單位勞動場所發生下列何種職業災害，雇主應於 8 小時內報告勞動檢查機構？ ①一個勞工受傷，不需住院治療 ②機械故障 ③死亡 ④2 個勞工受傷，不需住院治療。

(　) 53. 評估勞工鉛暴露是否進入人體，可使用下列何種方法？ ①活性碳管 ②檢知管 ③血中鉛 ④採樣袋。

(　) 54. 下列蒸氣與氣體，依其對人體的作用分類，何者有誤? ①氯氣－肺組織刺激性物質 ②一氧化碳－化學性窒息性物質 ③甲苯－單純性窒息性物質 ④苯－血液之毒物。

(　) 55. 有關半導體監測器的敘述，下列何者為非？ ①低靈敏度但線性佳 ②感測元件需加熱至攝氏數百度才可有效發揮功能 ③外界濕度會影響監測值 ④外界溫度會影響監測值。

(　) 56. 下列何者不受職業安全衛生法保護？ ①雇主 ②軍醫院之勞工 ③衛生所之醫師 ④工業衛生實驗室之分析員。

(　) 57. 正已烷、甲苯、二甲苯、二氯甲烷混存之作業環境，於採樣時需使用幾種採集介質？ ①1 ②3 ③2 ④4。

(　) 58. 下列何種狀況下作業有害物較易由皮膚進入人體？ ①低濕 ②高溫 ③常溫 ④低溫。

(　) 59. 下列何種職業災害，雇主不需於 8 小時內通報勞動檢查機構？ ①工作場所爆炸五人受傷失能 ②勞工於上班途中車禍死亡 ③勞工一人發生職業傷害需住院 ④工作場所勞工一人中毒死亡。

(　) 60. 計數型採樣裝置 Kv 因子為 0.47 mL/count，$\triangle n=50000$，採樣時之溫度為 20℃，一大氣壓時，則在 NTP 下採樣之空氣體積為多少公升？ ①25.2 ②23.1 ③23.9 ④23.5。

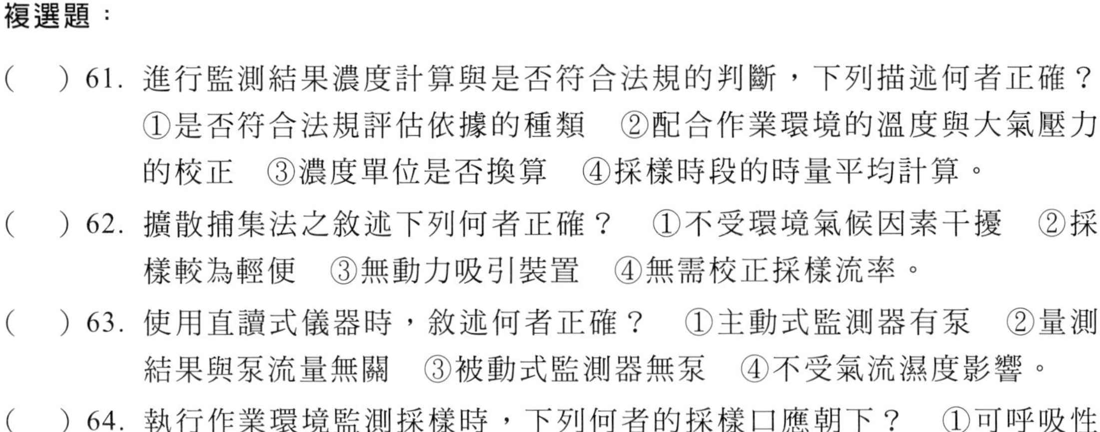

複選題：

( ) 61. 進行監測結果濃度計算與是否符合法規的判斷，下列描述何者正確？ ①是否符合法規評估依據的種類 ②配合作業環境的溫度與大氣壓力的校正 ③濃度單位是否換算 ④採樣時段的時量平均計算。

( ) 62. 擴散捕集法之敘述下列何者正確？ ①不受環境氣候因素干擾 ②採樣較為輕便 ③無動力吸引裝置 ④無需校正採樣流率。

( ) 63. 使用直讀式儀器時，敘述何者正確？ ①主動式監測器有泵 ②量測結果與泵流量無關 ③被動式監測器無泵 ④不受氣流濕度影響。

( ) 64. 執行作業環境監測採樣時，下列何者的採樣口應朝下？ ①可呼吸性粉塵 ②總粉塵 ③石綿 ④金屬物質。

( ) 65. 勞工暴露於甲苯及 1-丁醇之作業環境中，時量平均濃度皆為 60 ppm，有關勞工的暴露評估何者正確（PEL-TWA 皆為 100 ppm）？ ①只須考慮獨立效應 ②須考慮相加效應 ③二物質之暴露濃度與容許濃度比值之和大於 1 ④二物質之暴露濃度與容許濃度比值之和小於 1。

( ) 66. 在有缺氧之虞的作業場所，何者為預防缺氧事故的正確措施？ ①檢點進出作業場所的人員 ②以純氧進行換氣，維持空氣氧氣濃度＞18% ③作業前監測氧氣濃度 ④作業前檢點呼吸防護具及安全帶等。

( ) 67. 關於工業衛生的「生物偵測方法」，下列的敘述何者正確？ ①需要有適當的生物檢體及精準的化學分析方法 ②檢體中的生物指標能反映暴露之有害物的特異性(specificity) ③為暴露有害物的醫事檢驗 ④為有害物暴露預防所需要的偵測方法之一。

( ) 68. 對於執行作業環境監測時採樣介質的選擇，下列描述何者正確？ ①鉛是使用混合纖維樹脂(MCE)濾紙 ②二甲苯是使用矽膠管 ③甲苯是使用活性碳管 ④苯是使用活性碳管。

( ) 69. 石綿樣本分析，下列敘述何者不正確？ ①以偏光顯微鏡定性 ②樣品要冷藏存放 ③以位相差顯微鏡定量 ④樣品要經恆溫恆濕處理。

( ) 70. 對氣體監測器校正，何者敘述正確？ ①應使用標準氣體校正 ②應實施全幅校正 ③應實施零值校正 ④校正結果與電力充足無關。

( ) 71. 進行粒狀物質作業環境監測時，下列何者是正確的採樣介質描述？ ①纖維樹脂濾紙的濾紙直徑一般是 37 mm ②重金屬的物質一般是以纖維樹脂濾紙 ③所有的粒狀物質都可以用玻璃濾紙 ④石綿採樣的濾紙直徑一般是 25 mm。

(　) 72. 下列何者具有甲級化學性因子作業環境監測人員資格？ ①領有化學性因子作業環境監測甲級技術士證 ②領有工業安全技師證書 ③領有甲級勞工衛生管理技術士證 ④領有工礦衛生技師證書。

(　) 73. 對硫化氫樣本分析，敘述何者正確？ ①以吸收液補集 ②以分光光譜儀定量 ③以原子吸收光譜儀定量 ④以 X 光繞射分析儀定性。

(　) 74. 矽肺症可能發生於？ ①噴砂 ②電鍍 ③壓鑄 ④耐火磚製造。

(　) 75. 有害物經由呼吸進入人體，該有害物在呼吸系統的分布和吸收，有可能受下列何種因素的影響？ ①有害物的氣／液分配係數 ②有害物的狀態 ③有害物的溶解度 ④有害物的味道。

(　) 76. 危害性化學品標示及通識規則對於危害圖式之規定，下列何者正確？ ①紅色框線 ②背景為白色 ③符號顏色不拘 ④形狀為直立四十五度角之正方形。

(　) 77. 臭氧和硫化氫共存時，其對暴露勞工之健康效應不屬下列何者？ ①拮抗 ②相加 ③相乘 ④獨立。

(　) 78. 製造、處置或使用下列何種化學物質之作業場所應每 6 個月監測其濃度 1 次以上？ ①鉻酸 ②鉛 ③氯化氫 ④硫酸。

(　) 79. 對於電化學式監測器，下列敘述何者正確？ ①產生氧化還原作用 ②測氧濃度範圍小 ③濃度與電流信號成正比 ④會反應產生電流。

(　) 80. 應使用矽膠管採樣之有害物為？ ①汽油 ②甲醇 ③苯 ④硫酸。

108 年 3 月化學性因子作業環境監測甲級技術士技能檢定學科測試試題（答案）

解答：

1.(4)	2.(1)	3.(2)	4.(2)	5.(2)	6.(3)	7.(2)	8.(4)	9.(1)	10.(1)
11.(2)	12.(1)	13.(1)	14.(4)	15.(3)	16.(2)	17.(2)	18.(3)	19.(2)	20.(2)
21.(2)	22.(1)	23.(2)	24.(3)	25.(2)	26.(4)	27.(4)	28.(1)	29.(2)	30.(2)
31.(1)	32.(2)	33.(1)	34.(4)	35.(1)	36.(2)	37.(1)	38.(1)	39.(3)	40.(4)
41.(3)	42.(4)	43.(3)	44.(3)	45.(3)	46.(3)	47.(4)	48.(1)	49.(4)	50.(4)
51.(2)	52.(3)	53.(3)	54.(3)	55.(1)	56.(1)	57.(1)	58.(2)	59.(2)	60.(3)
61.(1234)	62.(234)	63.(13)	64.(234)	65.(23)	66.(124)	67.(124)	68.(134)	69.(24)	70.(123)
71.(124)	72.(14)	73.(12)	74.(14)	75.(123)	76.(124)	77.(234)	78.(14)	79.(134)	80.(24)

詳解：

2. 含結晶型游離二氧化矽未滿一 0%之礦物性粉塵容許濃度與二氧化矽含量無關
6. 破出體積＝破出時間×流率
7. 分配係數：指一定溫度下，處於平衡狀態時，組分在固定相中的濃度和在流動相中的濃度之比
9. 適用於氣體採樣，氫氟酸是液體
23. 參考本書第 89 頁
24. 石綿是 25 mm，全是 37 mm
33. 濃度＝5%×2.5%＝12.5×0.0001＝1,250 ppm，為 750 ppm 的 1.67 倍
34. 三段式採樣適用於石綿採樣
37. 8×1÷10＝0.8≒1
49. 原子吸收光譜儀是用於重金屬定量分析，氣相層析儀光燄偵檢器才能得定性定量結果
55. 缺點為不精確
60. 0.47×50,000＝23500 毫升＝23.5 升，(273+20)÷(273+25)＝23.5/V，V＝23.9
68. 二甲苯也是使用活性碳館
69. 石綿樣品不需冷藏存放及恆溫處理

附錄三 108 年 11 月甲級技能檢定學科測試試題

APPENDIX

108 年 11 月化學性因子作業環境監測甲級技術士技能檢定學科測試試題

本試卷有選擇題 80 題（單選選擇題 60 題，每題 1 分；複選選擇題 20 題，每題 2 分），測試時間為 100 分鐘，請在答案卡上作答，答錯不倒扣；未作答者，不予計分。

單選題：

(　) 1. 危害性化學品標示之內容文字應為下列何者？ ①英文 ②中文、英文並列 ③僅能用中文 ④以中文為主，必要時補以作業勞工所能瞭解之外文。

(　) 2. 安全資料表「成分辨識資料」混合物中危害性化學品分類及圖式指的是下列何者？ ①混合後物品之危害分類 ②危害性化學品各別成分之危害分類 ③混合物中最少成分之危害分類 ④混合物中比例最大成分之危害分類。

(　) 3. 石綿採樣時，無須考量下列何因素？ ①紫外線 ②採樣設備靜電 ③環境溫度 ④總粉塵濃度。

(　) 4. 職業安全衛生法之立法意旨為保障工作者安全與健康，防止下列何種災害？ ①職業災害 ②交通災害 ③天然災害 ④公共災害。

(　) 5. 如右圖，你知道這是什麼標章嗎？ ①節能標章 ②環保標章 ③省水標章 ④奈米標章。

(　) 6. 與公務機關接洽業務時，下列敘述何者「正確」？ ①與公務員同謀之共犯，即便不具公務員身分，仍會依據貪污治罪條例處刑 ②沒有要求公務員違背職務，花錢疏通而已，並不違法 ③口頭允諾行賄金額但還沒送錢，尚不構成犯罪 ④唆使公務機關承辦採購人員配合浮報價額，僅屬偽造文書行為。

(　) 7. 下列何種採樣方式最適合用以評估勞工罹患塵肺症之風險？ ①可吸入性粉塵 ②可呼吸性粉塵 ③總粉塵 ④胸腔性粉塵。

(　) 8. 下列何者不屬勞工作場所容許暴露標準？ ①八小時日時量平均容許濃度 ②最高容許濃度 ③半數致死濃度(LC_{50}) ④短時間時量平均容許濃度。

(　) 9. 分析含鹵素的農藥時，最佳的氣相層析儀偵測器應使用下列何者？ ①PID ②ECD ③FPD ④FID。

(　) 10. 防塵口罩選用原則，下列敘述何者有誤？ ①視野愈小愈好 ②吸氣阻抗愈低愈好 ③捕集效率愈高愈好 ④重量愈輕愈好。

(　) 11. 洗菜水、洗碗水、洗衣水、洗澡水等的清洗水，不可直接利用來做什麼用途？ ①洗地板 ②飲用水 ③澆花 ④沖馬桶。

(　) 12. 反射光柵(reflection grating)多用於何種儀器的光學零件？ ①位相差顯微鏡 ②電導度計 ③酸鹼度計 ④紫外光－可見光光譜儀。

(　) 13. 影響有害物毒性的人口學因素不考慮下列何者？ ①體重 ②年齡 ③出生地 ④性別。

(　) 14. 下列何種化驗分析之認證實驗室可分析次乙亞胺之樣本？ ①重金屬 ②礦物性粉塵 ③有機化合物 ④石綿等礦物性纖維。

(　) 15. 評估一勞工之暴露情形，以下列何值作估計為宜？ ①標準偏差 ②幾何平均值 ③幾何偏差 ④算術平均值。

(　) 16. 於通風不充分之場所從事鉛合金軟焊之作業其設置整體換氣裝置之換氣量，應為每一從事鉛作業勞工平均每分鐘多少立方公尺以上？ ①0.5 ②1.67 ③0.67 ④1.5。

(　) 17. 下列空氣中之物質濃度均為 200ppm 時，何者使用半導體式監測器監測時的感度最差？ ①丙酮 ②丙醛 ③丙烷 ④丙醇。

(　) 18. 下列有關檢知管法之監測操作敘述，何者較不正確？ ①檢知器於購入後，初次使用時也應進行測漏試驗 ②風箱式檢知器測漏試驗，應先連接未切開之檢知管，經壓縮風箱之後再鬆開，靜候 3 分鐘觀察是否有漏氣現象 ③檢知器測漏試驗率應於採氣當日作一次 ④檢知器可容許漏氣體積應為一次採氣體積的 5%以下。

(　) 19. 勞動檢查機構對事業單位執行全部停工處分，其日數超過多少日以上，應報經中央主管機關核定？ ①十 ②三 ③七 ④十四。

(　) 20. 下列何者不屬於塵肺症？ ①煤礦工肺症 ②石綿肺症 ③肺結核症 ④矽肺症。

(　) 21. 利用氣相層析儀分析樣本，其圖譜中出現標準品以外之波峰時，其可能之原因不包括下列何者？ ①樣本運送過程中受污染 ②樣本中有其他化合物存在 ③樣本前處理過程中受污染 ④注入之樣本過量。

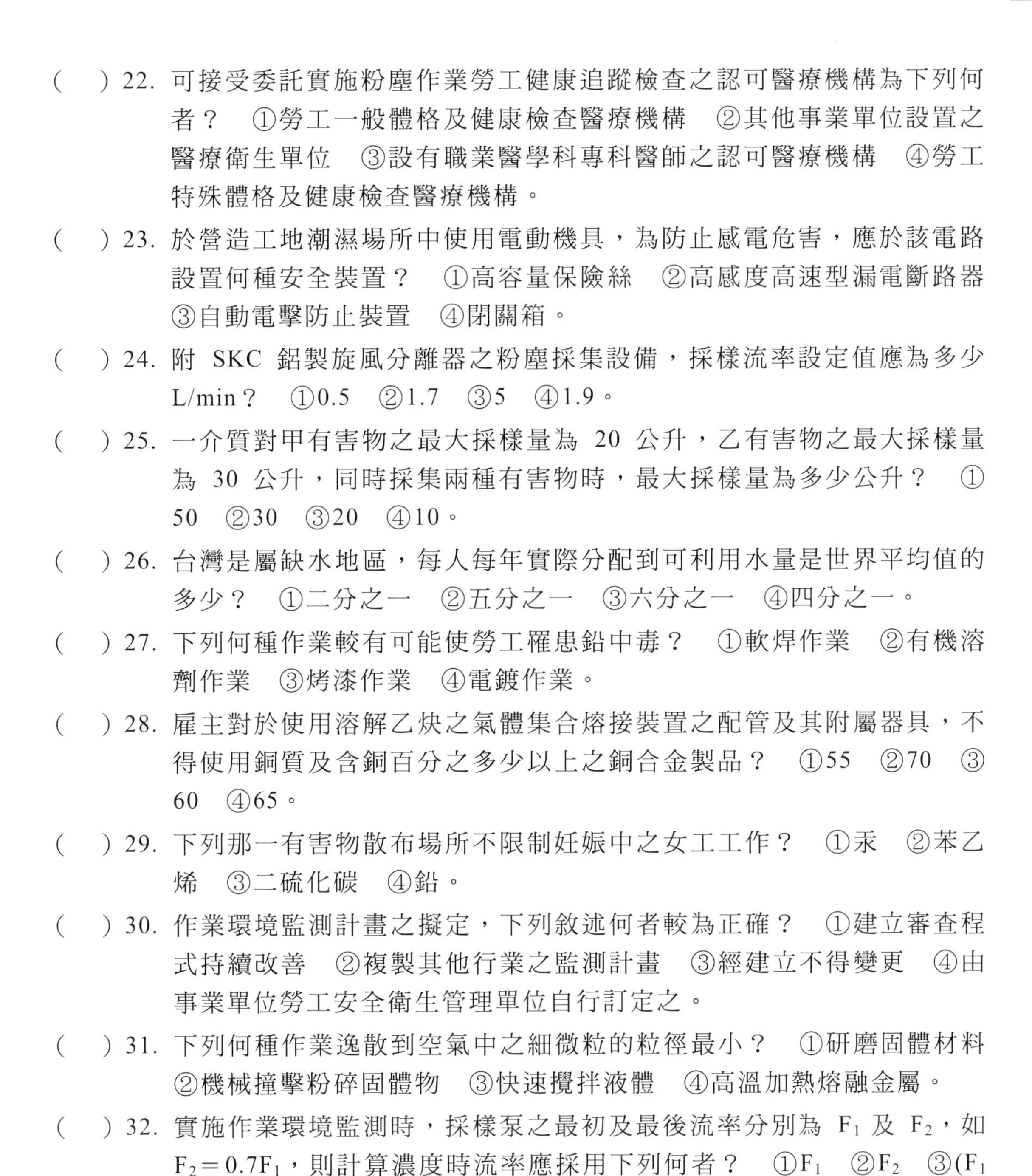

(　) 22. 可接受委託實施粉塵作業勞工健康追蹤檢查之認可醫療機構為下列何者？ ①勞工一般體格及健康檢查醫療機構 ②其他事業單位設置之醫療衛生單位 ③設有職業醫學科專科醫師之認可醫療機構 ④勞工特殊體格及健康檢查醫療機構。

(　) 23. 於營造工地潮濕場所中使用電動機具，為防止感電危害，應於該電路設置何種安全裝置？ ①高容量保險絲 ②高感度高速型漏電斷路器 ③自動電擊防止裝置 ④閉關箱。

(　) 24. 附 SKC 鋁製旋風分離器之粉塵採集設備，採樣流率設定值應為多少 L/min？ ①0.5 ②1.7 ③5 ④1.9。

(　) 25. 一介質對甲有害物之最大採樣量為 20 公升，乙有害物之最大採樣量為 30 公升，同時採集兩種有害物時，最大採樣量為多少公升？ ①50 ②30 ③20 ④10。

(　) 26. 台灣是屬缺水地區，每人每年實際分配到可利用水量是世界平均值的多少？ ①二分之一 ②五分之一 ③六分之一 ④四分之一。

(　) 27. 下列何種作業較有可能使勞工罹患鉛中毒？ ①軟焊作業 ②有機溶劑作業 ③烤漆作業 ④電鍍作業。

(　) 28. 雇主對於使用溶解乙炔之氣體集合熔接裝置之配管及其附屬器具，不得使用銅質及含銅百分之多少以上之銅合金製品？ ①55 ②70 ③60 ④65。

(　) 29. 下列那一有害物散布場所不限制妊娠中之女工工作？ ①汞 ②苯乙烯 ③二硫化碳 ④鉛。

(　) 30. 作業環境監測計畫之擬定，下列敘述何者較為正確？ ①建立審查程式持續改善 ②複製其他行業之監測計畫 ③經建立不得變更 ④由事業單位勞工安全衛生管理單位自行訂定之。

(　) 31. 下列何種作業逸散到空氣中之細微粒的粒徑最小？ ①研磨固體材料 ②機械撞擊粉碎固體物 ③快速攪拌液體 ④高溫加熱熔融金屬。

(　) 32. 實施作業環境監測時，採樣泵之最初及最後流率分別為 F_1 及 F_2，如 $F_2=0.7F_1$，則計算濃度時流率應採用下列何者？ ①F_1 ②F_2 ③$(F_1+F_2)/2$ ④無法據以計算。

(　) 33. 噴砂作業勞工比較容易發生下列何種職業病？ ①周圍神經疾病 ②矽肺症 ③腎臟疾病 ④肝硬化。

(　) 34. 有機物於固定濃度下，採樣破出時間與下列何者關係正確？ ①與採樣流率成反比 ②與現場風速成反比 ③與溫度成正比 ④與濕度成正比。

(　) 35. 採集下列何有害物不使用活性碳管作為採集介質？ ①環己烷 ②乙酸乙酯 ③二甲基甲醯胺 ④丁酮。

(　) 36. 於公司執行採購業務時，因收受回扣而將訂單予以特定廠商，觸犯下列何種罪刑？ ①背信罪 ②貪污罪 ③侵占罪 ④詐欺罪。

(　) 37. 採樣設備組合之入氣端，應配置於個人採樣勞工之何位置？ ①呼吸帶 ②腰部 ③背部 ④頭部。

(　) 38. 下列何採樣介質可使所採集之有害物於吸附劑上產生衍生物？ ①多孔性高分子聚合物 ②分子篩 ③矽膠 ④活性碳。

(　) 39. 臭氧濃度較不宜以下列何儀器監測之？ ①氣相層析儀 ②紅外線監測器 ③檢知管 ④紫外線監測器。

(　) 40. 事業單位之勞工代表如何產生？ ①由產業工會推派之 ②由企業工會推派之 ③由勞工輪流擔任之 ④由勞資雙方協議推派之。

(　) 41. 下列行為何者「不」屬於敬業精神的表現？ ①遵守法律規定 ②隱匿公司產品瑕疵訊息 ③保守顧客隱私 ④遵守時間約定。

(　) 42. 勞工作業環境空氣中有害物容許濃度係指下列何條件下之濃度？ ① 20℃，1atm ② STP(0℃，1atm) ③ 15℃，1atm ④ NTP(25℃，1atm)。

(　) 43. 塑膠為海洋生態的殺手，所以環保署推動「無塑海洋」政策，下列何項不是減少塑膠危害海洋生態的重要措施？ ①擴大禁止免費供應塑膠袋 ②淨灘、淨海 ③定期進行海水水質監測 ④禁止製造、進口及販售含塑膠柔珠的清潔用品。

(　) 44. 以氣相層析儀分析四氯化碳時，下列何種偵檢器為微量分析之最佳選擇？ ①電子捕捉偵檢器 ②熱導度偵檢器 ③火燄游離偵檢器 ④火燄光度偵檢器。

(　) 45. 依法規規定，勞工一般體格及健康檢查紀錄至少保存多少年以上？ ①三十 ②七 ③五 ④三。

(　) 46. 粉末X-光繞射儀分析二氧化矽時，常用下列何種X光源之燈管？ ①鋰 ②銅 ③鎂 ④鋁。

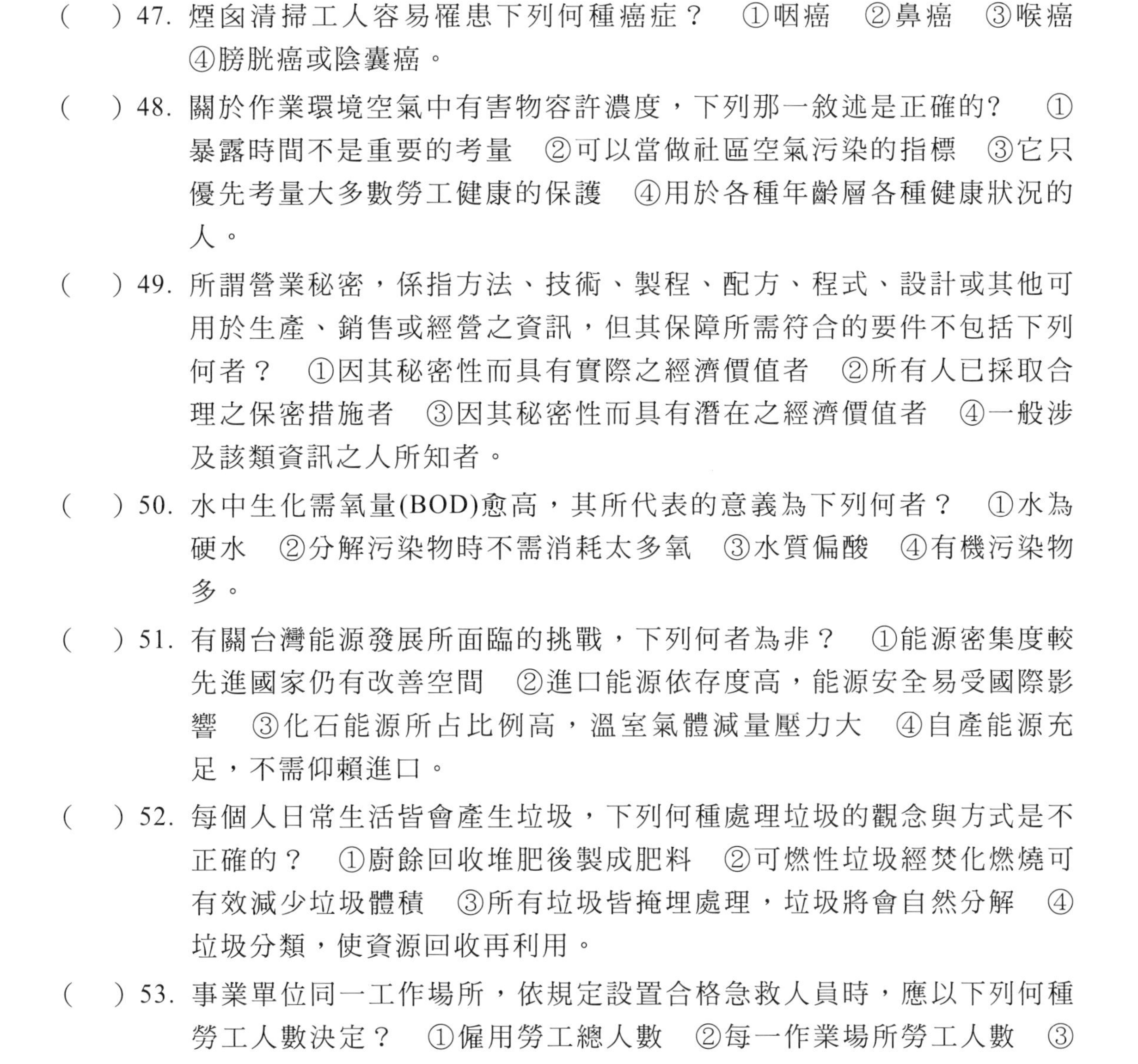

(　) 47. 煙囪清掃工人容易罹患下列何種癌症？ ①咽癌 ②鼻癌 ③喉癌 ④膀胱癌或陰囊癌。

(　) 48. 關於作業環境空氣中有害物容許濃度，下列那一敘述是正確的? ①暴露時間不是重要的考量 ②可以當做社區空氣污染的指標 ③它只優先考量大多數勞工健康的保護 ④用於各種年齡層各種健康狀況的人。

(　) 49. 所謂營業秘密，係指方法、技術、製程、配方、程式、設計或其他可用於生產、銷售或經營之資訊，但其保障所需符合的要件不包括下列何者？ ①因其秘密性而具有實際之經濟價值者 ②所有人已採取合理之保密措施者 ③因其秘密性而具有潛在之經濟價值者 ④一般涉及該類資訊之人所知者。

(　) 50. 水中生化需氧量(BOD)愈高，其所代表的意義為下列何者？ ①水為硬水 ②分解污染物時不需消耗太多氧 ③水質偏酸 ④有機污染物多。

(　) 51. 有關台灣能源發展所面臨的挑戰，下列何者為非？ ①能源密集度較先進國家仍有改善空間 ②進口能源依存度高，能源安全易受國際影響 ③化石能源所占比例高，溫室氣體減量壓力大 ④自產能源充足，不需仰賴進口。

(　) 52. 每個人日常生活皆會產生垃圾，下列何種處理垃圾的觀念與方式是不正確的？ ①廚餘回收堆肥後製成肥料 ②可燃性垃圾經焚化燃燒可有效減少垃圾體積 ③所有垃圾皆掩埋處理，垃圾將會自然分解 ④垃圾分類，使資源回收再利用。

(　) 53. 事業單位同一工作場所，依規定設置合格急救人員時，應以下列何種勞工人數決定？ ①僱用勞工總人數 ②每一作業場所勞工人數 ③每一班次勞工人數 ④有機溶劑作業場所勞工人數。

(　) 54. 紅外線光譜儀易受下列何種氣體的干擾？ ①氫氣及氮氣 ②水及二氧化碳 ③氬氣及氧氣 ④氦氣及氧氣。

(　) 55. 雇主不得使未滿 18 歲者從事以下何種作業？ ①鉛濃度超過 0.05mg/m^3 之工作場所 ②6 公斤以下重物處理作業 ③處理腐蝕性物質 ④發生噪音。

(　) 56. 下列何者不屬直讀式儀器的特點？ ①較易受混合物的干擾 ②可用於評估作業前的危害 ③對未知化合物具定性能力 ④可長時期的連續監測。

(　) 57. 金屬燻煙採樣後欲以原子吸收光譜儀分析，應以何種方法採樣？　①直接捕集法　②過濾捕集法　③冷凝捕集法　④擴散捕樣法。

(　) 58. 「聖嬰現象」是指哪一區域的溫度異常升高？　①西太平洋表層海水　②東太平洋表層海水　③西印度洋表層海水　④東印度洋表層海水。

(　) 59. 適合採集氨氣之採集介質為下列何者？　①XAD2　②稀釋硫酸吸收液　③銀膜濾紙　④裱敷二氧化硫濾紙。

(　) 60. 為預防有缺氧之虞作業場所造成缺氧事故所採取的措施，下列何者為誤？　①進出該作業場所人員之檢點　②開始作業前，測量氧氣的濃度　③開始作業前，檢點呼吸防護具及安全帶等　④為保持空氣中氧氣濃度在18%以上，應以純氧進行換氣。

複選題：

(　) 61. 應屬厭惡性粉塵採樣之有害物為下列何者？　①石英　②三氧化二砷　③硫酸鈣　④非游離二氧化矽。

(　) 62. 危害性化學品標示及通識規則對於危害圖式之規定，下列何者正確？　①形狀為直立四十五度角之正方形　②紅色框線　③符號顏色不拘　④背景為白色。

(　) 63. 粉塵樣品分析，下列敘述何者正確？　①樣品要經恆溫恆濕處理　②稱重不受濕度影響　③稱重天平要校正　④稱重不受靜電影響。

(　) 64. 對於影響檢知管管柱變色長度，下列何者不正確？　①場所電磁波　②採氣體積　③氣體濃度　④場所照明。

(　) 65. 對於檢知管使用及保存，下列何者敘述不正確？　①保存於陰涼處　②保存時不受陽光影響　③不得重複使用　④不受溫度影響。

(　) 66. 聚氯乙烯(PVC)濾紙適用於下列何種有害物之採樣？　①鉻酸　②可呼吸性粉塵　③錳金屬　④總粉塵。

(　) 67. 鋼鐵廠的澆鑄作業，可能會有下列何種化學暴露？　①石綿　②一氧化碳　③甲醛　④金屬燻煙。

(　) 68. 以矽膠管為採集介質之說明，下列何者正確？　①不適於極低濕度環境採樣　②大部分以鹼性脫附劑脫附　③易吸附醇類有機有害物　④可採集硫酸霧滴。

(　) 69. 「危害性化學品標示及通識規則」中所制約的危害信息傳遞工具，為下列何者？　①教育訓練　②化學物採購單　③標示　④安全資料表。

(　) 70. 氣狀有害物的比重大於空氣者，包括下列何者？ ①正己烷 ②乙醇 ③二氯甲烷 ④一氧化碳。

(　) 71. 有害物與疾病的配合，下列何者正確？ ①氯乙烯-肝血管瘤(angio sarcoma) ②正己烷-多發性神經病變 ③鋁-肺部纖維化 ④錳-類巴金森氏症。

(　) 72. 直讀式粉塵計的量測種類，下列何者敘述正確？ ①可監測粉塵種類 ②可監測質量濃度 ③可監測數目濃度 ④可監測粒徑分佈。

(　) 73. 勞工暴露於甲苯及 1-丁醇之作業環境中，二者之時量平均濃度皆為 60ppm，則有關該勞工的暴露評估，下列何者正確？（二物質之 PEL-TWA 皆為 100ppm） ①須考慮相加效應 ②二物質之暴露濃度與容許濃度比值之和小於 1 ③二物質之暴露濃度與容許濃度比值之和大於 1 ④只須考慮獨立效應。

(　) 74. 無機酸樣本分析，下列敘述何者正確？ ①常使用活性碳管採集 ②常使用離子層析儀定量 ③常使用矽膠管採集 ④常使用氣相層析儀定量。

(　) 75. 下列何者是可呼吸性粉塵採樣時必須要注意的問題？ ①採樣泵的流率範圍 ②旋風分離器的材質種類 ③欲監測粉塵所含的物質種類 ④採樣前後濾紙的稱重。

(　) 76. 下列何者屬職業安全衛生法規範之勞工義務？ ①遵守報經勞動檢查機構備查之安全衛生工作守則 ②接受雇主施以之從事工作及預防災變所必要之安全衛生教育訓練 ③設置作業必要之危害控制設備 ④接受雇主安排之健康檢查。

(　) 77. 依有機溶劑中毒預防規則之規定，使用二硫化碳從事研究之作業場所，可由下列何者擇一設置，作為工程控制之方式？ ①電風扇 ②密閉設備 ③整體換氣裝置 ④局部排氣裝置。

(　) 78. 針對石綿採樣，下列描述何者正確？ ①使用 25mm 聚氯乙烯(PVC)濾紙 ②使用 5cm 長的延長管 ③必須依採樣器的材質種類固定流率 ④樣品必需要保存於去靜電的盒子。

(　) 79. 下列何者屬石綿？ ①斜方角閃石 ②透閃石 ③青石綿 ④陽起石。

(　) 80. 使用活性碳採集管，以 200mL/min 之流率，於 25℃，一大氣壓下連續採集 8 小時空氣中丙酮(MW=58)樣本，分析結果前段採集介質為 10.0mg，後段為 0.2mg，脫附效率為 90%，則空氣中濃度為何？ ①106.3mg/m^3 ②118.05mg/m^3 ③49.8ppm ④44.8ppm。

108 年 11 月化學性因子作業環境監測甲級技術士技能檢定學科測試試題（答案）

解答：

1.(4)	2.(2)	3.(1)	4.(1)	5.(3)	6.(1)	7.(1)	8.(3)	9.(2)	10.(1)
11.(2)	12.(4)	13.(3)	14.(3)	15.(2)	16.(2)	17.(3)	18.(2)	19.(3)	20.(3)
21.(4)	22.(3)	23.(2)	24.(4)	25.(3)	26.(3)	27.(1)	28.(2)	29.(2)	30.(1)
31.(4)	32.(4)	33.(2)	34.(1)	35.(4)	36.(1)	37.(1)	38.(2)	39.(1)	40.(2)
41.(2)	42.(4)	43.(3)	44.(1)	45.(2)	46.(2)	47.(4)	48.(3)	49.(4)	50.(4)
51.(4)	52.(3)	53.(3)	54.(2)	55.(1)	56.(3)	57.(2)	58.(2)	59.(2)	60.(4)
61.(34)	62.(124)	63.(13)	64.(14)	65.(24)	66.(124)	67.(234)	68.(234)	69.(134)	70.(123)
71.(124)	72.(234)	73.(13)	74.(23)	75.(1234)	76.(124)	77.(24)	78.(24)	79.(1234)	80.(23)

詳解：

9. 參考本書 6.4.1 第 2 點 (5) C

12. 參考本書 6.9.1 第 2 點 (2)

17. 半導體式監測器適合偵測有機物

18. 參考本書 7.2.3

24. 參考本書 5.5.2

29. 職業安全衛生法第 30 條
雇主不得使妊娠中之女性勞工從事下列危險性或有害性工作：
一、礦坑工作。
二、鉛及其化合物散布場所之工作。
三、異常氣壓之工作。
四、處理或暴露於弓形蟲、德國麻疹等影響胎兒健康之工作。
五、處理或暴露於二硫化碳、三氯乙烯、環氧乙烷、丙烯醯胺、次乙亞胺、砷及其化合物、汞及其無機化合物等經中央主管機關規定之危害性化學品之工作。
六、鑿岩機及其他有顯著振動之工作。
七、一定重量以上之重物處理工作。

32. 容許誤差為 5% 兩個流率差不能超過 5%

44. 參考本書 6.4.1 第 2 點 (5) C

45. 特殊健康檢查為 10 年

55. 《職業安全衛生法》第 29 條

雇主不得使未滿十八歲者從事下列危險性或有害性工作：
一、坑內工作。
二、處理爆炸性、易燃性等物質之工作。
三、鉛、汞、鉻、砷、黃磷、氯氣、氰化氫、苯胺等有害物散布場所之工作。
四、有害輻射散布場所之工作。
五、有害粉塵散布場所之工作。

73. $60 \div 100 + 60 \div 100 = 1.2$

78. 濾紙為纖維素脂

80. $(10 + 0.2) \times 10 \div 9 \div (200 \times 8 \times 60 \times 10^{-6})$
$= 118.05 mg/m^3$
$= 118.05 \times 24.45 \div 58$
$= 49.8 ppm$

附錄四 APPENDIX 108 年 3 月乙級技能檢定學科測試試題

108 年 3 月化學性因子作業環境監測乙級技術士技能檢定學科測試試題

本試卷有選擇題 80 題（單選選擇題 60 題，每題 1 分；複選選擇題 20 題，每題 2 分），測試時間為 100 分鐘，請在答案卡上作答，答錯不倒扣；未作答者，不予計分。

單選題：

( ) 1. 某分析儀器分析甲物質之檢量下限（可量化最低量）為 0.5 mg/ml，若甲物質樣本採氣流率為 100 ml/min，樣本最終分析液量為 1 ml，且該物質之容許濃度為 100 mg/m^3，則其採樣時間最低應達多少分鐘？ ①20 ②100 ③50 ④10。

( ) 2. 眼內噴入化學物或其他異物，應立即使用下列何者沖洗眼睛？ ①牛奶 ②稀釋的醋 ③清水 ④蘇打水。

( ) 3. 甲苯 8 小時日時量平均容許濃度為 100 ppm，其短時間時量平均容許濃度為下列何者？ ①200 ppm ②125 ppm ③75 ppm ④300 ppm。

( ) 4. 分析含鹵素的農藥時，最佳的 GC 偵測器為下列何者？ ①FPD ②ECD ③FID ④PID。

( ) 5. 事業單位勞動場所發生死亡職業災害時，雇主應於多少小時內通報勞動檢查機構？ ①8 ②12 ③48 ④24。

( ) 6. 作業環境監測評估時，所稱標準狀態(NTP)為： ①0°C，一大氣壓 ②25°C，一大氣壓 ③30°C，一大氣壓 ④20°C，一大氣壓。

( ) 7. 對於有害物之暴露，下列何種控制技術應優先考慮使用？ ①設置整體換氣設施 ②使用呼吸防護具 ③設置局部排氣設施 ④以低毒性之原料取代高毒性原料。

( ) 8. 石綿鏡檢計數時共計數 20 個視野，發現視野內存在 100 根完整石綿，100 根石綿僅一端出現在視野內，設視野面積為 0.005 mm^2，濾紙有效集塵面積為 385 mm^2，採樣流率為 1 L/min，採樣時間為 8 小時，則石綿之濃度為多少 f/cc？ ①2.3 ②3.3 ③1.3 ④4.3。

( ) 9. 使用氣體紅外線分析儀時，監測結果不受下列何種影響？ ①空氣中水蒸氣 ②空氣中粉塵 ③採氣流率 ④光路徑長。

( ) 10. 台灣嘉南沿海一帶發生的烏腳病可能為哪一種重金屬引起？ ①砷 ②汞 ③鉛 ④鎘。

( ) 11. 依法令規定，下列何種有機溶劑之控制設施要求較嚴格？ ①第三種 ②第二種 ③第一種 ④第四種。

( ) 12. 用在工業衛生的生物偵測方法，下列的敘述何者為誤？ ①需要有精準的化學分析方法 ②所用的生物檢體不必與有害物作用的目標器官有關 ③生物指標能反映暴露的特異性 ④生物檢體的取得應方便。

( ) 13. 苯作業環境監測紀錄應至少保存多少年？ ①10 ②3 ③7 ④30。

( ) 14. 依勞工健康保護規則規定，特別危害健康作業勞工實施特殊健康檢查或健康追蹤檢查結果，經醫師綜合判定為異常，且與工作有關者，歸為第幾級管理？ ①2 級 ②4 級 ③3 級 ④1 級。

( ) 15. 下列何者為作業環境中有害物進入人體之最主要途徑？ ①攝食 ②呼吸 ③注射 ④皮膚吸收。

( ) 16. 勞工同時暴露於甲苯及石綿之作業環境中，評估其個人暴露量應將此二種有害物之監測結果： ①個別評估 ②相減 ③相乘 ④相加。

( ) 17. 下列危害性化學品容器何者仍應標示？ ①反應器、蒸餾塔、吸收塔、混合器、熱交換器、儲槽等化學設備 ②勞工使用之可攜帶容器，其危害性化學品取自有標示之容器，且僅供裝入之勞工當班立即使用者 ③危害性化學品取自有標示之容器，並供實驗室自作實驗、研究之用者 ④外部容器已標示，僅供內襯且不再取出之內部容器。

( ) 18. 機關首長要求人事單位聘僱自己的弟弟擔任工友，違反何種法令？ ①侵占罪 ②詐欺罪 ③未違反法令 ④公職人員利益衝突迴避法。

( ) 19. 何者非全球暖化帶來的影響？ ①地震 ②熱浪 ③洪水 ④旱災。

( ) 20. 石綿採樣時，濾紙匣之開口方向應為下列何者？ ①朝上 ②水平朝內 ③水平朝外 ④朝下。

( ) 21. 企業內部之營業秘密，可以概分為「商業性營業秘密」及「技術性營業秘密」二大類型，請問下列何者屬於「技術性營業秘密」？ ①產品配方 ②經銷據點 ③人事管理 ④客戶名單。

( ) 22. 依勞動部公布之採樣分析建議方法，聚氯乙烯濾紙不適用於下列何有害物之採集？ ①呼吸性粉塵 ②鉛 ③總粉塵 ④鉻酸。

( ) 23. 就矽膠而言，下列何種敘述為錯誤？ ①具高吸濕性 ②溫度高時，吸附能力增加 ③高濕度時吸附能力降低 ④具極性。

( ) 24. 火燄離子偵測器(GC-FID)之氣相層析儀分析樣本時，最常用的脫附溶劑為何？ ①二硫化碳 ②水 ③汽油 ④香蕉油。

(　) 25. 當發現公司的產品可能會對顧客身體產生危害時，正確的作法或行動應是　①透過管道告知媒體或競爭對手　②若無其事，置之不理　③立即向主管或有關單位報告　④盡量隱瞞事實，協助掩飾問題。

(　) 26. 公司總務部門員工因辦理政府採購案，而與公務機關人員有互動時，下列敘述何者「正確」？　①以借貸名義，餽贈財物予公務員，即可規避刑事追究　②招待驗收人員至餐廳用餐，是慣例屬社交禮貌行為　③因民俗節慶公開舉辦之活動，機關公務員在簽准後可受邀參與　④對於機關承辦人，經常給予不超過新台幣 5 佰元以下的好處，無論有無對價關係，對方收受皆符合廉政倫理規範。

(　) 27. 使用 SKC 廠牌之鋁質旋風分粒器，採氣流率應設定於多少 L/min？　①1.7　②1.3　③1.5　④1.9。

(　) 28. 事業單位欲知粉塵中游離二氧化矽之含量，可將原物料樣本送給下列何類別之認可實驗室分析？　①游離二氧化矽等礦物性粉塵　②粉塵重量　③石綿等礦物性纖維　④有機化合物。

(　) 29. 有機溶劑原料攪拌作業，容易以下列何種形態造成勞工之暴露？　①霧滴＋蒸氣　②氣體　③燻煙　④蒸氣。

(　) 30. 雙層式或二段式檢知管，後層或後段檢知管用途為何？　①定量用　②消除干擾物用　③定性用　④干擾物定性用。

(　) 31. 紅外線光譜儀之圖譜，常用下列何種座標？　①波數－吸收度　②濃度－吸收度　③波長－吸收度　④濃度－透光度。

(　) 32. 可呼吸性粉塵是指下列何種粉塵？　①可經由口鼻進入人體者　②可通過咽喉者　③可抵達終端氣管支、肺泡管及肺泡而沉積者　④可抵達支氣管者。

(　) 33. 以氣相層析儀分析二甲苯時，下列何者為最佳偵檢器？　①熱傳導偵檢器(TCD)　②火焰光度偵檢器(FPD)　③火燄游離偵檢器(FID)　④電子捕捉偵檢器(ECD)。

(　) 34. 下列何種監測原理可用於監測接近爆炸下限之甲苯蒸氣濃度？　①觸媒燃燒式　②電化學式　③順磁分析式　④可見光分析式。

(　) 35. 以浸潤呈色劑之試紙監測有害物時，其有害物之監測係利用何原理？　①熱導性變化　②反應變色　③化學電池　④燃燒。

(　) 36. 勞工在何種情況下，雇主得不經預告終止勞動契約？　①非連續曠工但一個月內累計達 3 日以上者　②確定被法院判刑 6 個月以內並諭知緩刑超過 1 年以上者　③不服指揮對雇主暴力相向者　④經常遲到早退者。

(　) 37. 職業安全衛生法之中央主管機為下列何者？ ①勞動部 ②衛生福利部 ③經濟部 ④教育部。

(　) 38. 下列何有害物之個人暴露量評估需以分粒裝置採集？ ①總粉塵量 ②石綿 ③鉛粉塵 ④可呼吸性粉塵。

(　) 39. 「酸雨」定義為雨水酸鹼值達多少以下時稱之？ ①7.0 ②5.0 ③6.0 ④8.0。

(　) 40. 無機鉛主要以何種型態存在於空氣中？ ①霧滴 ②蒸氣 ③粉塵 ④氣體。

(　) 41. 缺氧症預防規則規定，缺氧係空氣中氧氣濃度未滿百分之幾之狀態？ ①17 ②18 ③19 ④20。

(　) 42. 為了節能及兼顧冰箱的保溫效果，下列何者錯誤？ ①食物存放位置紀錄清楚，一次拿齊食物，減少開門次數 ②冰箱門的密封壓條如果鬆弛，無法緊密關門，應儘速更新修復 ③冰箱內食物擺滿塞滿，效益最高 ④冰箱內上下層間不要塞滿，以利冷藏對流。

(　) 43. 現場空白樣本製作時機為下列何者？ ①採樣結束 ②分析前 ③採樣設備校準時 ④採樣前。

(　) 44. 台灣西部海岸曾發生的綠牡蠣事件是下列何種物質汙染水體有關？ ①鎘 ②汞 ③銅 ④磷。

(　) 45. 計數型採樣設備之品管項目不包括下列何者？ ①馬達轉速 ②KV因子 ③流率 ④流率隨阻抗變化情形。

(　) 46. 有機氣體如屬強極性，捕集時採樣介質使用下列何者為佳？ ①活性碳吸附管 ②MCE 濾紙 ③酸性吸收液 ④矽膠吸附管。

(　) 47. 下列何有害物樣本，於採樣完畢後須置入防靜電盒中運送及儲存？ ①煙鹼 ②聯苯胺 ③碘 ④石綿。

(　) 48. 我國勞工作業環境空氣中石綿之容許濃度為每立方公分幾根？ ①1 ②0.15 ③2 ④5。

(　) 49. 欲降低由玻璃部分侵入之熱負載，下列的改善方法何者錯誤？ ①換裝雙層玻璃 ②加裝深色窗簾 ③貼隔熱反射膠片 ④裝設百葉窗。

(　) 50. 使用鑽孔機時，不應使用下列何護具？ ①護目鏡 ②防塵口罩 ③耳塞 ④棉紗手套。

(　) 51. 下列何種儀器分析樣本時，須先經呈色後分析？ ①原子吸收光譜儀 ②紅外線光譜儀 ③可見光光譜儀 ④氣相層析儀。

(　) 52. 採集溴之採集介質使用下列何者？ ①銀膜濾紙 ②混合纖維樹脂濾紙 ③玻璃纖維濾紙 ④XAD2。

( ) 53. 下列何種因素較不會造成皮膚對於有害物之皮膚吸收增加？ ①呼吸量 ②個人體質 ③流汗 ④皮膚之溫度。

( ) 54. 危害性化學品標示象徵符號為骷髏頭與兩跟交叉方腿骨者為下列何物質？ ①禁水性物質 ②急毒性物質 ③易燃氣體 ④腐蝕性物質。

( ) 55. 分子鍵結電子受光激發產生能階之轉移，能階較高之鍵結所吸收光線之波長位於下列何區？ ①微波 ②可見光 ③紅外線 ④紫外線。

( ) 56. 利用光譜分析而不需光柵分光的儀器是下列何者？ ①傅利葉轉換紅外線光譜儀 ②紫外線光譜儀 ③原子吸收光譜儀 ④可見光光譜儀。

( ) 57. 關於建築中常用的金屬玻璃帷幕牆，下列敘述何者正確？ ①台灣的氣候濕熱，特別適合在大樓以金屬玻璃帷幕作為建材 ②玻璃帷幕牆的使用能節省室內空調使用 ③玻璃帷幕牆適用於台灣，讓夏天的室內產生溫暖的感覺 ④在溫度高的國家，建築使用金屬玻璃帷幕會造成日照輻射熱，產生室內「溫室效應」。

( ) 58. 逛夜市時常有攤位在販賣滅蟑藥，下列何者正確？ ①滅蟑藥是環境衛生用藥，中央主管機關是環境保護署 ②滅蟑藥之包裝上不用標示有效期限 ③滅蟑藥是藥，中央主管機關為衛生福利部 ④只要批貨，人人皆可販賣滅蟑藥，不須領得許可執照。

( ) 59. 下列何者有誤？ ①pH 值小於 7 為鹼性 ②引火性液體之閃火點愈低愈危險 ③爆炸下限愈小愈危險 ④濕度會加大二氧化硫之毒性。

( ) 60. 下列關於直讀式儀器之敘述，下列何者為非？ ①使採樣與分析在同一套儀器內完成 ②需要的監測結果在很短時間內可由儀器直接讀取 ③不需要校準即可直接讀取分析結果 ④直讀式儀器之操作較簡單容易，不需經長時間訓練的技術人員即可使用。

複選題：

( ) 61. 下列何者不是短時間時量平均容許濃度的意義？ ①可做為毒性的相對指標 ②預防工作效率的降低 ③對大部分的人而言，暴露一生，不致產生不良的健康效應 ④預防意外事故的增加。

( ) 62. 下列何有害物之個人採樣，使用之設備不需組裝分粒裝置？ ①總粉塵 ②可呼吸性粉塵 ③鉛塵 ④石綿。

( ) 63. 作業環境監測之採樣策略應包含下列何者？ ①預算編列 ②危害辨識 ③採樣對象 ④監測處所。

( ) 64. 下列何者是氣相層析儀常使用的偵測器？ ①紫外光與可見光偵測器 ②火焰離子偵測器 ③光游離偵測器 ④電子捕獲偵測器。

( ) 65. 依勞工作業場所容許暴露標準之規定，石綿纖維應符合之條件為下列何者？ ①纖維長度在四微米以上 ②纖維長度在五微米以上 ③長寬比在三以上 ④長寬比在二以上。

( ) 66. 對於檢知管使用及儲存，下列何者敘述不正確？ ①保持室溫或冷藏 ②可重複使用 ③須與檢知器同廠牌 ④不用避光。

( ) 67. 對於採樣介質負載容量的測試條件，下列何者描述為正確？ ①測試氣體的溫度是 30±3℃ ②當採樣介質出口端的氣體濃度大於入口端測試氣體濃度的 5%就稱為「破出」 ③測試氣體的濕度是 80±5% RH ④測試氣體濃度為該物質的 2 倍 PEL。

( ) 68. 四氯化碳可能在人體造成下列何種生物效應？ ①周邊神經病變 ②黃疸 ③肝炎 ④麻醉。

( ) 69. 下列何者可用於比較化學物質的毒性？ ①半致死濃度 LC_{50} ②半致死劑量 LD_{50} ③有效劑量 ED ④容許濃度。

( ) 70. 勞工作業環境空氣中有害物之濃度，應符合下列何種條件始屬符合法令規定？ ①任何時間均不得超過最高容許濃度 ②全程工作日之時量平均濃度不得超過相當八小時日時量平均容許濃度 ③任何一次連續 15 分鐘內之平均濃度不得超過短時間時量平均容許濃度 ④全程工作日之時量平均濃度不得超過短時間時量平均容許濃度。

( ) 71. 勞工作業場所容許暴露標準之符號欄中註記的文字包括下列何者？ ①中 ②皮 ③高 ④瘤。

( ) 72. 健康檢查發現勞工因職業原因不能適應原有工作者，除予醫療外並應採取哪些措施？ ①應變更其作業場所 ②更換其工作 ③其他適當措施 ④縮短其工作時間。

( ) 73. 下列關於危害物的敘述何者正確？ ①引火性液體之閃火點愈低愈危險 ②爆炸下限愈小愈危險 ③PH 小於 7 為鹼性 ④濕度會加大二氧化硫之毒性。

( ) 74. 石綿採樣之鏡檢採集濾紙上之每一視野纖維密度，落於以下何種圍內，表採集之密度太高應重新採樣？ ①1~10 ②100~200 ③40~60 ④15~30。

( ) 75. 現場採樣人員無須於採樣現場製備之樣本為下列何者？ ①溶劑空白 ②介質空白 ③分析空白樣本 ④現場空白。

( ) 76. 直讀式儀器實施採樣流量校正時，可透過下列者實施？ ①皂泡計 ②皮式管 ③風速計 ④紅外線流量校正器。

(　) 77. 下列何者屬於特定管理物質？ ①鎘及其化合物 ②苯胺紅 ③二氯聯苯胺及其鹽類 ④四羰化鎳。

(　) 78. 石綿樣本運送應有之作為與設備為下列何者？ ①使用發泡保麗龍盒裝箱 ②確保濾紙面朝上 ③防止樣本振動之防護 ④原料樣本須分開包裝與隔離。

(　) 79. 下列何者是氣狀有害物常使用的監測儀器？ ①液相層析儀 ②位相差顯微鏡 ③離子層析儀 ④氣相層析儀。

(　) 80. 下列何種場所應進行硫化氫之監測？ ①室內硫化氫作業 ②電子軟焊作業 ③廢水處理場 ④下水道作業。

108 年 3 月化學性因子作業環境監測乙級技術士技能檢定學科測試試題（答案）

解答：

1.(3)	2.(3)	3.(2)	4.(2)	5.(1)	6.(2)	7.(4)	8.(3)	9.(3)	10.(1)
11.(3)	12.(2)	13.(4)	14.(2)	15.(2)	16.(1)	17.(1)	18.(4)	19.(1)	20.(4)
21.(1)	22.(2)	23.(2)	24.(1)	25.(3)	26.(3)	27.(4)	28.(1)	29.(4)	30.(1)
31.(1)	32.(3)	33.(3)	34.(1)	35.(2)	36.(3)	37.(1)	38.(4)	39.(2)	40.(3)
41.(2)	42.(3)	43.(4)	44.(3)	45.(1)	46.(4)	47.(4)	48.(2)	49.(2)	50.(4)
51.(3)	52.(1)	53.(1)	54.(2)	55.(4)	56.(1)	57.(4)	58.(1)	59.(1)	60.(3)
61.(13)	62.(134)	63.(234)	64.(234)	65.(23)	66.(24)	67.(1234)	68.(234)	69.(123)	70.(123)
71.(234)	72.(1234)	73.(124)	74.(234)	75.(123)	76.(14)	77.(234)	78.(234)	79.(134)	80.(134)

詳解：

1. 依題意 $100mg/m^3 = 0.5 \times 10^6 \div (100 \times t)$，$t = 50$ 分

3. 容許濃度大於 100、小於 1,000，變量係數＝1.25，短期容許濃度＝100×1.25＝125

4. 參考本書 6.4.1

7. 預防改善策略一般先源頭管理（低毒替代有毒）再汙染控制（設置局部排氣），再配戴防護具

11. 第一種有機溶劑較毒

13. 致癌物監測記錄規定保存 30 年

14. 分四級管理，第一級管理是正常，第二級是異常但與職業無關，第三級是異常但與職業關係有待評估，第四級是異常但與職業有關

23. 溫度高時，吸附劑吸附能力都降低

27. 參考本書 5.5.2

33. 分析有機溶劑，火焰游離偵檢器最適合

46. 活性炭館是用非極性物質

51. 參考本書 6.9.3 光譜儀之功能

55. 參考本書 6.91 原理及功能

59. pH 小於 7 為酸

64. 參考本書 6.4.1.2 儀器基本結構

80. 廢水處理廠及下水道都會有硫化氫之存在

附錄五 109 年 3 月甲級技能檢定學科測試試題
APPENDIX

109 年 3 月化學性因子作業環境監測甲級技術士技能檢定學科測試試題

本試卷有選擇題 80 題（單選選擇題 60 題，每題 1 分；複選選擇題 20 題，每題 2 分），測試時間為 100 分鐘，請在答案卡上作答，答錯不倒扣；未作答者，不予計分。

單選題：

(　) 1. 甲苯之採集介質應使用下列何者較適當？ ①矽膠管(150/75mg) ②銀膜濾紙 ③活性碳(100/50mg) ④混合纖維素酯濾紙。

(　) 2. 下列何種採樣方法最可代表勞工個人暴露狀況？ ①區域採樣 ②氣罩外側採樣 ③個人採樣 ④瞬間採樣。

(　) 3. 雇主未依危害性化學品標示及通識規則規定辦理容器標示及揭示安全資料表，可能遭受之處罰為下列何者？ ①處新臺幣 3 萬元以上 30 萬元以下罰鍰 ②處 1 年以下有期徒刑、拘役、科或併科新臺幣 9 萬元以下罰金 ③停工 ④處 3 年以下有期徒刑、拘役、科或併科新臺幣 15 萬元以下罰金。

(　) 4. 使用活性碳捕集管，以 800mL/min 之流率於 25℃、一大氣壓下連續採樣八小時，分析結果前段為 10mg，後段為 0.5mg，脫附效率 90%，則監測結果濃度為多少 mg/m^3？ ①27.3 ②30.4 ③28.9 ④1.4。

(　) 5. 有機物於固定濃度下，採樣破出時間與下列何者關係正確？ ①與採樣流率成反比 ②與現場風速成反比 ③與溫度成正比 ④與濕度成正比。

(　) 6. 為預防有缺氧之虞作業場所造成缺氧事故所採取的措施，下列何者為誤？ ①開始作業前，測量氧氣的濃度 ②開始作業前，檢點呼吸防護具及安全帶等 ③進出該作業場所人員之檢點 ④為保持空氣中氧氣濃度在 18%以上，應以純氧進行換氣。

(　) 7. 有關化學物質在常溫常壓下或預設的貯存、操作之溫度與壓力條件下之穩定與否屬下列何者？ ①安定性 ②不穩定性 ③反應性 ④溶解度。

(　) 8. 下列何者屬職業安全衛生法所稱工作場所有立即發生危險之虞之情形？ ①通風良好之加油站 ②苯蒸氣濃度未達爆炸下限百分之三十

以上之作業場所 ③鉛濃度在 0.09mg/m^3 之作業場所 ④有發生缺氧危險之虞之工作場所。

( ) 9. 下列化合物均為 1ppm 時，何者對紅外線有較大吸收？ ①氯氣 ②氫氣 ③笑氣 ④氧氣。

( ) 10. 監測勞工八小時日時量平均音壓級時，應將多少分貝以上之噪音以增加五分貝降低容許暴露時間一半之方式納入計算？ ①80 ②90 ③85 ④70。

( ) 11. 觸媒燃燒式之偵測器，不宜應用於下列何種氣體之監測？ ①丙烷 ②二甲苯 ③甲烷 ④二硫化碳。

( ) 12. 關於 ACGIH 所定的生物暴露指標值(biological exposure index)下列那一敘述是正確的？ ①適用於各種生物檢體的分析結果 ②適用於各種年齡層各種健康狀況的人 ③生物檢體採集時機不是重要的考量 ④它只優先考量大多數勞工暴露於相當 TLV 濃度的反應值。

( ) 13. 依特定化學物質危害預防標準，特定管理物質之製造處置作業場所從事作業勞工，勞工之作業概況及作業時間暨勞工之顯著遭受特定管理物質污染時，其經過概況及雇主所採取之緊急措施等紀錄應自作業勞工從事作業之日起保存多少年？ ①3 ②5 ③30 ④10。

( ) 14. 完成作業環境空氣中氨之採樣後，衝擊瓶管壁應以下列何種溶液洗滌，並將洗滌液加入樣本中？ ①1N HCl ②1N H_2SO_4 ③1N HNO_3 ④1N NaOH。

( ) 15. 氣相層析儀的管柱溫度條件設定極為重要，其主要目的為下列何者？ ①將多餘的樣本以分流方式去除 ②提高分離效果 ③避免樣本冷凝 ④使樣本容易氣化。

( ) 16. 照明控制可以達到節能與省電費的好處，下列何種方法最適合一般住宅社區兼顧節能、經濟性與實際照明需求？ ①全面調低照度需求 ②走廊與地下停車場選用紅外線感應控制電燈 ③加裝 DALI 全自動控制系統 ④晚上關閉所有公共區域的照明。

( ) 17. 二硫化碳之採集介質為下列何者？ ①XAD2 ②矽膠管 ③XAD7 ④活性碳管。

( ) 18. 鉻酸容易引起下列那種疾病？ ①矽肺症 ②塵肺症 ③肺炎 ④白指病。

( ) 19. 下列哪一種飲食習慣能減碳抗暖化？ ①多吃牛肉 ②多吃速食 ③多吃天然蔬果 ④多選擇吃到飽的餐館。

(　) 20. 下列有關玻璃纖維的敘述何者正確？ ①玻璃纖維與石綿以顯微鏡鏡檢可見其型態不同 ②玻璃纖維與石綿均可以經由 X 光繞射而確認 ③長時間暴露玻璃纖維可能造成類似石綿肺症 ④玻璃纖維有不同的顏色。

(　) 21. 下列何者是造成臺灣雨水酸鹼(pH)值下降的主要原因？ ①工業排放廢氣 ②國外火山噴發 ③降雨量減少 ④森林減少。

(　) 22. 逛夜市時常有攤位在販賣滅蟑藥，下列何者正確？ ①只要批貨，人人皆可販賣滅蟑藥，不須領得許可執照 ②滅蟑藥是環境衛生用藥，中央主管機關是環境保護署 ③滅蟑藥是藥，中央主管機關為衛生福利部 ④滅蟑藥之包裝上不用標示有效期限。

(　) 23. 下列何者不是氣相層析儀常用之偵檢器？ ①火焰離子化偵檢器 ②電子捕捉偵檢器 ③折射率偵檢器 ④光游離偵檢器。

(　) 24. 可能使用顯色劑進行前處理之儀器分析為何？ ①紅外線光譜儀(IR) ②可見光光譜儀分析 ③紫外線光譜儀(UV) ④X 射線光譜儀。

(　) 25. 紅外線分析儀易受空氣中下列何者影響？ ①甲苯 ②水蒸氣 ③苯 ④二甲苯。

(　) 26. 下列危害因子與疾病的配合，何者為誤? ①鋁－肺部纖維化 ②正己烷－多發性神經病變 ③氯乙烯－肝血管肉瘤(angiosarcoma liver) ④錳－巴金森氏症。

(　) 27. 下列何者不受職業安全衛生法保護？ ①工業衛生實驗室之分析員 ②衛生所之醫師 ③軍醫院之勞工 ④雇主。

(　) 28. TiO_2 在勞工作業環境空氣中有害物容許濃度表中屬第四種粉塵亦稱為？ ①厭惡性粉塵 ②可呼吸性粉塵 ③總粉塵 ④可吸入性粉塵。

(　) 29. 為了避免漏電而危害生命安全，下列何者不是正確的做法？ ①使用保險絲來防止漏電的危險性 ②做好用電設備金屬外殼的接地 ③有濕氣的用電場合，線路加裝漏電斷路器 ④加強定期的漏電檢查及維護。

(　) 30. 活線作業勞工應佩戴何種防護手套？ ①絕緣手套 ②棉紗手套 ③耐熱手套 ④防振手套。

(　) 31. 有關高風險或高負荷、夜間工作之安排或防護措施，下列何者不恰當？ ①獨自作業，宜考量潛在危害，如性暴力 ②參照醫師之適性配工建議 ③若受威脅或加害時，在加害人離開前觸動警報系統，激怒加害人，使對方抓狂 ④考量人力或性別之適任性。

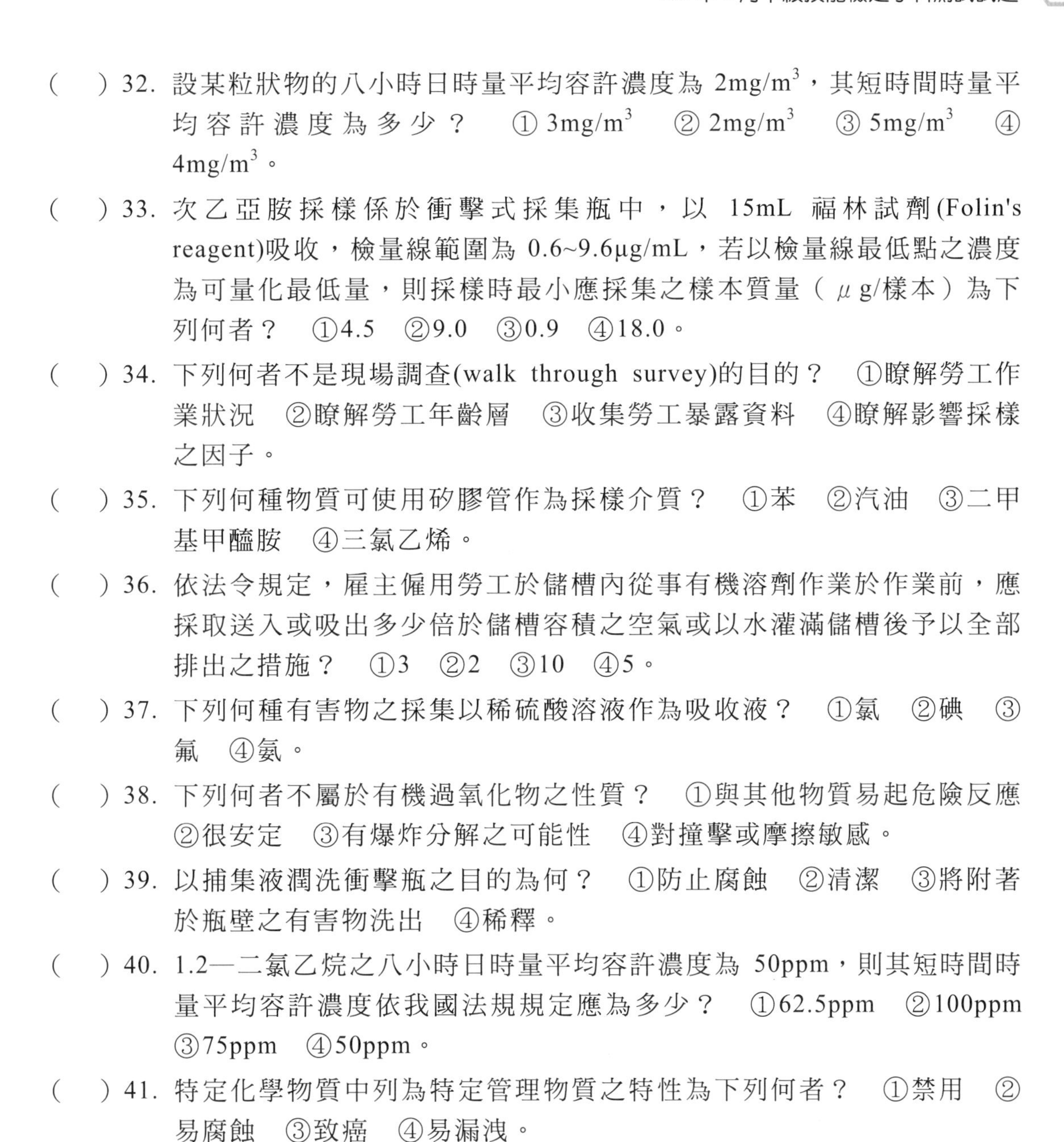

(　) 32. 設某粒狀物的八小時日時量平均容許濃度為 $2mg/m^3$，其短時間時量平均容許濃度為多少？ ① $3mg/m^3$ ② $2mg/m^3$ ③ $5mg/m^3$ ④ $4mg/m^3$。

(　) 33. 次乙亞胺採樣係於衝擊式採集瓶中，以 15mL 福林試劑(Folin's reagent)吸收，檢量線範圍為 0.6~9.6μg/mL，若以檢量線最低點之濃度為可量化最低量，則採樣時最小應採集之樣本質量（μg/樣本）為下列何者？ ①4.5 ②9.0 ③0.9 ④18.0。

(　) 34. 下列何者不是現場調查(walk through survey)的目的？ ①瞭解勞工作業狀況 ②瞭解勞工年齡層 ③收集勞工暴露資料 ④瞭解影響採樣之因子。

(　) 35. 下列何種物質可使用矽膠管作為採樣介質？ ①苯 ②汽油 ③二甲基甲醯胺 ④三氯乙烯。

(　) 36. 依法令規定，雇主僱用勞工於儲槽內從事有機溶劑作業於作業前，應採取送入或吸出多少倍於儲槽容積之空氣或以水灌滿儲槽後予以全部排出之措施？ ①3 ②2 ③10 ④5。

(　) 37. 下列何種有害物之採集以稀硫酸溶液作為吸收液？ ①氯 ②碘 ③氟 ④氨。

(　) 38. 下列何者不屬於有機過氧化物之性質？ ①與其他物質易起危險反應 ②很安定 ③有爆炸分解之可能性 ④對撞擊或摩擦敏感。

(　) 39. 以捕集液潤洗衝擊瓶之目的為何？ ①防止腐蝕 ②清潔 ③將附著於瓶壁之有害物洗出 ④稀釋。

(　) 40. 1.2—二氯乙烷之八小時日時量平均容許濃度為 50ppm，則其短時間時量平均容許濃度依我國法規規定應為多少？ ①62.5ppm ②100ppm ③75ppm ④50ppm。

(　) 41. 特定化學物質中列為特定管理物質之特性為下列何者？ ①禁用 ②易腐蝕 ③致癌 ④易漏洩。

(　) 42. 經勞動部核定公告為勞動基準法第 84 條之 1 規定之工作者，得由勞雇雙方另行約定之勞動條件，事業單位仍應報請下列哪個機關核備？ ①當地主管機關 ②勞動檢查機構 ③法院公證處 ④勞動部。

(　) 43. 下列何種粉塵是能穿過人體氣管而到達人體肺部的氣體交換區？ ①胸腔性粉塵 ②總粉塵 ③可呼吸性粉塵 ④可吸入性粉塵。

(　) 44. 乘坐轎車時，如有司機駕駛，按照乘車禮儀，以司機的方位來看，首位應為 ①後排右側 ②前座右側 ③後排中間 ④後排左側。

(　) 45. 下列何者最適合作為低分子量碳氫化合之捕集介質？ ①活性碳 ②多孔性高分子聚合物 ③矽膠 ④分子篩。

(　) 46. 下列何者屬安全的行為？ ①不適當之支撐或防護 ②使用防護具 ③有缺陷的設備 ④不適當之警告裝置。

(　) 47. 空氣中甲苯濃度約為 200ppm 時，宜使用下列何種直讀式監測器？ ①熱傳導式 ②色帶式 ③光游離式 ④電化學式。

(　) 48. 下列危害性化學品容器何者仍應標示？ ①外部容器已標示，僅供內襯且不再取出之內部容器 ②勞工使用之可攜帶容器，其危害性化學品取自有標示之容器，且僅供裝入之勞工當班立即使用者 ③危害性化學品取自有標示之容器，並供實驗室自作實驗、研究之用者 ④反應器、蒸餾塔、吸收塔、混合器、熱交換器、儲槽等化學設備。

(　) 49. 因為工作本身需要高度專業技術及知識，所以在對客戶服務時應 ①保持親切、真誠、客戶至上的態度 ②以專業機密為由，不用對客戶說明及解釋 ③若價錢較低，就敷衍了事 ④不用理會顧客的意見。

(　) 50. 下列何者是造成聖嬰現象發生的主要原因？ ①臭氧層破洞 ②颱風 ③霧霾 ④溫室效應。

(　) 51. 實驗室分析採集管介質前、後段之含量，當採集介質後段質量為前段質量之多少％時，即屬破出(break through)？ ①5 ②10 ③15 ④25。

(　) 52. 計數型採樣泵之流率校準時，Kv 因子與不同旋鈕設定之關係為何？ ①定值 ②成反比 ③正比增大 ④視溫度壓力之不同而異。

(　) 53. 個人採樣時，採樣設備之採樣泵應配置於採樣勞工之那一部位？ ①肩膀 ②胸口 ③腹前 ④腰間。

(　) 54. 事業單位實施得以直讀式儀器有效監測之化學性因子作業環境監測，僱用下列何種人員實施不符規定？ ①工業安全技師 ②甲級化學性因子作業環境監測人員 ③工礦衛生技師 ④乙級化學性因子作業環境監測人員。

(　) 55. 依環境基本法第 3 條規定，基於國家長期利益，經濟、科技及社會發展均應兼顧環境保護。但如果經濟、科技及社會發展對環境有嚴重不良影響或有危害時，應以何者優先？ ①科技 ②社會 ③經濟 ④環境。

(　) 56. 以活性碳管作為採集介質之採樣過程中，下列何者不是採樣泵停頓的原因？ ①採樣泵出氣端阻塞 ②連接管受壓迫 ③活性碳管阻塞 ④採集過量。

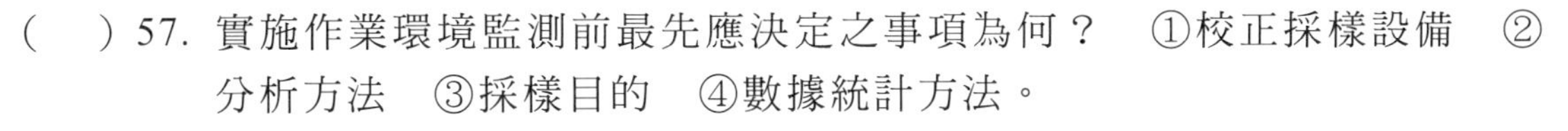

( ) 57. 實施作業環境監測前最先應決定之事項為何？ ①校正採樣設備 ②分析方法 ③採樣目的 ④數據統計方法。

( ) 58. 下列有關智慧財產權行為之敘述，何者有誤？ ①原作者自行創作某音樂作品後，即可宣稱擁有該作品之著作權 ②以 101 大樓、美麗華百貨公司做為拍攝電影的背景，屬於合理使用的範圍 ③製造、販售仿冒品不屬於公訴罪之範疇，但已侵害商標權之行為 ④商標權是為促進文化發展為目的，所保護的財產權之一。

( ) 59. 如果水龍頭流量過大，下列何種處理方式是錯誤的？ ①直接換裝沒有省水標章的水龍頭 ②直接調整水龍頭到適當水量 ③加裝可自動關閉水龍頭的自動感應器 ④加裝節水墊片或起波器。

( ) 60. 受雇者因承辦業務而知悉營業秘密，在離職後對於該營業秘密的處理方式，下列敘述何者正確？ ①自離職日起 3 年後便不再負有保障營業秘密之責 ②離職後仍不得洩漏該營業秘密 ③僅能自用而不得販售獲取利益 ④聘雇關係解除後便不再負有保障營業秘密之責。

複選題：

( ) 61. 下列何種特殊健康檢查紀錄應保存 30 年？ ①砷 ②鎳 ③粉塵 ④二硫化碳。

( ) 62. 石綿採時應考量下列何者？ ①使用兩段式濾紙 ②使用 0.8-1.2μm 孔徑之纖維樹脂濾紙 ③濾紙須加墊片支撐 ④加保護延長管。

( ) 63. 直讀式粉塵計的量測種類，下列何者敘述正確？ ①可監測粒徑分布 ②可監測數目濃度 ③可監測質量濃度 ④可監測粉塵種類。

( ) 64. 採樣時最大採樣體積的使用時機，下列描述何者正確？ ①採樣總體積的計算依據 ②分析時檢量線配製的依據 ③每個樣品最長採樣時間的決定 ④判斷是否破出的參考。

( ) 65. 聚氯乙烯(PVC)濾紙適用於下列何種有害物之採樣？ ①錳金屬 ②鉻酸 ③可呼吸性粉塵 ④總粉塵。

( ) 66. 某旋風分離器 d_{50} 為 4.5m，下列敘述何者為非？ ①粒徑為 4.5m 之粉塵約有 50%被分徑器所分離 ②凡粒徑小於 4.5m 者均會被分離器後段之採樣器捕集 ③增加旋風分離器之空氣流率其 d_{50} 不變 ④凡粒徑大於 4.5m 者均會被分離器後段之採樣器捕集。

( ) 67. 有害物經由呼吸進入人體，該有害物在呼吸系統的分布和吸收，有可能受下列何種因素的影響？ ①有害物的狀態 ②有害物的溶解度 ③有害物的味道 ④有害物的氣／液分配係數。

(　) 68. 關於工業衛生的「生物偵測方法」，下列的敘述何者正確？ ①為暴露有害物的醫事檢驗 ②需要有適當的生物檢體及精準的化學分析方法 ③檢體中的生物指標能反映暴露之有害物的特異性(specificity) ④為有害物暴露預防所需要的偵測方法之一。

(　) 69. 下列何者屬直讀式氣體監測設備？ ①原子吸收光譜儀 ②四用氣偵測器 ③位相差顯微鏡 ④檢知器。

(　) 70. 危害性化學品標示及通識規則對於安全資料表之規定，下列何者正確？ ①應由製造商或供應商提供 ②置於工作場所易取得之處 ③應有中文內容 ④因商業機密之必要可自行保留危害性化學品成分之名稱。

(　) 71. 適合採用混合纖維樹脂濾紙為採集介質之有害物為下列何者？ ①煤焦油 ②硫化氫 ③鉛粉塵 ④錳燻煙。

(　) 72. 無機酸樣本分析，下列敘述何者正確？ ①常使用活性碳管採集 ②常使用離子層析儀定量 ③常使用矽膠管採集 ④常使用氣相層析儀定量。

(　) 73. 石綿樣本分析，下列敘述何者不正確？ ①以 ppm 表示濃度 ②需使用靜電消除器 ③以 mg/m^3 表示濃度 ④以 f/cc 表示濃度。

(　) 74. 以矽膠管為採集介質之說明，下列何者正確？ ①不適於極低濕度環境採樣 ②可採集硫酸霧滴 ③易吸附醇類有機有害物 ④大部分以鹼性脫附劑脫附。

(　) 75. 對於使用電化學式偵測器，下列何者敘述正確？ ①不受其他物質干擾 ②常以電阻換算濃度 ③會反應產生電壓 ④會反應產生電流。

(　) 76. 下列何者是可以作為「作業環境有害物採樣分析參考方法」選擇分析參考方法的依據？ ①方法的編號 ②所列的參考文獻 ③物質的 CAS No. ④物質的容許濃度值。

(　) 77. 法規中有關粉塵容許濃度之敘述，下列何者正確？ ①總粉塵含可呼吸性粉塵及可吸入性粉塵 ②石綿係指纖維長度為 3 微米以上，且長寬比在 5 以上之粉塵 ③第一種粉塵，其 SiO_2 含量愈多，容許濃度愈低 ④第二種粉塵，其 SiO_2 含量愈多，容許濃度愈低。

(　) 78. 金屬燻煙熱的形成與下列何種作業的暴露關係不大？ ①塗裝作業 ②噴砂作業 ③使用硫酸、硝酸、鹽酸等作業 ④鋅熔融作業。

(　) 79. 在有缺氧之虞的作業場所，下列何者為預防缺氧事故的正確措施？ ①檢點進出作業場所的人員 ②作業前監測氧氣濃度 ③以純氧進行換氣，維持空氣中氧氣濃度在18%以上 ④作業前檢點呼吸防護具及安全帶等。

(　) 80. 依危害性化學品標示及通識規則之規定，對裝有危害性化學品容器之標示包含那些項目？ ①危害成分 ②聯合國編號 ③警示語 ④危害圖式。

109 年 3 月化學性因子作業環境監測甲級技術士技能檢定學科測試試題（答案）

解答：

1.(3)	2.(3)	3.(1)	4.(2)	5.(1)	6.(4)	7.(1)	8.(4)	9.(3)	10.(1)
11.(4)	12.(4)	13.(3)	14.(2)	15.(2)	16.(2)	17.(4)	18.(3)	19.(3)	20.(1)
21.(1)	22.(2)	23.(3)	24.(2)	25.(2)	26.(1)	27.(4)	28.(1)	29.(1)	30.(1)
31.(3)	32.(4)	33.(2)	34.(2)	35.(3)	36.(1)	37.(4)	38.(2)	39.(3)	40.(3)
41.(3)	42.(1)	43.(3)	44.(1)	45.(1)	46.(2)	47.(3)	48.(4)	49.(1)	50.(4)
51.(2)	52.(1)	53.(4)	54.(1)	55.(4)	56.(4)	57.(3)	58.(3)	59.(1)	60.(2)
61.(123)	62.(234)	63.(123)	64.(234)	65.(234)	66.(234)	67.(124)	68.(234)	69.(24)	70.(123)
71.(34)	72.(23)	73.(123)	74.(234)	75.(34)	76.(13)	77.(13)	78.(123)	79.(124)	80.(134)

詳解：

4. $(10+0.5)\times 10\div 9\div(800\times 8\times 60\times 10^{-6})=30.4\ mg/m^3$

6. 應以空氣換氣

32. $2\times 2=4$

33. $15\times 0.6=9\ \mu g$

36. 《職業安全衛生設施規則》第 21 條
雇主使勞工於儲槽之內部從事有機溶劑作業時，應依下列規定：
一、派遣有機溶劑作業主管從事監督作業。
二、決定作業方法及順序於事前告知從事作業之勞工。
三、確實將有機溶劑或其混存物自儲槽排出，並應有防止連接於儲槽之配管流入有機溶劑或其混存物之措施。
四、前款所採措施之閥、旋塞應予加鎖或設置盲板。
五、作業開始前應全部開放儲槽之人孔及其他無虞流入有機溶劑或其混存物之開口部。

六、以水、水蒸汽或化學藥品清洗儲槽之內壁，並將清洗後之水、水蒸氣或化學藥品排出儲槽。

七、應送入或吸出三倍於儲槽容積之空氣，或以水灌滿儲槽後予以全部排出。

八、應以測定方法確認儲槽之內部之有機溶劑濃度未超過容許濃度。

九、應置備適當的救難設施。

十、勞工如被有機溶劑或其混存物污染時，應即使其離開儲槽內部，並使該勞工清洗身體除卻污染。

40. 變量係數為 1.5，50×1.5＝75ppm

62. 石綿採樣要採用三段式濾紙

77. 石綿粉塵係指纖維長度在 5 微米以上，長寬比在 3 以上之粉塵。
第二種粉塵容許濃度與二氧化矽含量無關。

附錄六 109 年 11 月甲級技能檢定學科測試試題

APPENDIX

109 年 11 月化學性因子作業環境監測甲級技術士技能檢定學科測試試題

本試卷有選擇題 80 題（單選選擇題 60 題，每題 1 分；複選選擇題 20 題，每題 2 分），測試時間為 100 分鐘，請在答案卡上作答，答錯不倒扣；未作答者，不予計分。

單選題：

(　) 1. 下列有關著作權之概念，何者正確？ ①國外學者之著作，可受我國著作權法的保護 ②公務機關所函頒之公文，受我國著作權法的保護 ③著作權要待向智慧財產權申請通過後才可主張 ④以傳達事實之新聞報導，依然受著作權之保障。

(　) 2. 非公務機關利用個人資料進行行銷時，下列敘述何者「錯誤」？ ①若已取得當事人書面同意，當事人即不得拒絕利用其個人資料行銷 ②於首次行銷時，應提供當事人表示拒絕行銷之方式 ③當事人表示拒絕接受行銷時，應停止利用其個人資料 ④倘非公務機關違反「應即停止利用其個人資料行銷」之義務，未於限期內改正者，按次處新臺幣 2 萬元以上 20 萬元以下罰鍰。

(　) 3. 下列何者不屬勞工作場所容許暴露標準？ ①最高容許濃度 ②半數致死濃度(LC_{50}) ③八小時日時量平均容許濃度 ④短時間時量平均容許濃度。

(　) 4. 下列何者為正確？ ①噴漆作業為避免手部沾污，應使用棉紗手套 ②空氣中有害物勞工暴露愈高，進入人體之劑量就較低 ③評估勞工暴露如已實施作業環境監測，則不須再實施生物偵測，以免浪費金錢 ④生物檢體如尿液之採集，應考慮有害物在人體的半衰期及檢體採集時間。

(　) 5. 公務機關首長要求人事單位聘僱自己的弟弟擔任工友，違反何種法令？ ①公職人員利益衝突迴避法 ②刑法 ③貪污治罪條例 ④未違反法令。

(　) 6. 聚氯乙烯濾紙不適用於下列何種有害物之採集？ ①鉻酸 ②總粉塵 ③呼吸性粉塵 ④鉛。

(　) 7. 採樣設備組合之入氣端，應配置於個人採樣勞工之何位置？ ①背部 ②腰部 ③頭部 ④呼吸帶。

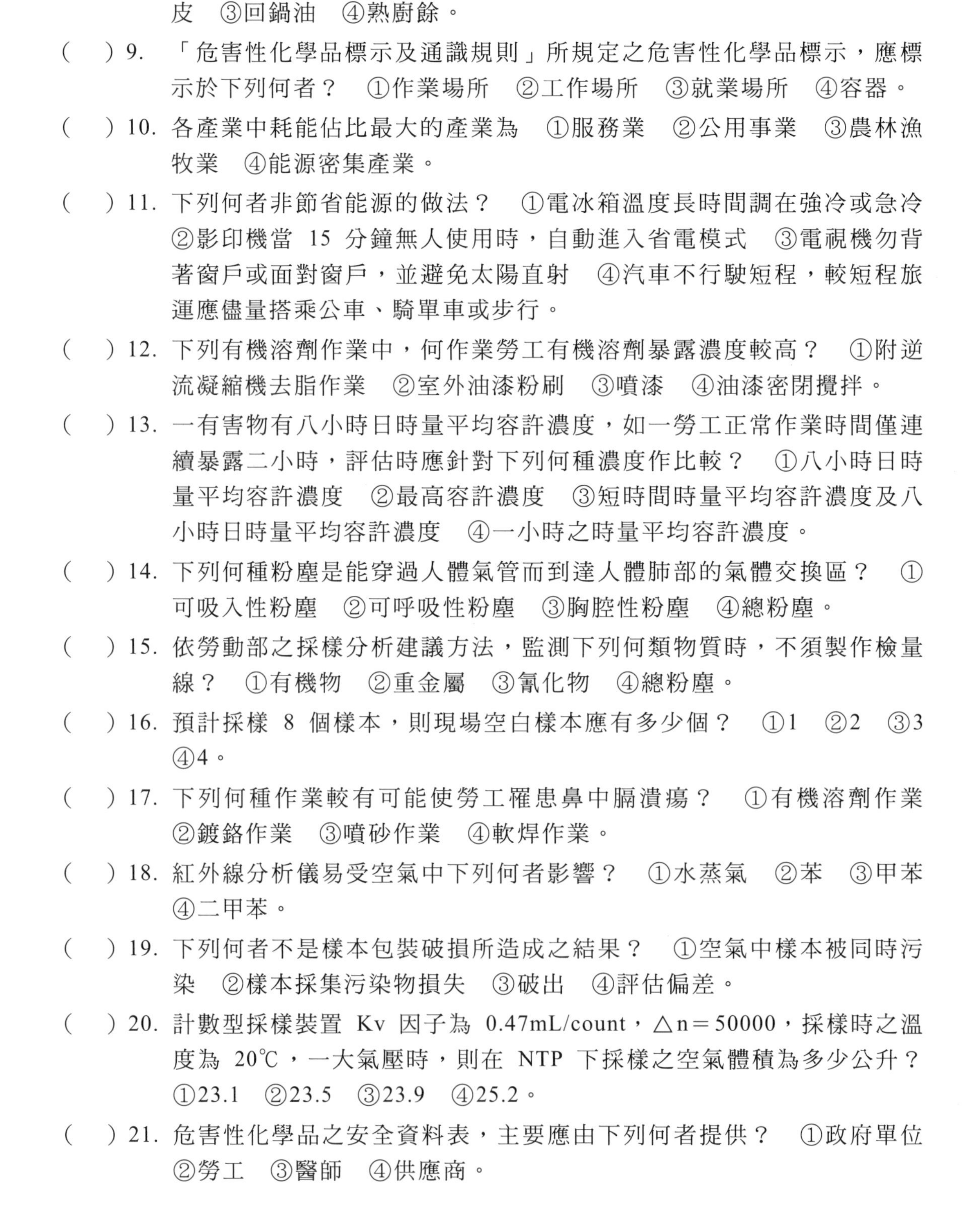

(　)8. 哪一種家庭廢棄物可用來作為製造肥皂的主要原料？　①食醋　②果皮　③回鍋油　④熟廚餘。

(　)9. 「危害性化學品標示及通識規則」所規定之危害性化學品標示，應標示於下列何者？　①作業場所　②工作場所　③就業場所　④容器。

(　)10. 各產業中耗能佔比最大的產業為　①服務業　②公用事業　③農林漁牧業　④能源密集產業。

(　)11. 下列何者非節省能源的做法？　①電冰箱溫度長時間調在強冷或急冷　②影印機當 15 分鐘無人使用時，自動進入省電模式　③電視機勿背著窗戶或面對窗戶，並避免太陽直射　④汽車不行駛短程，較短程旅運應儘量搭乘公車、騎單車或步行。

(　)12. 下列有機溶劑作業中，何作業勞工有機溶劑暴露濃度較高？　①附逆流凝縮機去脂作業　②室外油漆粉刷　③噴漆　④油漆密閉攪拌。

(　)13. 一有害物有八小時日時量平均容許濃度，如一勞工正常作業時間僅連續暴露二小時，評估時應針對下列何種濃度作比較？　①八小時日時量平均容許濃度　②最高容許濃度　③短時間時量平均容許濃度及八小時日時量平均容許濃度　④一小時之時量平均容許濃度。

(　)14. 下列何種粉塵是能穿過人體氣管而到達人體肺部的氣體交換區？　①可吸入性粉塵　②可呼吸性粉塵　③胸腔性粉塵　④總粉塵。

(　)15. 依勞動部之採樣分析建議方法，監測下列何類物質時，不須製作檢量線？　①有機物　②重金屬　③氰化物　④總粉塵。

(　)16. 預計採樣 8 個樣本，則現場空白樣本應有多少個？　①1　②2　③3　④4。

(　)17. 下列何種作業較有可能使勞工罹患鼻中膈潰瘍？　①有機溶劑作業　②鍍鉻作業　③噴砂作業　④軟焊作業。

(　)18. 紅外線分析儀易受空氣中下列何者影響？　①水蒸氣　②苯　③甲苯　④二甲苯。

(　)19. 下列何者不是樣本包裝破損所造成之結果？　①空氣中樣本被同時污染　②樣本採集污染物損失　③破出　④評估偏差。

(　)20. 計數型採樣裝置 Kv 因子為 0.47mL/count，△n＝50000，採樣時之溫度為 20℃，一大氣壓時，則在 NTP 下採樣之空氣體積為多少公升？　①23.1　②23.5　③23.9　④25.2。

(　)21. 危害性化學品之安全資料表，主要應由下列何者提供？　①政府單位　②勞工　③醫師　④供應商。

(　) 22. 職業上危害因子所引起的勞工疾病，稱為何種疾病？ ①職業疾病 ②法定傳染病 ③流行性疾病 ④遺傳性疾病。

(　) 23. 民眾焚香燒紙錢常會產生那些空氣污染物增加罹癌的機率：A.苯、B.細懸浮微粒($PM_{2.5}$)、C.二氧化碳(CO_2)、D.甲烷(CH_4)？ ①AB ②AC ③BC ④CD。

(　) 24. 使用氣相層析儀分析含硫之有機物時，其最佳之偵測器為下列何者？ ①PID ②ECD ③FPD ④FID。

(　) 25. 下列何種應屬厭惡性粉塵？ ①第一種 ②第二種 ③第三種 ④第四種。

(　) 26. 雇主對於勞工經常作業之室內作業場所，除設備及自地面算起高度超過四公尺以上之空間不計外，每一勞工原則上應有多少立方公尺以上之空間？ ①4 ②6 ③8 ④10。

(　) 27. 下列何者為總粉塵採樣系列組合最常用之濾紙匣？ ①閉口(close face)二層式 ②開口二層式 ③加延長管開口二層式 ④開口三層式。

(　) 28. 二氧化碳和其他溫室氣體含量增加是造成全球暖化的主因之一，下列何種飲食方式也能降低碳排放量，對環境保護做出貢獻：A.少吃肉，多吃蔬菜；B.玉米產量減少時，購買玉米罐頭食用；C.選擇當地食材；D.使用免洗餐具，減少清洗用水與清潔劑？ ①AB ②AC ③AD ④ACD。

(　) 29. 危害性化學品標示圖式中象徵符號為骷髏頭與兩跟交叉骨頭者為下列何物質？ ①易燃氣體 ②禁水性物質 ③腐蝕性物質 ④毒性物質。

(　) 30. 下列哪一種粉塵最容易引起矽肺症？ ①石英 ②水泥 ③矽藻土 ④黏土。

(　) 31. 檢知管監測後變色邊緣如為一斜面，其濃度讀取，下列何者為正確？ ①讀取變色斜面最長點 ②讀取變色斜面中心點 ③讀取變色斜面最短點頂端 ④不能讀取。

(　) 32. 活塞式（真空吸引式）檢知器之採氣流率允許誤差為多少%以下？ ①10 ②15 ③20 ④25。

(　) 33. 於通風不充分之場所從事鉛合金軟焊之作業其設置整體換氣裝置之換氣量，應為每一從事鉛作業勞工平均每分鐘多少立方公尺以上？ ①0.5 ②0.67 ③1.5 ④1.67。

(　) 34. 下列何種有機溶劑與正己烷共同使用時，會使多發性神經病變之危害加劇？　①甲苯　②鉛　③丁酮　④二硫化碳。

(　) 35. 為保持中央空調主機效率，每隔多久時間應請維護廠商或保養人員檢視中央空調主機？　①半年　②1 年　③1.5 年　④2 年。

(　) 36. 下列何種物質之捕集可使用氫氧化鈉吸收液作為採樣介質？　①丙酮　②甲苯　③甲醇　④硫化氫。

(　) 37. 下列何種氣體較適於以光游離監測器監測之？　①氧氣　②二氧化碳　③水氣　④苯。

(　) 38. 從事於易踏穿材料構築之屋頂修繕作業時，應有何種作業主管在場執行主管業務？　①施工架組配　②擋土支撐組配　③屋頂　④模板支撐。

(　) 39. 下列何種光譜監測是利用分子鍵結之內層或高能階電子轉移之能量變化以吸收特定波長之能量？　①紫外線　②可見光　③紅外線　④X光。

(　) 40. 現場空白樣本之設置目的為何？　①樣本運送是否被污染　②評估介質品質　③評估採樣泵品質　④計算現場污染物濃度。

(　) 41. 下列何者是海洋受污染的現象？　①形成紅潮　②形成黑潮　③溫室效應　④臭氧層破洞。

(　) 42. 下列危害性化學品容器何者仍應標示？　①外部容器已標示，僅供內襯且不再取出之內部容器　②勞工使用之可攜帶容器，其危害性化學品取自有標示之容器，且僅供裝入之勞工當班立即使用者　③反應器、蒸餾塔、吸收塔、混合器、熱交換器、儲槽等化學設備　④危害性化學品取自有標示之容器，並供實驗室自作實驗、研究之用者。

(　) 43. 下列有關促進參與預防和打擊貪腐的敘述何者錯誤？　①提高政府決策透明度　②廉政機構應受理匿名檢舉　③儘量不讓公民團體、非政府組織與社區組織有參與的機會　④向社會大眾及學生宣導貪腐「零容忍」觀念。

(　) 44. 下列何有害物易引起膀胱癌？　①多氯聯苯　②苯　③二胺基聯苯　④鉛混合物。

(　) 45. 有關硫化氫之採樣分析敘述下列何者有誤？　①以分光光譜儀分析　②採集介質為醋酸吸收液　③使用內盛吸收液之衝擊瓶採樣　④使用低流量採樣泵採樣。

(　) 46. 下列何因素不會造成以液相為靜相之層析儀的波峰(peak)變寬？　①長分離管柱　②大量樣本　③快速樣本注射　④載流氣體流率太小。

(　) 47. 下列何者非屬職業災害？ ①上下班途中勞工被超車之車子撞及 ②工作場所作業長時間有害物質暴露造成之身體功能受損 ③午餐因公司提供餐食引起之身體不適 ④休假日從自家進入地下停車場取車時滑倒摔傷。

(　) 48. 下列何種採樣方式最適合用以評估勞工罹患塵肺症之風險？ ①可吸入性粉塵 ②可呼吸性粉塵 ③胸腔性粉塵 ④總粉塵。

(　) 49. 有機溶劑作業設置之局部排氣裝置控制設施，氣罩型式下列何者控制效果最差？ ①包圍式 ②崗亭式 ③外裝式 ④吹吸式。

(　) 50. 依勞動部採樣分析建議方法，粉塵稱重分析採用下列何種濾紙？ ①聚氯乙烯濾紙 ②纖維素酯濾紙 ③玻璃纖維濾紙 ④銀膜濾紙。

(　) 51. 可接受委託實施勞工一般體格及健康檢查之認可醫療機構為下列何者？ ①辦理勞工一般體格及健康檢查之認可醫療機構 ②所有公立醫療機構 ③所有衛生所 ④其他事業單位設置之醫療衛生單位。

(　) 52. 勞工服務對象若屬特殊高風險族群，如酗酒、藥癮、心理疾患或家暴者，則此勞工較易遭受下列何種危害？ ①身體或心理不法侵害 ②中樞神經系統退化 ③聽力損失 ④白指症。

(　) 53. 作業環境監測機構之監測人員，應參加中央主管機關認可之各種勞工作業環境監測相關講習會、研討會或訓練，每年不得低於多少小時？ ①6 ②12 ③15 ④18。

(　) 54. 甲苯之八小時日時量平均容許濃度為 100ppm，變量係數為 1.25，如一作業勞工使用甲苯作業之時間僅有 2 小時，該 2 小時之時量平均濃度為 150ppm，評估結果為下列何者？ ①不符規定 ②符合規定 ③不能判定 ④應再重行監測才能判定是否符合規定。

(　) 55. 下列何者非屬危險物儲存場所應採取之火災爆炸預防措施？ ①使用工業用電風扇 ②裝設可燃性氣體偵測裝置 ③使用防爆電氣設備 ④標示「嚴禁煙火」。

(　) 56. 勞動部建議之採樣分析方法中，甲醛採用何種吸附管捕集？ ①活性碳管 ②矽膠管 ③XAD-2 吸附管 ④TEA 吸附管。

(　) 57. 適用於採集鉛燻煙之採集介質為下列何者？ ①聚氯乙烯濾紙 ②聚四氟乙烯濾紙 ③銀膜濾紙 ④混合纖維素酯濾紙。

(　) 58. 雇主應依實際狀況檢討安全資料表內容之正確性，適時更新，並至少每多少年檢討 1 次？ ①5 年 ②3 年 ③2 年 ④1 年。

(　) 59. 下列何者非屬四烷基鉛？ ①四甲基鉛 ②四乙基鉛 ③鉻酸鉛 ④一甲基三乙基鉛。

(　) 60. 家人洗澡時，一個接一個連續洗，也是一種有效的省水方式嗎？ ①是，因為可以節省等熱水流出所流失的冷水 ②否，這跟省水沒什麼關係，不用這麼麻煩 ③否，因為等熱水時流出的水量不多 ④有可能省水也可能不省水，無法定論。

複選題：

(　) 61. 對於執行作業環境監測時採樣介質的選擇，下列描述何者正確？ ①甲苯是使用活性碳管 ②二甲苯是使用矽膠管 ③鉛是使用混合纖維樹脂(MCE)濾紙 ④苯是使用活性碳管。

(　) 62. 鋼鐵廠的澆鑄作業，可能會有下列那些化學暴露？ ①甲醛 ②一氧化碳 ③石綿 ④金屬燻煙。

(　) 63. 使用直讀式儀器時，下列敘述何者正確？ ①主動式監測器有泵 ②量測結果與泵流量無關 ③被動式監測器無泵 ④不受氣流濕度影響。

(　) 64. 針對石綿採樣，下列描述那些正確？ ①使用 25mm 聚氯乙烯(PVC)濾紙 ②必須依採樣器的材質種類固定流率 ③使用 5cm 長的延長管 ④樣品必需要保存於去靜電的盒子。

(　) 65. 下列那些屬石綿？ ①透閃石 ②陽起石 ③斜方角閃石 ④青石綿。

(　) 66. 對於觸媒燃燒式感測元件，下列敘述何者正確？ ①易受硫物毒化 ②易受氯化物毒化 ③可於無氧狀態監測 ④對分析物選擇性高。

(　) 67. 對氣體監測器校正，下列何者敘述正確？ ①應實施零值校正 ②應實施全幅校正 ③校正結果與電力充足無關 ④應使用標準氣體校正。

(　) 68. 下列何者具有甲級化學性因子作業環境監測人員資格？ ①領有工業安全技師證書 ②領有職業（工礦）衛生技師證書 ③領有化學性因子作業環境監測甲級技術士證 ④領有甲級勞工衛生管理技術士證。

(　) 69. 採樣時之採樣泵其最初及最後流率分別為 F_1 及 F_2，且 $F_2=0.9F_1$ 時，則計算總採氣體積時，所使用之流率，下列何者不正確？ ①F_1 ②F_2 ③$(F_1+F_2)/2$ ④採樣前後流率變化過大，為無效採樣。

(　) 70. 依有機溶劑中毒預防規則之規定，使用二硫化碳從事研究之作業場所，可由下列何者擇一設置，作為工程控制之方式？ ①密閉設備 ②局部排氣裝置 ③整體換氣裝置 ④電風扇。

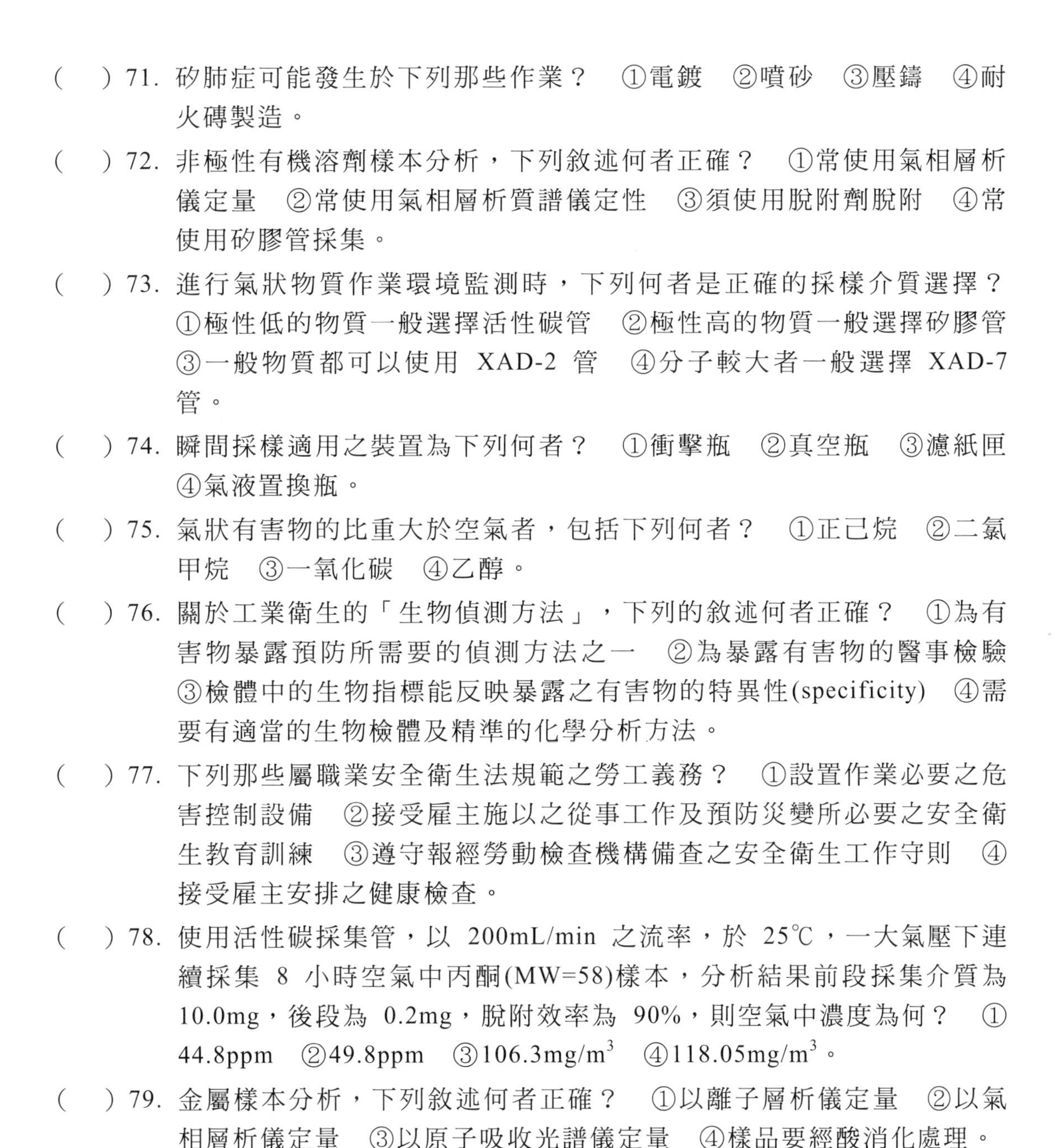

( ) 71. 矽肺症可能發生於下列那些作業？ ①電鍍 ②噴砂 ③壓鑄 ④耐火磚製造。

( ) 72. 非極性有機溶劑樣本分析，下列敘述何者正確？ ①常使用氣相層析儀定量 ②常使用氣相層析質譜儀定性 ③須使用脫附劑脫附 ④常使用矽膠管採集。

( ) 73. 進行氣狀物質作業環境監測時，下列何者是正確的採樣介質選擇？ ①極性低的物質一般選擇活性碳管 ②極性高的物質一般選擇矽膠管 ③一般物質都可以使用 XAD-2 管 ④分子較大者一般選擇 XAD-7 管。

( ) 74. 瞬間採樣適用之裝置為下列何者？ ①衝擊瓶 ②真空瓶 ③濾紙匣 ④氣液置換瓶。

( ) 75. 氣狀有害物的比重大於空氣者，包括下列何者？ ①正己烷 ②二氯甲烷 ③一氧化碳 ④乙醇。

( ) 76. 關於工業衛生的「生物偵測方法」，下列的敘述何者正確？ ①為有害物暴露預防所需要的偵測方法之一 ②為暴露有害物的醫事檢驗 ③檢體中的生物指標能反映暴露之有害物的特異性(specificity) ④需要有適當的生物檢體及精準的化學分析方法。

( ) 77. 下列那些屬職業安全衛生法規範之勞工義務？ ①設置作業必要之危害控制設備 ②接受雇主施以之從事工作及預防災變所必要之安全衛生教育訓練 ③遵守報經勞動檢查機構備查之安全衛生工作守則 ④接受雇主安排之健康檢查。

( ) 78. 使用活性碳採集管，以 200mL/min 之流率，於 25℃，一大氣壓下連續採集 8 小時空氣中丙酮(MW=58)樣本，分析結果前段採集介質為 10.0mg，後段為 0.2mg，脫附效率為 90%，則空氣中濃度為何？ ①44.8ppm ②49.8ppm ③106.3mg/m^3 ④118.05mg/m^3。

( ) 79. 金屬樣本分析，下列敘述何者正確？ ①以離子層析儀定量 ②以氣相層析儀定量 ③以原子吸收光譜儀定量 ④樣品要經酸消化處理。

( ) 80. 應屬厭惡性粉塵採樣之有害物為下列何者？ ①石英 ②硫酸鈣 ③三氧化二砷 ④非游離二氧化矽。

109 年 11 月化學性因子作業環境監測甲級技術士技能檢定學科測試試題（答案）

解答：

1.(1)	2.(1)	3.(2)	4.(4)	5.(1)	6.(4)	7.(4)	8.(3)	9.(4)	10.(4)
11.(1)	12.(3)	13.(3)	14.(2)	15.(4)	16.(2)	17.(2)	18.(1)	19.(3)	20.(3)
21.(4)	22.(1)	23.(1)	24.(3)	25.(4)	26.(4)	27.(1)	28.(2)	29.(4)	30.(1)
31.(2)	32.(1)	33.(4)	34.(3)	35.(1)	36.(4)	37.(4)	38.(3)	39.(1)	40.(1)
41.(1)	42.(3)	43.(3)	44.(3)	45.(2)	46.(3)	47.(4)	48.(1)	49.(3)	50.(1)
51.(1)	52.(1)	53.(2)	54.(1)	55.(1)	56.(3)	57.(4)	58.(2)	59.(3)	60.(1)
61.(134)	62.(124)	63.(13)	64.(34)	65.(1234)	66.(12)	67.(124)	68.(23)	69.(123)	70.(12)
71.(24)	72.(123)	73.(12)	74.(24)	75.(124)	76.(134)	77.(234)	78.(24)	79.(34)	80.(24)

詳解：

16. $8 \times 1 \div 10 = 0.8$，空白樣品至少要 2 個

20. $0.47 \times 50000 = 23.5$ 公升，$23.5 \div V = (273+20) \div (273+25)$，$V = 23.9$ 公升

24. 參考本書 6.4.1 第 2 點(5)

26. 《職業安全衛生設施規則》第 309 條
雇主對於勞工經常作業之室內作業場所，除設備及自地面算起高度超過 4 公尺以上之空間不計外，每一勞工原則上應有 10 立方公尺以上之空間。

33. 《鉛中毒預防規則》第 32 條
雇主使勞工從事第二條第二項第十款規定之作業，其設置整體換氣裝置之換氣量，應為每一從事鉛作業勞工平均每分鐘 1.67 立方公尺以上。

37. 氣相分析儀適用對象為有機物

39. 較低階為可見光，請參考本書 6.10.1

45. 硫化氫採樣介質為小型衝擊式採樣器

53. 《作業環境監測實施辦法》第 19 條
監測機構之監測人員及第 10-2 條之執業工礦衛生技師，應參加中央主管機關認可之各種勞工作業環境監測相關講習會、研討會或訓練，每年不得低於 12 小時。

54. $100 \times 1.25 = 125$，125<150，所以不符合

56. 參考本書 4.4 第 3 點

57. 參考本書 4.3.5

61. 二甲苯也是使用活性碳管採樣

64. 石綿採用薄膜濾紙採樣

69. 採樣容許誤差為 5%

72. 非極性有機溶劑適合用活性碳管採樣

74. 參考本書 4.3.5

78. $(10+0.2) \div (200 \times 8 \times 60 \times 10^{-6}) = 106.3\ mg/m^3 = 44.8ppm$

附錄七 APPENDIX 109 年 3 月乙級技能檢定學科測試試題

109 年 3 月化學性因子作業環境監測乙級技術士技能檢定學科測試試題

本試卷有選擇題 80 題（單選選擇題 60 題，每題 1 分；複選選擇題 20 題，每題 2 分），測試時間為 100 分鐘，請在答案卡上作答，答錯不倒扣；未作答者，不予計分。

單選題：

( ) 1. 一般而言，粉塵氣動粒徑小於多少微米者，較易進入肺泡？ ①10 ②500 ③100 ④50。

( ) 2. 下列何者不是全球暖化帶來的影響？ ①洪水 ②熱浪 ③旱災 ④地震。

( ) 3. 下列何種污染物之採樣方法於流率校正時需附加卻水器？ ①氟 ②鉻酸 ③硫化氫 ④呼吸性粉塵。

( ) 4. 火燄離子偵測器(GC-FID)之氣相層析儀分析樣本時，最常用的脫附溶劑為何？ ①汽油 ②水 ③二硫化碳 ④香蕉油。

( ) 5. 總粉塵的濃度，其單位以下列何者表示最適當？ ①mg/m^3 ②ppm ③MPPCM ④MPPCF。

( ) 6. 檢知器之檢漏試驗應在何時進行？ ①採樣 10 次後 ②監測前 ③採樣 100 次後 ④每年。

( ) 7. 塑膠為海洋生態的殺手，所以環保署推動「無塑海洋」政策，下列何項不是減少塑膠危害海洋生態的重要措施？ ①禁止製造、進口及販售含塑膠柔珠的清潔用品 ②擴大禁止免費供應塑膠袋 ③淨灘、淨海 ④定期進行海水水質監測。

( ) 8. 個人採樣之總粉塵量採樣器，最常使用之濾紙尺寸為多少 mm？ ①47 ②37 ③50 ④25。

( ) 9. 下列哪一項水質濃度降低會導致河川魚類大量死亡？ ①生化需氧量 ②二氧化碳 ③氨氮 ④溶氧。

( ) 10. 有機溶劑之容許消費量計算，與下列何者有關？ ①溫度 ②濕度 ③作業場所之氣積 ④壓力。

( ) 11. 有關通風排氣系統，下列敘述何者錯誤？ ①排氣機宜置於空氣清淨裝置之後 ②外裝型氣罩應接近各該發生源 ③排氣口應置於室內 ④氣罩應置於每一氣體、蒸氣或粉塵發生源。

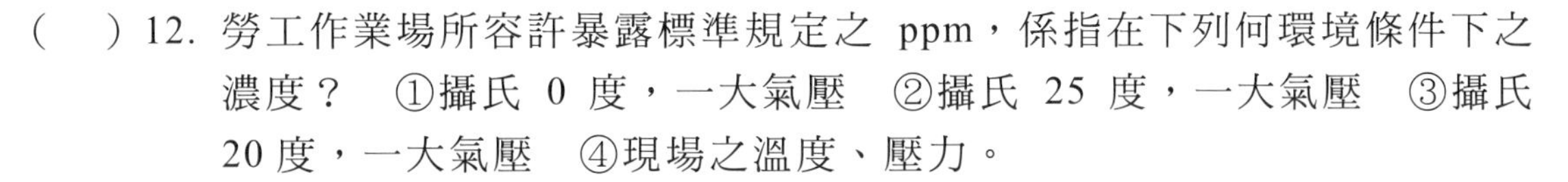

(　) 12. 勞工作業場所容許暴露標準規定之 ppm，係指在下列何環境條件下之濃度？ ①攝氏 0 度，一大氣壓 ②攝氏 25 度，一大氣壓 ③攝氏 20 度，一大氣壓 ④現場之溫度、壓力。

(　) 13. 某物質之採樣及分析變異係數各為 3%及 4%，則總變異係數為 ①7% ②8% ③6% ④5%。

(　) 14. 因故意或過失而不法侵害他人之營業秘密者，負損害賠償責任。該損害賠償之請求權，自請求權人知有行為及賠償義務人時起，幾年間不行使就會消滅？ ①10 年 ②7 年 ③2 年 ④5 年。

(　) 15. 下列何有害物採樣前後，採集介質及樣本須經調適(condition)？ ①含游離二氧化矽粉塵 ②石綿 ③聯苯胺 ④石油醚。

(　) 16. 高速公路旁常見有農田違法焚燒稻草，除易產生濃煙影響行車安全外，也會產生下列何種空氣污染物對人體健康造成不良的作用？ ①臭氧(O_3) ②懸浮微粒 ③沼氣 ④二氧化碳(CO_2)。

(　) 17. 分析標準偏差除以平均值之計算結果稱為下列何者？ ①脫附效率 ②相對誤差 ③絕對誤差 ④變異係數。

(　) 18. 製造電容器之噴錫作業中，錫主要以下列何種型態存在於空氣中？ ①霧滴 ②燻煙 ③蒸氣 ④粉塵。

(　) 19. 氧氣監測器每次使用前應於新鮮空氣處所，校準儀器指示值至多少%方可使用？ ①18 ②25 ③19.5 ④21。

(　) 20. 一勞工作業時，分別暴露於苯及甲苯，八小時日時量平均暴露濃度分別為 0.6ppm 及 50ppm，而苯及甲苯之八小時日時量平均容許濃度分別為 1ppm 及 100ppm，則該勞工之暴露為下列何者？ ①不符規定 ②等於 0 ③不能判定 ④符合規定。

(　) 21. 我國中央勞工行政主管機關為下列何者？ ①經濟部 ②勞工保險局 ③內政部 ④勞動部。

(　) 22. 依法令規定，勞工工作日時量平均音壓級未達多少分貝，不屬特別危害健康作業？ ①九十五 ②九十 ③八十 ④八十五。

(　) 23. 「勞工腦心血管疾病發病的風險與年齡、吸菸、總膽固醇數值、家族病史、生活型態、心臟方面疾病」之相關性為何？ ①可正可負 ②無 ③負 ④正。

(　) 24. 錳中毒的主要症狀為下列何者？ ①多發性神經病變 ②黃疸 ③水腦症 ④類巴金森氏症。

(　) 25. 油性塗料分裝作業過程，工作者最可能暴露下列何種型態的物質？ ①有機蒸氣 ②粉塵 ③有毒氣體 ④霧滴。

( ) 26. 依法令規定，下列何種有機溶劑之控制設施要求較嚴格？ ①第三種 ②第一種 ③第二種 ④第四種。

( ) 27. 不同勞工在同一作業場所，同一時段實施個人採樣，其暴露濃度呈何種分布？ ①常態分布 ②對數常態分布 ③z 分布 ④t 分布。

( ) 28. 以活性碳管作為採集介質之採樣過程中，發現採樣泵停頓後之處置措施應為下列何者？ ①重新啟動 ②更換採集介質 ③更換電池 ④重行採樣。

( ) 29. 欲評估會引起肺部塵肺症之粉塵時，應捕集 ①厭惡粉塵 ②總粉塵量 ③可吸入性粉塵 ④可呼吸性粉塵。

( ) 30. 以氣相層析儀分析二硫化碳時，下列何者為最佳偵檢器？ ①熱傳導偵檢器(TCD) ②電子捕捉偵檢器(ECD) ③火燄游離偵檢器(FID) ④火焰光度偵檢器(FPD)。

( ) 31. 小禎離開異鄉就業，來到小明的公司上班，小明是當地的人，他應該： ①小禎非當地人，應該不容易相處，不要有太多接觸 ②小禎是同單位的人，是個競爭對手，應該多加防範 ③多關心小禎的生活適應情況，如有困難加以協助 ④不關他的事，自己管好就好。

( ) 32. 同一個作業場所石綿作業環境監測採集樣本十五個時，應至少製備現場空白樣本幾個？ ①一 ②四 ③二 ④三。

( ) 33. 使用旋風分粒裝置須設定固定流率之原因為何？ ①固定篩分粒徑分布 ②保護濾紙 ③避免擾流 ④保護分粒裝置。

( ) 34. 事業單位未依勞工作業環境監測實施辦法之規定實施勞工作業環境監測，該事業單位係違反下列何者規定？ ①職業安全衛生法 ②刑法 ③民法 ④勞資爭議處理法。

( ) 35. 可燃性氣體或蒸氣監測器通常係應用下列何項原理？ ①加凡尼電池(Galvani cell)式的自發化學反應 ②順磁分析 ③氧化鋯固態電解電池 ④燃燒熱增加惠斯登電橋(Wheatstone Bridge)之電流。

( ) 36. 在正常操作，且提供相同使用條件之情形下，下列何種暖氣設備之能源效率最高？ ①電暖爐 ②冷暖氣機 ③電熱輻射機 ④電熱風扇。

( ) 37. 勞工作業環境空氣中總粉塵量採樣，若以 37mm 濾紙採集時，濾紙上之採集物重量(mg)應在何範圍較為適當？ ①0.5 以下 ②1~3 ③6~8 ④4~5。

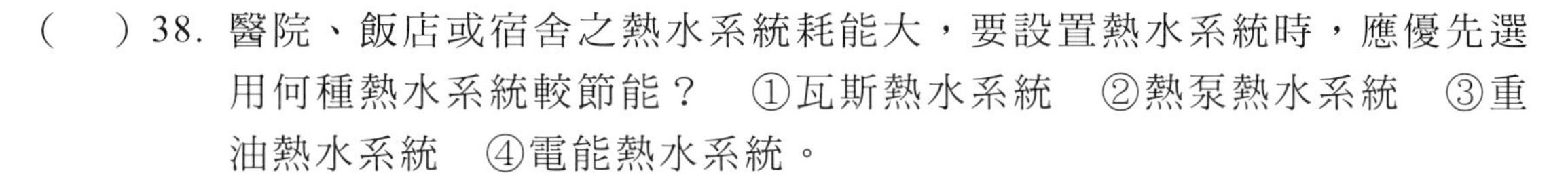

(　) 38. 醫院、飯店或宿舍之熱水系統耗能大，要設置熱水系統時，應優先選用何種熱水系統較節能？　①瓦斯熱水系統　②熱泵熱水系統　③重油熱水系統　④電能熱水系統。

(　) 39. 甲君為獲取乙級技術士技能檢定證照，行賄打點監評人員要求放水之行為，可能構成何罪？　①背信罪　②違背職務行賄罪　③不違背職務行賄罪　④詐欺罪。

(　) 40. 下列何種直讀式儀器可監測粉塵濃度？　①壓電天平　②紅外線分析儀　③檢知管及檢知器　④氣體色層分析儀。

(　) 41. 依規定，四氯化碳之圖式歸類為下列何者？　①爆炸物　②腐蝕性物質　③易燃液體　④急毒性物質。

(　) 42. 集合式住宅的地下停車場需要維持通風良好的空氣品質，又要兼顧節能效益，下列的排風扇控制方式何者是不恰當的？　①淘汰老舊排風扇，改裝取得節能標章、適當容量高效率風扇　②兩天一次運轉通風扇就好了　③結合一氧化碳偵測器，自動啟動／停止控制　④設定每天早晚二次定期啟動排風扇。

(　) 43. 有關承攬管理責任，下列敘述何者正確？　①承攬廠商應自負職業災害之賠償責任　②原事業單位交付承攬，不需負連帶補償責任　③原事業單位交付廠商承攬，如不幸發生承攬廠商所僱勞工墜落致死職業災害，原事業單位應與承攬廠商負連帶補償責任　④勞工投保單位即為職業災害之賠償單位。

(　) 44. 下列何者是監測分子中各鍵結原子產生振動及轉動時之能量變化？　①可見光　②紫外線　③紅外線　④微波。

(　) 45. 勞動場所發生職業災害，災害搶救中第一要務為何？　①搶救罹災勞工迅速送醫　②24 小時內通報勞動檢查機構　③搶救材料減少損失　④災害場所持續工作減少損失。

(　) 46. 下列何者屬職業安全衛生法所稱具有危險性之機械？　①鍋爐　②吊升荷重 3 公噸以上之固定式起重機　③衝剪機械　④堆高機。

(　) 47. 下列何種儀器之分析原理與其他三種儀器不同？　①核子共振分析儀　②分光光譜儀　③原子吸收光譜儀　④紫外線分光光譜儀。

(　) 48. 一組數據於常態分佈中，算術平均數加減一個標準差範圍所包含之機率為　①95%　②84%　③90%　④68%。

(　) 49. 甲苯之八小時日時量平均容許濃度為 100ppm，一勞工一日作業之時間僅為三小時，該時段之暴露濃度為 140ppm，則該勞工之暴露屬下列何狀況？　①劑量為 0　②不符規定　③符合規定　④不能判定。

(　) 50. 石綿鏡檢時，濾紙上纖維密度於每個視野有多少根石綿較為適宜？①20~30　②1~10　③1　④30~60。

(　) 51. 對於工作場所所使用之化學品，下列何者屬危害認知？　①實施危害通識教育訓練　②加強防護具之使用訓練　③實施環境改善　④實施作業環境監測。

(　) 52. 氣相層析儀的火燄離子偵檢器分析的需使用那二種氣體？　①氮氣及空氣　②氮氣及氦氣　③氮氣及氫氣　④空氣及氫氣。

(　) 53. 雙層式或二段式檢知管，後層或後段檢知管用途為何？　①定性用　②干擾物定性用　③消除干擾物用　④定量用。

(　) 54. 若須先將有害物採集樣本經消化前處理方能分析，採集介質應使用下列何材質？　①玻璃纖維濾紙　②聚氯乙烯濾紙　③混合纖維樹脂濾紙　④鐵氟龍纖維濾紙。

(　) 55. 有機溶劑原料攪拌作業，容易以下列何種形態造成勞工之暴露？　①蒸氣　②燻煙　③霧滴+蒸氣　④氣體。

(　) 56. 可呼吸性粉塵採樣使用 Dorr-Oliver 10mm 尼龍材質之旋風分離器時，流率應控制在多少 L/min？　①1.3　②1.9　③1.7　④3.5。

(　) 57. 勞動部採樣分析參考方法中重金屬的定量分析多使用下列何種儀器？①氣相層析儀　②原子吸收光譜儀　③離子層析儀　④X-光繞射分析儀。

(　) 58. 下列何種開發行為若對環境有不良影響之虞者，應實施環境影響評估：A.開發科學園區；B.新建捷運工程；C.採礦。　①ABC　②AB　③BC　④AC。

(　) 59. 身為公司員工必須維護公司利益，下列何者是正確的工作態度或行為？　①工作時謹守本分，以積極態度解決問題　②將公司逾期的產品更改標籤　③施工時以省時、省料為獲利首要考量，不顧品質　④服務時首先考慮公司的利益，然後再考量顧客權益。

(　) 60. 下列何種化學物質對肝臟及中樞神經之危害較大？　①四氯化碳　②一氧化碳　③苯　④二氧化碳。

複選題：

(　) 61. 每次配戴輸氣管面罩進行作業時，下列何者不符合法令規定？　①可連續作業 3 小時　②可連續作業 1 小時　③可連續作業 2.5 小時　④可連續作業 2 小時。

( ) 62. 下列有關「作業環境監測政策」訂定之敘述，何者正確？ ①雇主諮詢受委託作業環境監測機構之意見訂定之 ②雇主應依組織之規模或性質訂定之 ③安全衛生主管人員應依組織之規模或性質訂定之 ④雇主諮詢工會或勞工代表之意見訂定之。

( ) 63. 對原子吸收光譜儀所使用的樣品前處理包括下列何者？ ①消化法 ②冷汞蒸氣法 ③氫化物產生法 ④光激發法。

( ) 64. 聯苯胺之採樣，於標準分析參考方法建議使用之採集介質應包含下列何者？ ①活性碳管 ②矽膠管 ③聚氯乙烯濾紙 ④玻璃纖維濾紙。

( ) 65. 依化學品全球分類及標示調合制度(GHS)規定，其危害性分為： ①健康危害 ②環境危害 ③物理性危害 ④心理性危害。

( ) 66. 石綿採樣時應考量下列何者？ ①採樣流率 ②紫外線 ③照度 ④環境靜電。

( ) 67. 直讀式儀器實施採樣流量校正時，可透過下列者實施？ ①紅外線流量校正器 ②風速計 ③皮式管 ④皂泡計。

( ) 68. 檢知管測試時，其顯色長度主要與下列何者有關？ ①溫度 ②壓力 ③採氣體積 ④待測氣體濃度。

( ) 69. 對於採樣介質負載容量的測試條件，下列何者描述為正確？ ①當採樣介質出口端的氣體濃度大於入口端測試氣體濃度的 5% 就稱為「破出」 ②測試氣體的濕度是 80±5% RH ③測試氣體的溫度是 30±3℃ ④測試氣體濃度為該物質的 2 倍 PEL。

( ) 70. 製造、處置或使用下列何種物質之作業場所，依法令規定應每六個月監測其濃度一次以上？ ①二甲苯 ②甲醇 ③二氧化碳 ④丁酮。

( ) 71. 我國「作業場所容許暴露標準」，不適用於下列何者之判斷？ ①工作場所以外之空氣污染指標 ②以二種不同有害物之容許濃度比作為毒性之相關指標 ③職業疾病鑑定之唯一依據 ④作業環境改善及管理。

( ) 72. 流率控制範圍為 300-1500 毫升/分之採樣設備，適合採集下列何種有害物？ ①二甲苯 ②二硫化碳 ③氫氟酸 ④石綿。

( ) 73. 製造、處置或使用下列何種物質之作業場所，依法令規定應每六個月監測其濃度一次以上？ ①硝酸 ②氰化氫 ③溴甲烷 ④砷。

( ) 74. 下列何者為窒息性有害物？ ①氰酸 ②氟酸 ③光氣 ④一氧化碳。

(　) 75. 下列何者是氣相層析儀常使用的偵測器？　①電子捕獲偵測器(ECD)　②火焰離子偵測器(FID)　③紫外光與可見光偵測器(UV-Vis)　④光游離偵測器(PID)。

(　) 76. 下列何者為勞工在作業場所受到有害物侵犯的暴露途徑？　①飲用受汙染的飲水　②皮膚有意或無意的沾染有害物　③呼吸受汙染的空氣　④攝食食物。

(　) 77. 下列何種因素會影響皮膚對於有害物之吸收？　①有害物之性質　②體表傷害　③體表流汗　④體表油脂。

(　) 78. 健康檢查發現勞工因職業原因不能適應原有工作者，除予醫療外並應採取那些措施？　①應變更其作業場所　②縮短其工作時間　③更換其工作　④其他適當措施。

(　) 79. 下列何種場所應進行硫化氫之監測？　①廢水處理場　②電子軟焊作業　③室內硫化氫作業　④下水道作業。

(　) 80. 四氯化碳可能在人體造成下列何種生物效應？　①周邊神經病變　②黃疸　③肝炎　④麻醉。

109 年 3 月化學性因子作業環境監測乙級技術士技能檢定學科測試試題（答案）

解答：

1.(1)	2.(4)	3.(3)	4.(3)	5.(1)	6.(2)	7.(4)	8.(2)	9.(4)	10.(3)
11.(3)	12.(2)	13.(4)	14.(3)	15.(1)	16.(2)	17.(4)	18.(2)	19.(4)	20.(1)
21.(4)	22.(4)	23.(4)	24.(4)	25.(1)	26.(2)	27.(2)	28.(4)	29.(4)	30.(4)
31.(3)	32.(3)	33.(1)	34.(1)	35.(4)	36.(2)	37.(2)	38.(2)	39.(2)	40.(1)
41.(4)	42.(2)	43.(3)	44.(3)	45.(1)	46.(2)	47.(1)	48.(4)	49.(2)	50.(2)
51.(1)	52.(4)	53.(4)	54.(3)	55.(1)	56.(3)	57.(2)	58.(1)	59.(1)	60.(1)
61.(134)	62.(24)	63.(123)	64.(24)	65.(123)	66.(14)	67.(14)	68.(1234)	69.(1234)	70.(124)
71.(123)	72.(34)	73.(234)	74.(14)	75.(124)	76.(1234)	77.(1234)	78.(1234)	79.(134)	80.(234)

詳解：

3. 硫化氫是用小型衝擊式採樣器，所以需卻水器

8. 參考本書 5.5.5 第 2 點

11. 排氣口應置於室外

13. 總變異係數＝$\sqrt{(3\%)^2+(4\%)^2}$

17. 參考本書 6.1.4 第 3 點，公式 6-1

20. 0.6＋50÷100＝1.1＞1，不符規定

26. 第 1 種有機溶劑最毒，第 3 種有機溶劑最不毒

30. 參考本書 6.4.1 第 2 點 (5) E

32. 15×1÷10＝1.5 至少 2 個

37. 參考本書 5.6.1 第 3 點

44. 參考本書 6.10.1

49. 短時間時量平均濃度 100×1.25＝125＜140 ppm，故超標

50. 參考本書 5.5.3

52. 參考本書 6.4.1 第 2 點 (5) A

53. 參考本書 5.4.1 第 1 點

63. 參考本書 6.7.2

69. 參考本書 6.1.4 第 5 點

72. 有機溶劑採樣流率大多以 100ml/min 進行

附錄八 APPENDIX 110 年 3 月甲級技術士技能檢定學科測試試題

110 年 3 月化學性因子作業環境監測甲級技術士技能檢定學科測試試題

本試卷有選擇題 80 題【單選選擇題 60 題，每題 1 分；複選選擇題 20 題，每題 2 分】，測試時間為 100 分鐘，請在答案卡上作答，答錯不倒扣；未作答者，不予計分。

單選題：

( ) 1. 採集下列何有害物不使用活性碳管作為採集介質？ ①二甲基甲醯胺 ②丁酮 ③環己烷 ④乙酸乙酯。

( ) 2. 執行甲苯作業環境監測採集之空氣體積於 25℃，1atm 為 40L，實驗室分析所得甲苯(MW=92)之量為 2mg，則作業環境空氣中甲苯之濃度為下列何者？ ①50mg/m^3 ②188.1ppm ③18ppm ④50ppm。

( ) 3. 台灣電力公司電價表所指的夏月用電月份（電價比其他月份高）是為 ①4/1~7/31 ②6/1~9/30 ③7/1~10/31 ④5/1~8/31。

( ) 4. 用電熱爐煮火鍋，採用中溫 50%加熱，比用高溫 100%加熱，將同一鍋水煮開，下列何者是對的？ ①兩種方式用電量是一樣的 ②中溫 50%加熱比較省電 ③中溫 50%加熱，電流反而比較大 ④高溫 100%加熱比較省電。

( ) 5. 下列鉛作業，何者勞工鉛暴露濃度較低？ ①鉛板切割 ②鉛粉混合 ③軟銲 ④高溫爐鉛熔融。

( ) 6. 依勞動基準法規定，下列何者屬不定期契約？ ①特定性的工作 ②有繼續性的工作 ③臨時性或短期性的工作 ④季節性的工作。

( ) 7. 石綿採樣時，無須考量下列何因素？ ①紫外線 ②採樣設備靜電 ③環境溫度 ④總粉塵濃度。

( ) 8. 下列何種作業之勞工特殊健康檢查其紀錄應保存十年以上？ ①粉塵 ②四氯乙烯 ③正己烷 ④三氯乙烯。

( ) 9. 下列有關工作場所安全衛生之敘述何者有誤？ ①事業單位應備置足夠急救藥品及器材 ②勞工應定期接受健康檢查 ③對於勞工從事其身體或衣著有被污染之虞之特殊作業時，應置備該勞工洗眼、洗澡、漱口、更衣、洗濯等設備 ④事業單位應備置足夠的零食自動販賣機。

( ) 10. 根據性別工作平等法，下列何者非屬職場性別歧視？ ①雇主考量女性以家庭為重之社會期待，裁員時優先資遣女性 ②有未滿 2 歲子女之男性員工，也可申請每日六十分鐘的哺乳時間 ③雇主事先與員工約定倘其有懷孕之情事，必須離職 ④雇主考量男性賺錢養家之社會期待，提供男性高於女性之薪資。

( ) 11. 鉻酸容易引起下列那種疾病？ ①矽肺症 ②塵肺症 ③肺炎 ④白指病。

( ) 12. 勞工同時暴露於鉛及硫酸之健康危害相互間效應關係為下列何種？ ①獨立效應 ②相加效應 ③結抗效應 ④相乘效應。

( ) 13. 生活中經常使用的物品，下列何者含有破壞臭氧層的化學物質？ ①寶特瓶 ②噴霧劑 ③免洗筷 ④保麗龍。

( ) 14. 下列何者為節能標章？ ①  ② 

③ 

④  。

( ) 15. 八小時時量平均容許濃度乘以下列何者，即為短時間時量平均容許濃度？ ①相關係數 ②擴散係數 ③等效係數 ④變量係數。

( ) 16. 依規定事業單位應由何人依職權指揮、監督所屬執行安全衛生管理事項？ ①雇主 ②對事業具有管理權限之雇主代理人 ③工作場所負責人及各級主管 ④職業安全衛生人員。

( ) 17. 下列那一個化合物被確認為致癌物質？ ①二氯甲烷 ②三氯乙烷 ③氯乙烯 ④鹽酸。

( ) 18. 有關氣相層析儀的操作溫度，下列何者較為正確？ ①注入口之溫度需高於管柱最高溫度，而偵檢器之溫度則需較低 ②注入口及偵檢器之溫度皆需高於管柱最高溫度 ③注入口之溫度需低於管柱最高溫度，而偵檢器之溫度則需較高 ④注入口及偵檢器之溫度皆需低於管柱最高溫度。

( ) 19. 適用於採集鉛燻煙之採集介質為下列何者？ ①混合纖維素酯濾紙 ②聚四氟乙烯濾紙 ③銀膜濾紙 ④聚氯乙烯濾紙。

( ) 20. 以皂泡計校準流率時，移動皂泡所需壓力約為多少 mmH_2O？ ①0.02 ②0.1 ③0.5 ④5。

( ) 21. 可呼吸性粉塵採樣使用旋風分粒裝置之目的為何？ ①篩除特定粒徑以上粉塵 ②保護採樣泵 ③增加濾紙吸附能力 ④減低濾紙承載負荷。

( ) 22. 下列何者符合專業人員的職業道德？ ①未經顧客同意，任意散佈或利用顧客資料 ②未經雇主同意，於上班時間從事私人事務 ③盡力維護雇主及客戶的權益 ④利用雇主的機具設備私自接單生產。

( ) 23. 下列何種儀器可用以監測粉塵？ ①檢知管 ②紅外線光譜儀 ③氣相層析儀 ④光度計。

( ) 24. 空氣中粒狀有害物可直接以下列何方法偵測其相對濃度？ ①光散射 ②熱傳導 ③電化學 ④電位。

( ) 25. 下列儀器何者需選擇適當的乾燥、灰化、原子化溫度條件？ ①氫化法火燄原子吸收光譜儀 ②石墨爐原子吸收光譜儀 ③火燄原子吸收光譜儀 ④感應耦合電漿原子光譜儀。

( ) 26. 實施作業環境監測前最先應決定之事項為何？ ①分析方法 ②數據統計方法 ③校正採樣設備 ④採樣目的。

( ) 27. 作業環境監測計畫之擬定，下列敘述何者較為正確？ ①經建立不得變更 ②複製其他行業之監測計畫 ③建立審查程式持續改善 ④由事業單位勞工安全衛生管理單位自行訂定之。

( ) 28. 有機物在厭氧條件下，經厭氧微生物作用會產生下列何物質？ ①CH_4、H_2S ②CH_3OH、H_2O ③O_2、H_2SO_4 ④O_2、SO_2。

( ) 29. 根據消除對婦女一切形式歧視公約(CEDAW)，下列何者正確？ ①對婦女的歧視指基於性別而作的任何區別、排斥或限制 ②傳統習俗應予保護及傳承，即使含有歧視女性的部分，也不可以改變 ③未要求政府需消除個人或企業對女性的歧視 ④只關心女性在政治方面的人權和基本自由。

( ) 30. 下列化合物何者適合以觸媒燃燒式監測器長期監測之？ ①甲烷 ②硫醇 ③氯乙烯 ④矽烷。

( ) 31. 從事特別危害健康作業之勞工於受僱時，應實施下列何種檢查？ ①一般及特殊體格檢查 ②特殊體格檢查 ③一般體格檢查 ④一般及特殊健康檢查。

( ) 32. 電鍍作業場所空氣中鉻酸可能以何種狀態存在？ ①蒸氣 ②燻煙 ③粉塵 ④霧滴。

( ) 33. 下列何者屬於勞工作業場所容許暴露標準？ ①大氣品質標準濃度 ②立即致危濃度(IDLH) ③最高容許濃度 ④半數致死濃度(LC50)。

( ) 34. 遠距霍氏紅外線光譜儀之直讀式儀器,無法偵測空氣中那一類型氣體？ ①含氯有機氣體 ②含硫分子氣體 ③砷化合物氣體 ④鹵素氣體。

(　) 35. 下列何樣本於運送或儲存時須考量樣本放置之方向？ ①二甲基甲醯胺 ②二甲苯 ③粉塵 ④氫氟酸。

(　) 36. 利用豬隻的排泄物當燃料發電，是屬於下列那一種能源？ ①生質能 ②太陽能 ③核能 ④地熱能。

(　) 37. 下列何者不是能源之類型？ ①電力 ②壓縮空氣 ③蒸汽 ④熱傳。

(　) 38. 眼內噴入化學物或其他異物，應立即使用下列何者沖洗眼睛？ ①稀釋的醋 ②蘇打水 ③清水 ④牛奶。

(　) 39. 反射光柵(reflection grating)多用於何種儀器的光學零件？ ①電導度計 ②位相差顯微鏡 ③紫外光－可見光光譜儀 ④酸鹼度計。

(　) 40. 計數型採樣泵之流率校準時，Kv 因子與不同旋鈕設定之關係為何？ ①定值 ②正比增大 ③成反比 ④視溫度壓力之不同而異。

(　) 41. 個人採樣時，採樣設備之採樣泵應配置於採樣勞工之那一部位？ ①腰間 ②肩膀 ③腹前 ④胸口。

(　) 42. 預計採樣 18 個樣本，則現場空白樣本應有多少個？ ①3 ②2 ③1 ④4。

(　) 43. 下列何者極性最強？ ①丙酮 ②乙醇 ③乙醛 ④二氯甲烷。

(　) 44. 下列何種作業較可能使勞工罹患矽肺症？ ①電鍍 ②紡紗 ③噴砂 ④噴漆。

(　) 45. 於通風不充分之場所從事鉛合金軟焊之作業其設置整體換氣裝置之換氣量，應為每一從事鉛作業勞工平均每分鐘多少立方公尺以上？ ①1.67 ②1.5 ③0.5 ④0.67。

(　) 46. 勞工作業時，空氣中有害物進入人體之主要途徑為下列何者？ ①食入 ②皮膚吸收 ③皮膚接觸 ④呼吸。

(　) 47. 學校駐衛警察之遴選規定以服畢兵役男性作為遴選條件之一，根據消除對婦女一切形式歧視公約(CEDAW)，下列何者錯誤？ ①駐衛警察之遴選應以從事該工作所需的能力或資格作為條件 ②此遴選條件雖明定限男性，但實務上不屬性別歧視 ③服畢兵役者仍以男性為主，此條件已排除多數女性被遴選的機會，屬性別歧視 ④已違反 CEDAW 第 1 條對婦女的歧視。

(　) 48. 鉛錠在 1,500℃高溫下進行冶煉，所造成之鉛暴露主要以下列何種形態存在？ ①霧滴 ②粉塵 ③黑煙 ④燻煙。

(　) 49. 勞工作業場所容許暴露標準可作下列何種用途？ ①不同有害物毒性大小比較 ②作業環境改善及管理應用 ③職業疾病鑑定唯一依據 ④空氣污染指標。

(　) 50. 減輕皮膚燒傷程度之最重要步驟為何？ ①立即在燒傷處塗抹油脂 ②立即刺破水泡 ③在燒傷處塗抹麵粉 ④儘速用清水沖洗。

(　) 51. 容許濃度 10ppm 以上，未滿 100ppm 者，其變數係數為以下何者？ ①2.0 ②1.25 ③1.0 ④1.5。

(　) 52. 分析含鹵素之有害物時，最佳的 GC 偵測器為下列何者？ ①FPD ②FID ③PID ④ECD。

(　) 53. 下列何者不被使用於比較化學物質的毒性？ ①有效劑量(effective dose) ②容許濃度 ③半數致死濃度(LC_{50}) ④半數致死劑量(LD_{50})。

(　) 54. 依規定雇主應至少多久定期使用真空除塵器或以水沖洗等不致發生粉塵飛揚之方法，清除室內粉塵作業場所之地面？ ①每週 ②每日 ③每月 ④每季。

(　) 55. 下列何者非屬應符中央主管機關定有安全標準之機械器具？ ①堆高機 ②衝剪機械 ③車床 ④木材加工用圓盤鋸。

(　) 56. 台灣自來水之水源主要取自 ①海洋的水 ②河川及水庫的水 ③灌溉渠道的水 ④綠洲的水。

(　) 57. 下列何者不是造成臺灣水資源減少的主要因素？ ①雨水酸化 ②超抽地下水 ③水庫淤積 ④濫用水資源。

(　) 58. 下列何者不屬於危險性機械設備之檢查項目？ ①構造檢查 ②使用檢查 ③型式檢定 ④熔接檢查。

(　) 59. X-光繞射分析時，採用五組粉末二氧化矽之標準品，每一組重量均為 3 克。其中一組含純矽 0.5 克為內標，填充碳酸鈣 0.5 克、二氧化矽 2 克，則此組二氧化矽標準品在檢量線上對應重量百分比為下列何者？ ①80.0% ②66.67% ③50% ④83.33%。

(　) 60. 依法規規定，雇主僱用勞工從事製造、處置或使用危害性化學品時，應對該新進勞工施予多少小時之安全衛生教育訓練？ ①6 ②12 ③18 ④3。

複選題：

( ) 61. 設有中央管理方式之空氣調節設備之建築物室內作業場所，應每 6 個月監測二氧化碳濃度 1 次以上，但下列何種之作業場所，不在此限？ ①臨時性作業 ②作業期間短暫 ③作業時間短暫 ④間歇性作業。

( ) 62. 使用旋風分離器進行可呼吸性粉塵採樣時，下列描述何者正確？ ①採樣流率依不同採樣物質種類而不同 ②採樣流率依不同分離器種類而不同 ③空氣吸入口的方向必需要朝外 ④旋風分離器是將大顆粒去除監測干擾的一種裝置。

( ) 63. 下列那些特殊健康檢查紀錄應保存 30 年？ ①二硫化碳 ②鎳 ③砷 ④粉塵。

( ) 64. 雇主對作業環境監測實施管理審查之目的，係確保下列何者？ ①價格合理 ②控制措施合宜性 ③監測目標達成狀況 ④採樣策略正確性。

( ) 65. 「危害性化學品標示及通識規則」中所制約的危害信息傳遞工具，為下列何者？ ①安全資料表 ②標示 ③教育訓練 ④化學物採購單。

( ) 66. 進行粒狀物質作業環境監測時，下列何者是正確的採樣介質描述？ ①纖維樹脂濾紙的濾紙直徑一般是 37mm ②石綿採樣的濾紙直徑一般是 25mm ③所有的粒狀物質都可以用玻璃濾紙 ④重金屬的物質一般是以纖維樹脂濾紙。

( ) 67. 活性碳管採樣發生破出現象，下列敘述何者正確？ ①指前段分析量大於後段分量 10% ②樣本仍有效 ③指後段分析量大於前段分析量 10% ④樣本已無效。

( ) 68. 臭氧和硫化氫共存時，其對暴露勞工之健康效應不屬下列何者？ ①相乘 ②相加 ③拮抗 ④獨立。

( ) 69. 有害物與疾病的配合，下列何者正確？ ①正己烷－多發性神經病變 ②鋁－肺部纖維化 ③錳－類巴金森氏症 ④氯乙烯－肝血管瘤 (angiosarcoma)。

( ) 70. 進行採樣泵的流率校準時，應注意下列何者？ ①採樣時作業環境的溫度與大氣壓力 ②採樣泵的種類 ③採樣組合的正確性 ④採樣前後的流率差異。

( ) 71. 進行氣狀物質作業環境監測時，下列何者是正確的採樣介質選擇？ ①極性高的物質一般選擇矽膠管 ②極性低的物質一般選擇活性碳管 ③一般物質都可以使用 XAD-2 管 ④分子較大者一般選擇 XAD-7 管。

( ) 72. 應使用矽膠管採樣之有害物為下列那些？ ①苯 ②汽油 ③甲醇 ④硫酸。

( ) 73. 鋼鐵廠的澆鑄作業，可能會有下列那些化學暴露？ ①一氧化碳 ②石綿 ③金屬燻煙 ④甲醛。

( ) 74. 對氣體監測器校正，下列何者敘述正確？ ①應使用標準氣體校正 ②應實施全幅校正 ③校正結果與電力充足無關 ④應實施零值校正。

( ) 75. 金屬燻煙熱的形成與下列何種作業的暴露關係不大？ ①噴砂作業 ②鋅熔融作業 ③使用硫酸、硝酸、鹽酸等作業 ④塗裝作業。

( ) 76. 瞬間採樣適用之裝置為下列何者？ ①濾紙匣 ②真空瓶 ③衝擊瓶 ④氣液置換瓶。

( ) 77. 結晶型二氧化矽樣本分析，下列敘述何者正確？ ①以原子吸收光譜儀定量 ②以位相差顯微鏡定量 ③以 X 光繞射分析儀定量 ④以 X 光繞射分析儀定性。

( ) 78. 使用直讀式儀器時，下列敘述何者正確？ ①主動式監測器有泵 ②不受氣流濕度影響 ③量測結果與泵流量無關 ④被動式監測器無泵。

( ) 79. 下列何種物品不適用危害性化學品標示及通識規則之規定？ ①滅火器 ②有害事業廢棄物 ③化粧品 ④藥物。

( ) 80. 對於電化學式監測器，下列敘述何者正確？ ①濃度與電流信號成正比 ②會反應產生電流 ③產生氧化還原作用 ④測氧濃度範圍小。

110 年 3 月化學性因子作業環境監測甲級技術士技能檢定學科測試試題（答案）

解答：

1.(2)	2.(1)	3.(2)	4.(1)	5.(3)	6.(2)	7.(1)	8.(3)	9.(4)	10.(2)
11.(3)	12.(1)	13.(2)	14.(1)	15.(4)	16.(3)	17.(3)	18.(2)	19.(1)	20.(1)
21.(1)	22.(3)	23.(4)	24.(1)	25.(2)	26.(4)	27.(3)	28.(1)	29.(1)	30.(1)
31.(1)	32.(4)	33.(3)	34.(4)	35.(3)	36.(1)	37.(4)	38.(3)	39.(3)	40.(1)
41.(1)	42.(2)	43.(3)	44.(3)	45.(1)	46.(4)	47.(2)	48.(4)	49.(2)	50.(4)
51.(4)	52.(4)	53.(2)	54.(3)	55.(3)	56.(2)	57.(1)	58.(3)	59.(2)	60.(1)
61.(123)	62.(234)	63.(234)	64.(234)	65.(123)	66.(124)	67.(34)	68.(124)	69.(134)	70.(134)
71.(12)	72.(34)	73.(134)	74.(124)	75.(134)	76.(24)	77.(34)	78.(14)	79.(1234)	80.(123)

詳解：

2. $2 \times 1000 \div 40 = 50 mg/m^3$

28. 碳會被分解成甲烷硫會被分解成硫化氫。

35. 粉塵樣本面朝上。

40. 定值不變。

51. 容許濃度小於 1，變量係數為 3，容許濃度小於 10，變量係數為 2，容許濃度小於 100，變量係數為 1.5。

58. 型式檢定對象為符合安全標準之機械。

59. $2 \div 3 = 0.67 = 67\%$。

60. 新進勞工安衛訓練 3 小時，加危害物質通識訓練 3 小時，共 6 小時。

63. 從事下列作業之各項特殊體格（健康）檢查紀錄，應至少保存 30 年：
    一、游離輻射。
    二、粉塵。
    三、三氯乙烯及四氯乙烯。
    四、聯苯胺與其鹽類、4-胺基聯苯及其鹽類、4-硝基聯苯及其鹽類、β-萘胺及其鹽類、二氯聯苯胺及其鹽類及α-萘胺及其鹽類。
    五、鈹及其化合物。
    六、氯乙烯。
    七、苯。
    八、鉻酸與其鹽類、重鉻酸及其鹽類。
    九、砷及其化合物。
    十、鎳及其化合物。
    十一、1,3-丁二烯。
    十二、甲醛。
    十三、銦及其化合物。
    十四、石綿。
    十五、鎘及其化合物。

76. 真空捕集，氣體置換補集瓶；塑膠捕集，都是瞬間採樣。

附錄九 APPENDIX 110 年 3 月乙級技能檢定學科測試試題

110 年 3 月化學性因子作業環境監測乙級技術士技能檢定學科測試試題

本試卷有選擇題 80 題（單選選擇題 60 題，每題 1 分；複選選擇題 20 題，每題 2 分），測試時間為 100 分鐘，請在答案卡上作答，答錯不倒扣；未作答者，不予計分。

單選題：

(　) 1. 流率校準設備中，下列何者為一級標準？ ①皂泡管 ②浮子流量計 ③孔口流量計 ④皮托管。

(　) 2. 適合採集氨氣之採集介質為下列何者？ ①XAD2 ②稀釋硫酸吸收液 ③銀膜濾紙 ④裱敷二氧化硫濾紙。

(　) 3. 事業單位欲知粉塵中游離二氧化矽之含量，可將原物料樣本送給下列何類別之認可實驗室分析？ ①粉塵重量 ②石綿等礦物性纖維 ③游離二氧化矽等礦物性粉塵 ④有機化合物。

(　) 4. 下列何者，非屬法定之勞工？ ①被派遣之工作者 ②受薪之工讀生 ③部分工時之工作者 ④委任之經理人。

(　) 5. 預計採樣 40 樣本，依規定現場空白樣本應有多少個？ ①2 ②1 ③4 ④3。

(　) 6. 欲評估會引起肺部塵肺症之粉塵時，應捕集 ①厭惡粉塵 ②可呼吸性粉塵 ③總粉塵量 ④可吸入性粉塵。

(　) 7. 使用銀膜濾紙為採集介質之有害物為下列何者？ ①氨 ②汞 ③氯 ④酚。

(　) 8. 以檢知器及檢知管在 30℃，一大氣壓下監測二硫化碳所得之暴露濃度為 20ppm，則要評估該暴露濃度是否超過規定時，應為 NTP 下之濃度，則該濃度 ①大於 ②可能大於或小於 ③小於 ④等於 20ppm。

(　) 9. 缺氧症預防規則規定，缺氧係空氣中氧氣濃度未滿百分之幾之狀態？ ①十七 ②十八 ③二十 ④十九。

(　) 10. 游離二氧化矽在人體作用的目標器官(target organ)為下列何者？ ①腦 ②腎 ③肺 ④肝。

(　) 11. 「度」是水費的計量單位，你知道一度水的容量大約有多少？ ①1 立方公尺的水量 ②2,000 公升 ③3 立方公尺的水量 ④3000 個 600c.c.的寶特瓶。

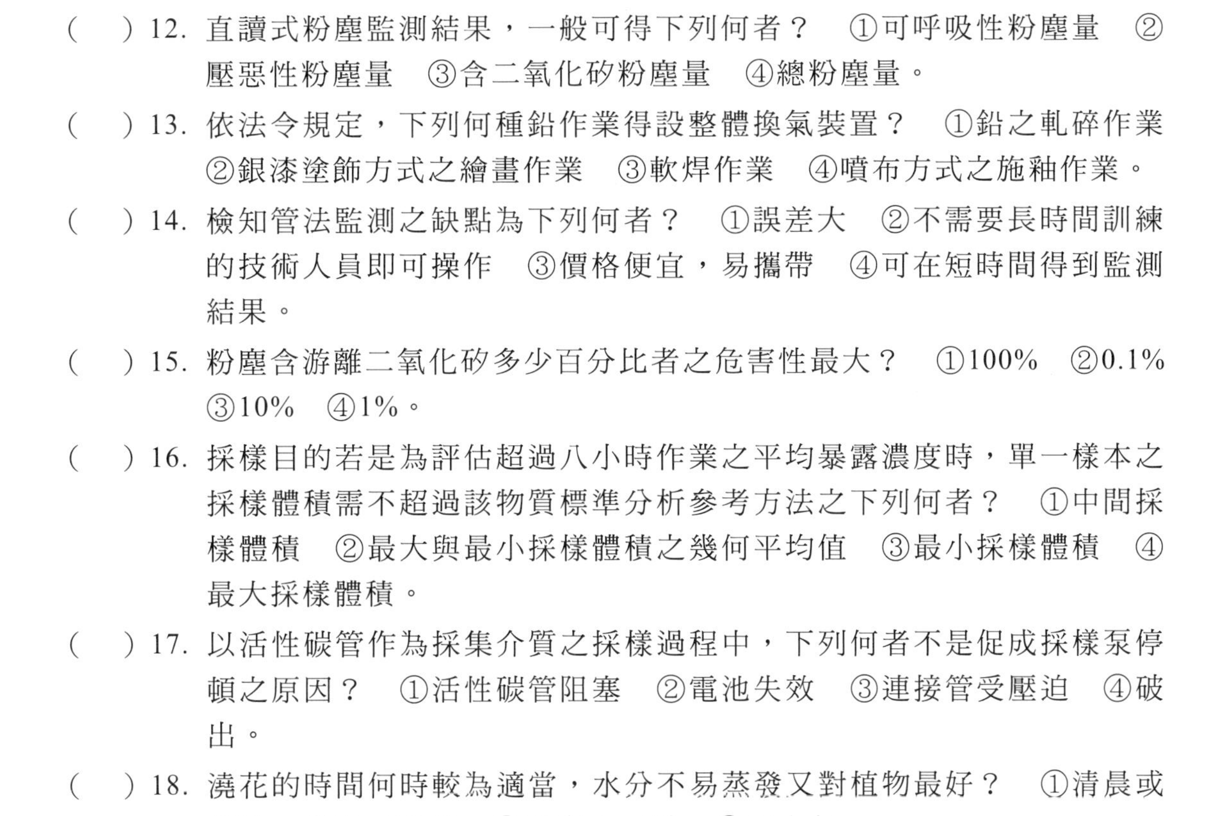

(　) 12. 直讀式粉塵監測結果，一般可得下列何者？ ①可呼吸性粉塵量 ②壓惡性粉塵量 ③含二氧化矽粉塵量 ④總粉塵量。

(　) 13. 依法令規定，下列何種鉛作業得設整體換氣裝置？ ①鉛之軋碎作業 ②銀漆塗飾方式之繪畫作業 ③軟焊作業 ④噴布方式之施釉作業。

(　) 14. 檢知管法監測之缺點為下列何者？ ①誤差大 ②不需要長時間訓練的技術人員即可操作 ③價格便宜，易攜帶 ④可在短時間得到監測結果。

(　) 15. 粉塵含游離二氧化矽多少百分比者之危害性最大？ ①100% ②0.1% ③10% ④1%。

(　) 16. 採樣目的若是為評估超過八小時作業之平均暴露濃度時，單一樣本之採樣體積需不超過該物質標準分析參考方法之下列何者？ ①中間採樣體積 ②最大與最小採樣體積之幾何平均值 ③最小採樣體積 ④最大採樣體積。

(　) 17. 以活性碳管作為採集介質之採樣過程中，下列何者不是促成採樣泵停頓之原因？ ①活性碳管阻塞 ②電池失效 ③連接管受壓迫 ④破出。

(　) 18. 澆花的時間何時較為適當，水分不易蒸發又對植物最好？ ①清晨或傍晚 ②下午時段 ③半夜十二點 ④正中午。

(　) 19. 危害性化學品容器之標示，其圖式為白底黑色骷顱頭加交叉的長骨，代表具有何種危害性？ ①氧化性 ②有毒性 ③禁水性 ④腐蝕性。

(　) 20. 下列何者非屬職業安全衛生法規定之勞工法定義務？ ①實施自動檢查 ②參加安全衛生教育訓練 ③定期接受健康檢查 ④遵守安全衛生工作守則。

(　) 21. 下列何者非粒狀污染物（含纖維狀物質）濃度表示方法？ ①mppcf ②ppm ③mg/m^3 ④f/cc。

(　) 22. 勞動場所發生職業災害，災害搶救中第一要務為何？ ①搶救罹災勞工迅速送醫 ②災害場所持續工作減少損失 ③搶救材料減少損失 ④24 小時內通報勞動檢查機構。

(　) 23. 勞工健康檢查費用由誰負擔？ ①雇主 ②雇主及勞工各半 ③事業單位提撥之福利金 ④勞工。

(　) 24. 下列何種場所不需進行硫化氫之監測？ ①廢水處理廠 ②室內硫化氫作業 ③電子軟焊作業 ④下水道作業。

(　) 25. 採樣設備流率範圍為 200~1500ml/min，則該設備不適於採集下列何種有害物？ ①二硫化碳 ②氫氟酸 ③石綿 ④氯。

(　) 26. 一採樣樣本於 15℃一大氣壓狀況下測得之暴露濃度為 20ppm，則換算成標準狀態(NTP)下其暴露濃度應較 20ppm ①一樣 ②大 ③小 ④不能比較。

(　) 27. 有關通風排氣系統，下列敘述何者錯誤？ ①排氣口應置於室內 ②排氣機宜置於空氣清淨裝置之後 ③外裝型氣罩應接近各該發生源 ④氣罩應置於每一氣體、蒸氣或粉塵發生源。

(　) 28. 危害性化學品容器標示之圖式形狀為下列何者？ ①直立 45° 角正方形 ②三角形 ③長方形 ④圓形。

(　) 29. 防治蟲害最好的方法是 ①清除孳生源 ②網子捕捉 ③拍打 ④使用殺蟲劑。

(　) 30. 以可見光光譜儀掃描(scan)某物質所得之吸收圖譜，其座標通常為下列何者？ ①波長－透光度 ②波長－吸收度 ③濃度－吸收度 ④濃度－透光度。

(　) 31. 下列何者「非」屬於營業秘密？ ①公司內部管制的各種計畫方案 ②客戶名單 ③具廣告性質的不動產交易底價 ④須授權取得之產品設計或開發流程圖示。

(　) 32. 行政院勞動部之採樣分析建議方法中的最高採樣體積為破出體積乘以下列何係數？ ①0.67 ②0.33 ③0.75 ④0.50。

(　) 33. 25℃，1 大氣壓下，採氣體積 5L 時，分析苯胺樣本所得質量為 0.2mg，則空氣中苯胺的濃是多少？（苯胺液體的密度為 1.022g/mL） ①10mg/m^3 ②80mg/m^3 ③20ppm ④40mg/m^3。

(　) 34. 可吸入性粉塵是指下列何種粉塵？ ①可抵達支氣管者 ②可經由口鼻進入人體者 ③可抵達終端氣管支、肺泡管及肺泡者 ④可通過咽喉者。

(　) 35. 以連續監測執行採樣介質破出(break through)試驗時，當採樣介質出口端濃度為進口端濃度之多少%時，即屬樣本破出？ ①25 ②5 ③15 ④10。

(　) 36. 採樣人員製備之空白樣本為下列何者？ ①現場空白 ②介質空白 ③試劑空白 ④溶劑空白。

(　) 37. 就爆炸下限而言，具有下列何爆炸下限(%)之液體較危險？ ①5 ②0.5 ③10 ④0.1。

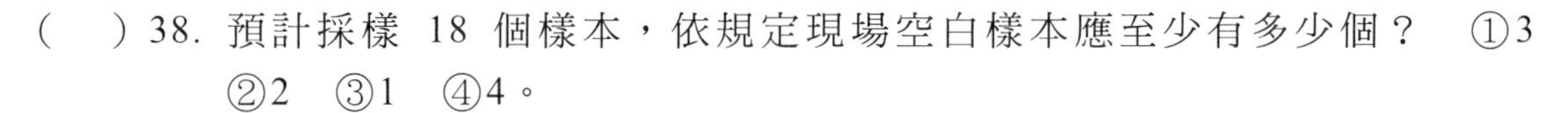

(　) 38. 預計採樣 18 個樣本，依規定現場空白樣本應至少有多少個？ ①3 ②2 ③1 ④4。

(　) 39. 有關再生能源的使用限制，下列何者敘述有誤？ ①風力、太陽能屬間歇性能源，供應不穩定 ②不易受天氣影響 ③需較大的土地面積 ④設置成本較高。

(　) 40. 以氦氖雷射光源監測空氣中纖維濃度時，下列敘述何者為非？ ①電焊燻煙會影響監測結果 ②可監測空氣中石綿纖維的數量濃度 ③纖維會使雷射光束散亂 ④雷射光束偵知的閾值愈低，儀器雜訊的干擾愈小。

(　) 41. 按菸害防制法規定，下列敘述何者錯誤？ ①任何人都可以出面勸阻在禁菸場所抽菸的人 ②只有老闆、店員才可以出面勸阻在禁菸場所抽菸的人 ③餐廳、旅館設置室內吸菸室，需經專業技師簽證核可 ④加油站屬易燃易爆場所，任何人都要勸阻在禁菸場所抽菸的人。

(　) 42. 下列何有害物於採樣時須考量靜電影響？ ①石綿 ②總粉塵 ③鉛 ④鉻酸。

(　) 43. 室內對外開口面積未達全面積之百分之多少時，屬通風不充分之室內作業場所？ ①3 ②7 ③5 ④10。

(　) 44. 下列何種直讀式儀器可監測粉塵濃度？ ①壓電天平 ②氣體色層分析儀 ③檢知管及檢知器 ④紅外線分析儀。

(　) 45. 下列敘述何者有誤？ ①甲苯可經由皮膚吸收進入人體造成健康危害 ②鉛粉塵可從完整之皮膚進入人體造成健康危害 ③四乙基鉛可經由完整之皮膚進入人體造成神經系統危害 ④無機鉛可經由呼吸進入人體造成神經系統危害。

(　) 46. 根據性別工作平等法，有關雇主防治性騷擾之責任與罰則，下列何者錯誤？ ①僱用受僱者 30 人以上者，應訂定性騷擾防治措施、申訴及懲戒辦法 ②雇主違反應訂定性騷擾防治措施之規定時，處以罰鍰即可，不用公布其姓名 ③雇主知悉性騷擾發生時，應採取立即有效之糾正及補救措施少 ④雇主違反應訂定性騷擾申訴管道者，應限期令其改善，屆期未改善者，應按次處罰。

(　) 47. 關於氣相層析法使用之毛細分離管或填充管之敘述下列何者有誤？ ①毛細管理論板數通常較大 ②填充管樣本負荷量小 ③填充管可由分析實驗室自行製備 ④毛細管管柱效率較佳。

(　) 48. 為了保護環境，政府提出了 4 個 R 的口號，下列何者不是 4R 中的其中一項？ ①再創新 ②再循環 ③再利用 ④減少使用。

( ) 49. 一般而言，水中溶氧量隨水溫之上升而呈下列哪一種趨勢？ ①不一定 ②減少 ③增加 ④不變。

( ) 50. 下列何者非作業環境空氣中粒狀有害物之濃度表示方法？ ①ppm ②mg/m^3 ③f/c.c. ④MPPCM。

( ) 51. 雇主應於採樣後多少日內完成監測結果報告，通報至中央主管機關指定之資訊系統？ ①45 ②14 ③21 ④7。

( ) 52. 專利權又可區分為發明、新型與設計三種專利權，其中發明專利權是否有保護期限？期限為何？ ①無期限，只要申請後就永久歸申請人所有 ②有，50 年 ③有，20 年 ④有，5 年。

( ) 53. 眼內噴入化學物或其他異物，應立即使用下列何者沖洗眼睛？ ①牛奶 ②稀釋的醋 ③清水 ④蘇打水。

( ) 54. 臺灣嘉南沿海一帶發生的烏腳病可能為哪一種重金屬引起？ ①鉛 ②砷 ③汞 ④鎘。

( ) 55. 下列何者不是工作場所有害物進入人體的經常途徑？ ①皮下注射 ②吞食 ③眼睛 ④呼吸。

( ) 56. 如果水龍頭流量過大，下列何種處理方式是錯誤的？ ①直接調整水龍頭到適當水量 ②加裝可自動關閉水龍頭的自動感應器 ③加裝節水墊片或起波器 ④直接換裝沒有省水標章的水龍頭。

( ) 57. 丁酮之時量平均容許濃度為 200ppm，如其分子量為 72，則其容許濃度度約相當於多少 mg/m^3？ ①589 ②62 ③68 ④643。

( ) 58. 粒狀有害物濃度表示單位下列何者為宜 ①% ②ppm ③mg/m^3 ④p.p（分壓）。

( ) 59. 作業環境監測結果依統計分析所得之平均值 C，95%可信賴區間上限 UCL 及下限 LCL，下列何者為勞工暴露有害物濃度已超過容許濃度 PEL 之最保守之判定？ ①LCL 小於 PEL ②UCL 大於 PEL ③UCL 小於 PE L ④LCL 大於 PEL。

( ) 60. 可燃性氣體或蒸氣監測器通常係應用下列何項原理？ ①燃燒熱增加惠斯登電橋(Wheatstone Bridge)之電流 ②加凡尼電池(Galvani cell)式的自發化學反應 ③順磁分析 ④氧化鋯固態電解電池。

複選題：

( ) 61. 勞工作業環境空氣中有害物之濃度，應符合下列那些條件始屬符合法令規定？ ①任何一次連續十五分鐘內之平均濃度不得超過短時間時量平均容許濃度 ②任何時間均不得超過最高容許濃度 ③全程工作日之時量平均濃度不得超過短時間時量平均容許濃度　④全程工作日之時量平均濃度不得超過相當八小時日時量平均容許濃度。

(　) 62. 下列何者是氣相層析法分離監測物質的影響因素？　①監測樣品中活性碳的顆粒大小　②層析管柱的長度　③層析管柱固定相的極性不同　④偵測器的感度高低。

(　) 63. 我國「作業場所容許暴露標準中」，「符號」欄標示中，包括下列何者？　①皮　②癌　③高　④瘤。

(　) 64. 下列何者是氣狀有害物常使用的監測儀器？　①離子層析儀　②液相層析儀　③位相差顯微鏡　④氣相層析儀。

(　) 65. 檢知管測試時，其顯色長度主要與下列何者有關？　①溫度　②採氣體積　③壓力　④待測氣體濃度。

(　) 66. 下列何者物質依法令規定得以直讀式儀器監測？　①二氧化碳　②二硫化碳　③硫化氫　④氯乙烯。

(　) 67. 石綿樣本運送應有之作為與設備為下列何者？　①使用發泡保麗龍盒裝箱　②防止樣本振動之防護　③確保濾紙面朝上　④原料樣本須分開包裝與隔離。

(　) 68. 下列何者為窒息性有害物？　①氰酸　②一氧化碳　③氟酸　④光氣。

(　) 69. 下列何者屬直讀式設備？　①原子吸收光譜儀　②瓦斯偵測器　③檢知管+檢知器　④X 光繞射分析儀。

(　) 70. 下列何種是以氣相層析法作為分析儀器常用的採樣介質？　①玻璃纖維濾紙　②矽膠管　③活性碳管　④混合纖維濾紙。

(　) 71. 下列那些場所應進行硫化氫之監測？　①廢水處理場　②下水道作業　③室內硫化氫作業　④電子軟焊作業。

(　) 72. 化學裱敷採集介質之吸附能力，下列說明何者有誤？　①水蒸氣一定影響整體吸附能力　②高濃度易造成吸附效率下降而破出　③吸附劑之反應均為吸熱反應　④局部溫度愈高吸附能力愈高。

(　) 73. 苯的暴露可能造成下列何者？　①血小板減少症　②中樞神經病變　③血癌　④缺鐵性貧血。

(　) 74. 我國「作業場所容許暴露標準」，粉塵之種類包含下列何者？　①厭惡性粉塵　②結晶型游離二氧化矽　③銅粉塵　④鉛粉塵。

(　) 75. 依勞工作業場所容許暴露標準之規定，石綿纖維應符合之條件為下列何者？　①長寬比在三以上　②纖維長度在四微米以上　③纖維長度在五微米以上　④長寬比在二以上。

(　) 76. 下列那些可歸類為厭惡性粉塵？ ①矽酸鈣 ②石英 ③游離二氧化矽 ④碳酸鈣。

(　) 77. 下列那些屬於第一種有機溶劑混存物？ ①含第一種有機溶劑占 5%以上 ②含第一種有機溶劑占 3%及第三種有機溶劑 25% ③含第三種有機溶劑及第二種有機溶劑合計 50% ④含第一種有機溶劑及第二種有機溶劑各占 5%以上。

(　) 78. 下列何者可以使用於比較化學物質的毒性？ ①有效劑量 ②八小時日時量平均容許濃度標準 ③半致死劑量 ④半致死濃度。

(　) 79. 聯苯胺之採樣，於標準分析參考方法建議使用之採集介質應包含下列何者？ ①矽膠管 ②活性碳管 ③聚氯乙烯濾紙 ④玻璃纖維濾紙。

(　) 80. 經由呼吸途徑進入人體的有害物，其在呼吸系統的分布與吸收，一般受下列何種因素影響？ ①有害物的溶解度 ②有害物的狀態 ③有害物的氣味 ④有害物的氣/液分配係數。

110 年 3 月化學性因子作業環境監測乙級技術士技能檢定學科測試試題（答案）

解答：

1. (1)　2. (2)　3. (3)　4. (4)　5. (3)　6. (2)　7. (3)　8. (3)　9. (2)　10. (3)
11. (1)　12. (4)　13. (3)　14. (1)　15. (1)　16. (4)　17. (4)　18. (1)　19. (2)　20. (1)
21. (2)　22. (1)　23. (1)　24. (3)　25. (1)　26. (2)　27. (1)　28. (1)　29. (1)　30. (2)
31. (3)　32. (1)　33. (4)　34. (2)　35. (2)　36. (1)　37. (4)　38. (2)　39. (2)　40. (4)
41. (2)　42. (1)　43. (1)　44. (1)　45. (2)　46. (2)　47. (2)　48. (1)　49. (2)　50. (1)
51. (1)　52. (3)　53. (3)　54. (2)　55. (1)　56.(4)　57. (1)　58. (3)　59. (4)　60. (1)
61.(124)　62.(23)　63.(134)　64.(124)　65.(1234)　66.(123)　67.(234)　68.(12)　69.(23)　70.(23)
71.(123)　72.(1234)　73.(13)　74.(12)　75.(13)　76.(14)　77.(14)　78.(134)　79.(14)　80.(124)

詳解：

5. 40×10%＝4

8. 假設二硫化碳濃度為 Ymg/m^3 要轉為 PPM 因溫度從 30 降為 25 每一莫耳所占體積減小所以 Y 變小了。

26. 濃度為 Ymg/m^3 要轉為 PPM 因溫度從 15 降為 25 每一莫耳所占體積增加所以 Y 變大了。

33. $0.2 \times 1000 \div 5 = 40\ mg/m^3$

35. 後端濃度為前端濃度的 5%時，即為破出。

37. 爆炸下限越低越危險。

38. $18 \times 10\% = 1.8 \doteqdot 2$

43. 〈有機溶劑中毒預防規則〉第 3 條：通風不充分之室內作業場所：指室內對外開口面積未達底面積之二十分之一以上或全面積之百分之三以上者。

64. 位相差顯微鏡是用來分析石綿。

66. 可使用直讀式儀器者，二氧化碳、二硫化碳、二氯聯苯胺及其鹽類、次乙亞胺、二異氰酸甲苯、硫化氫、汞及其無機化合物。

附錄十 APPENDIX 111 年 3 月甲級技術士技能檢定學科測試試題

111 年 3 月化學性因子作業環境監測甲級技術士技能檢定學科測試試題

本試卷有選擇題 80 題【單選選擇題 60 題，每題 1 分；複選選擇題 20 題，每題 2 分】，測試時間為 100 分鐘，請在答案卡上作答，答錯不倒扣；未作答者，不予計分。

單選題：

(　) 1. 使用 SKC 廠牌之鋁質旋風分粒器，採氣流量率應設定於多少 L/min？ ①1.3 ②1.7 ③1.9 ④1.5。

(　) 2. 作業環境監測計畫之擬定，下列敘述何者較為正確？ ①複製其他行業之監測計畫 ②建立審查程式持續改善 ③由事業單位勞工安全衛生管理單位自行訂定之 ④經建立不得變更。

(　) 3. 下列蒸氣與氣體，依其對人體的作用分類，何者有誤? ①一氧化碳－化學性窒息性物質 ②苯－血液之毒物 ③甲苯－單純性窒息性物質 ④氯氣－肺組織刺激性物質。

(　) 4. 在生物鏈越上端的物種其體內累積持久性有機污染物(POPs)濃度將越高，危害性也將越大，這是說明 POPs 具有下列何種特性？ ①持久性 ②高毒性 ③半揮發性 ④生物累積性。

(　) 5. 某甲於公司擔任業務經理時，未依規定經董事會同意，私自與自己親友之公司訂定生意合約，會觸犯下列何種罪刑？ ①貪污罪 ②詐欺罪 ③背信罪 ④侵占罪。

(　) 6. 雇主未依法定期實施特殊健康檢查，經勞動檢查機構通知限期改善，屆期未改善者，其處分為下列何者？ ①罰金 ②有期徒刑 ③罰鍰 ④停工。

(　) 7. 直讀式儀器除操作簡單外，其優點不包括下列何者？ ①可不經校準正確使用 ②使用方便 ③省去樣本運送 ④樣本不必經實驗室處理。

(　) 8. 苯的暴露可能造成 ①缺鐵性貧血 ②中樞神經病變 ③皮膚病 ④血癌。

(　) 9. 雇主對於室內工作場所，各機械間或其他設備間通道不得小於多少公分？ ①80 ②150 ③120 ④100。

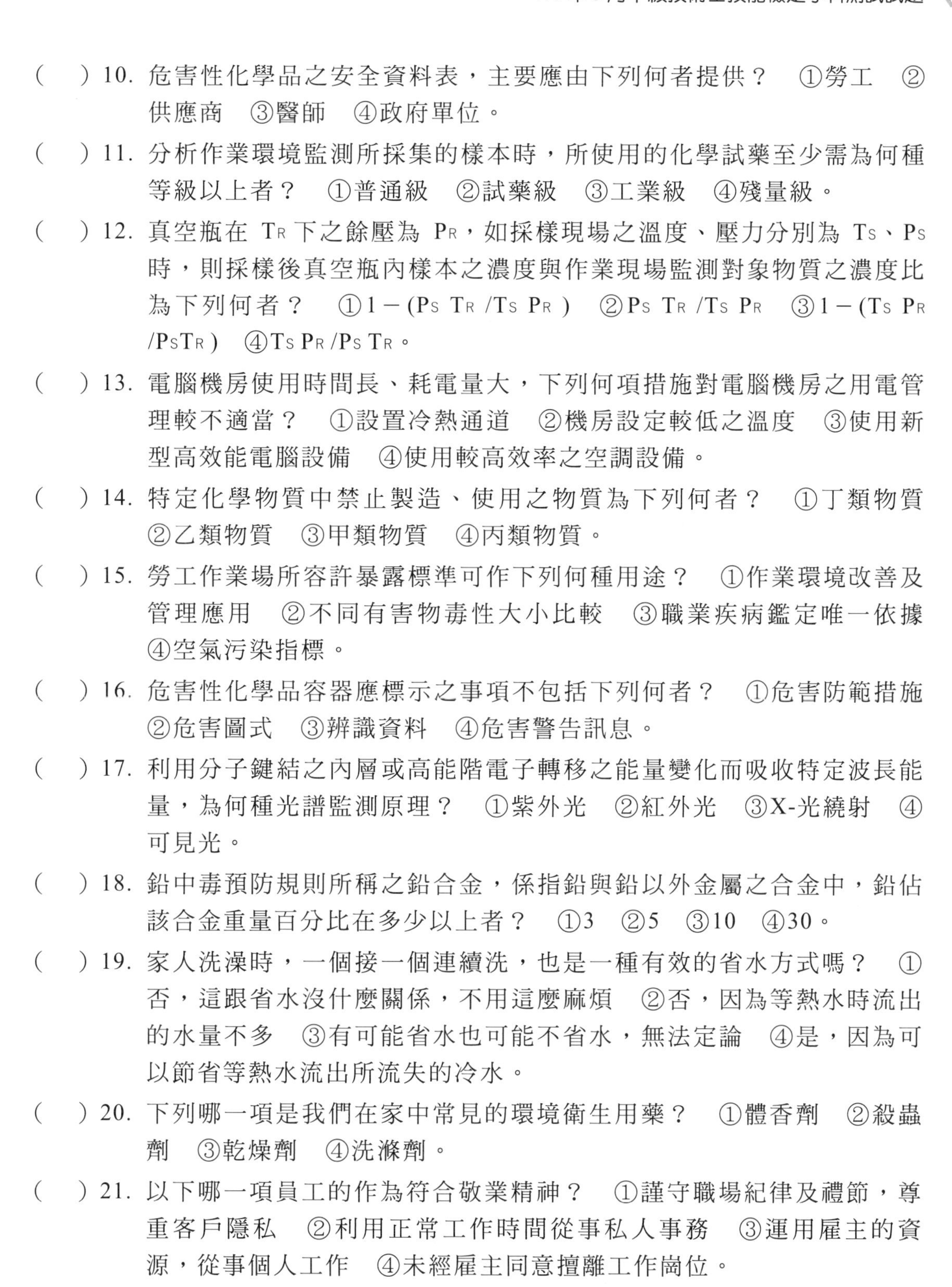

(　　) 10. 危害性化學品之安全資料表，主要應由下列何者提供？　①勞工　②供應商　③醫師　④政府單位。

(　　) 11. 分析作業環境監測所採集的樣本時，所使用的化學試藥至少需為何種等級以上者？　①普通級　②試藥級　③工業級　④殘量級。

(　　) 12. 真空瓶在 T_R 下之餘壓為 P_R，如採樣現場之溫度、壓力分別為 T_S、P_S 時，則採樣後真空瓶內樣本之濃度與作業現場監測對象物質之濃度比為下列何者？　①$1-(P_S T_R/T_S P_R)$　②$P_S T_R/T_S P_R$　③$1-(T_S P_R/P_S T_R)$　④$T_S P_R/P_S T_R$。

(　　) 13. 電腦機房使用時間長、耗電量大，下列何項措施對電腦機房之用電管理較不適當？　①設置冷熱通道　②機房設定較低之溫度　③使用新型高效能電腦設備　④使用較高效率之空調設備。

(　　) 14. 特定化學物質中禁止製造、使用之物質為下列何者？　①丁類物質　②乙類物質　③甲類物質　④丙類物質。

(　　) 15. 勞工作業場所容許暴露標準可作下列何種用途？　①作業環境改善及管理應用　②不同有害物毒性大小比較　③職業疾病鑑定唯一依據　④空氣污染指標。

(　　) 16. 危害性化學品容器應標示之事項不包括下列何者？　①危害防範措施　②危害圖式　③辨識資料　④危害警告訊息。

(　　) 17. 利用分子鍵結之內層或高能階電子轉移之能量變化而吸收特定波長能量，為何種光譜監測原理？　①紫外光　②紅外光　③X-光繞射　④可見光。

(　　) 18. 鉛中毒預防規則所稱之鉛合金，係指鉛與鉛以外金屬之合金中，鉛佔該合金重量百分比在多少以上者？　①3　②5　③10　④30。

(　　) 19. 家人洗澡時，一個接一個連續洗，也是一種有效的省水方式嗎？　①否，這跟省水沒什麼關係，不用這麼麻煩　②否，因為等熱水時流出的水量不多　③有可能省水也可能不省水，無法定論　④是，因為可以節省等熱水流出所流失的冷水。

(　　) 20. 下列哪一項是我們在家中常見的環境衛生用藥？　①體香劑　②殺蟲劑　③乾燥劑　④洗滌劑。

(　　) 21. 以下哪一項員工的作為符合敬業精神？　①謹守職場紀律及禮節，尊重客戶隱私　②利用正常工作時間從事私人事務　③運用雇主的資源，從事個人工作　④未經雇主同意擅離工作崗位。

(　　) 22. 欲瞭解煉焦作業勞工皮膚癌之可能性，應實施下列何監測？　①煉焦爐生成物　②WBGT　③苯　④煤塵。

(　) 23. 粉塵作業勞工之特別危害健康檢查健康管理分為幾級？ ①三 ②四 ③二 ④一。

(　) 24. 氣相層析儀的火燄離子偵檢器係使用那二種氣體？ ①氮氣及空氣 ②氮氣及氫氣 ③氮氣及氦氣 ④空氣及氫氣。

(　) 25. 下列何種採樣方式最適合用以評估勞工罹患矽肺症之風險？ ①胸腔性粉塵 ②可呼吸性粉塵 ③可吸入性粉塵 ④總粉塵。

(　) 26. 於下列何種物質作業環境中較易引起癌症？ ①五氯酚 ②二甲苯 ③一氧化碳 ④甲苯。

(　) 27. 分析含鹵素之有害物時，最佳的 GC 偵測器為下列何者？ ①ECD ②PID ③FID ④FPD。

(　) 28. 勞動部作業環境化學性因子檢測項目，下列何者以天平秤重量測？ ①金屬薰煙 ②石綿 ③無機酸 ④粉塵。

(　) 29. 有機溶劑作業設置之局部排氣裝置控制設施，氣罩型式下列何者控制效果最差？ ①吹吸式 ②崗亭式 ③包圍式 ④外裝式。

(　) 30. 執行作業環境監測採樣時，現場空白樣本數應為下列何者？ ①總樣本數的 5%或至少 1 個以上 ②總樣本數的 10%或至少 1 個以上 ③總樣本數的 5%或至少 2 個以上 ④總樣本數的 10%或至少 2 個以上。

(　) 31. 下列何有害物採樣前後，採集介質及樣本須進行溫濕度調適？ ①聯苯胺 ②總粉塵 ③石油醚 ④石綿。

(　) 32. 對於化學燒傷傷患的一般處理原則，下列何者正確？ ①傷患必須臥下，而且頭、胸部須高於身體其他部位 ②於燒傷處塗抹油膏、油脂或發酵粉 ③使用酸鹼中和 ④立即用大量清水沖洗。

(　) 33. 下列何種偵檢器用於監測有機蒸氣時，靈敏度較高？ ①火焰離子化偵檢器(flame ionization detector) ②紫外線偵檢器(UV detector) ③光離子偵檢器(photoionization detector) ④熱導度偵檢器 (thermal conductivity detector)。

(　) 34. 為減少日照降低空調負載，下列何種處理方式是錯誤的？ ①於屋頂進行薄層綠化 ②屋頂加裝隔熱材、高反射率塗料或噴水 ③窗戶裝設窗簾或貼隔熱紙 ④將窗戶或門開啟，讓屋內外空氣自然對流。

(　) 35. 有機物能吸收特定紅外線波長主要係因下列何者？ ①官能基 ②折射現象 ③偏光性 ④反射現象。

(　) 36. 依法令規定應每半年定期實施作業環境監測之作業場所為下列何者？ ①特定粉塵作業場所 ②硝酸作業場所 ③汽油作業場所 ④氯化氫作業場所。

(　) 37. 森林面積的減少甚至消失可能導致哪些影響：A.水資源減少 B.減緩全球暖化 C.加劇全球暖化 D.降低生物多樣性？ ①ABCD ②BCD ③ACD ④ABD。

(　) 38. 依勞工健康保護規則之規定，雇主應使醫護人員及勞工健康服務相關人員臨場服務辦理事項中，不包括下列何者？ ①衛生指導之策劃及實施 ②勞工之節育計畫 ③勞工之健康教育 ④勞工之健康促進。

(　) 39. 下列有關玻璃纖維的敘述何者正確？ ①玻璃纖維有不同的顏色 ②長時間暴露玻璃纖維可能造成類似石綿肺症 ③玻璃纖維與石綿以顯微鏡鏡檢可見其型態不同 ④玻璃纖維與石綿均可以經由 X 光繞射而確認。

(　) 40. 使用銀膜濾紙為採集介質之有害物為下列何者？ ①氯 ②汞 ③酚 ④氨。

(　) 41. 同一作業場所同一時間實施採樣時，通常下列那一種濃度最高？ ①肺泡沉積量 ②胸腔性粉塵 ③可吸入性粉塵 ④可呼吸性粉塵。

(　) 42. 如果公司受到不當與不正確的毀謗與指控，你應該是： ①向媒體爆料，更多不實的內容 ②不關我的事，只要能夠領到薪水就好 ③加入毀謗行列，將公司內部的事情，都說出來告訴大家 ④相信公司，幫助公司對抗這些不實的指控。

(　) 43. 下列何物質不是單純窒息性物質？ ①乙烯 ②氮 ③一氧化碳 ④甲烷。

(　) 44. 下列何者是監測分子中各鍵結原子產生振動及轉動時之能量變化？ ①可見光 ②紅外線 ③紫外線 ④微波。

(　) 45. 二種化合物 A、B，當單獨存在時其生物效應分別為 A=0，B=2，若二種化合物共存時其效應為 4，此種效應為那種作用？ ①獨立(independence) ②協同(potentiation) ③拮抗(antagonism) ④相加(addition)。

(　) 46. 下列何種方法可直接監測粉塵絕對濃度？ ①濾紙比色法 ②光散射原理 ③濾紙稱重法 ④壓電原理。

(　) 47. 若採樣設備校準範圍為 100mL/min~300mL/min，則採樣時，不可選用下列何種流率(mL/min)？ ①200 ②100 ③500 ④250。

(　) 48. 對於劇毒性及腐蝕性有害物之控制，下列哪一種控制技術應優先考慮？ ①密閉設備 ②局部排氣 ③呼吸防護具 ④整體換氣。

(　) 49. 事業單位勞動場所發生下列何種職業災害，雇主應於八小時內報告勞動檢查機構？ ①機械故障 ②死亡 ③一個勞工受傷，不需住院治療 ④二個勞工受傷，不需住院治療。

(　) 50. 以相同採樣流率與固體吸附管採集高濃度甲苯時，下列何敘述不正確？ ①破出體積減少 ②吸附速率增加 ③破出時間縮短 ④吸附甲苯總質量增加。

(　) 51. 台灣西部海岸曾發生的綠牡蠣事件是與下列何種物質污染水體有關？ ①銅 ②磷 ③汞 ④鎘。

(　) 52. 勞工若面臨長期工作負荷壓力及工作疲勞累積，沒有獲得適當休息及充足睡眠，便可能影響體能及精神狀態，甚而較易促發下列何種疾病？ ①肺水腫 ②腦心血管疾病 ③多發性神經病變 ④皮膚癌。

(　) 53. 有關半導體監測器的敘述，下列何者為非？ ①外界溫度會影響監測值 ②低靈敏度但線性佳 ③感測元件需加熱至攝氏數百度才可有效發揮功能 ④外界溼度會影響監測值。

(　) 54. 對裝有交通法規已列管之危害性化學品之船舶或運送車輛之標示，應依下列何種機關規定辦理？ ①國際勞工局 ②交通部 ③國際海事組織 ④勞動部。

(　) 55. 下列有關省水標章的敘述何者正確？ ①省水標章是環保署為推動使用節水器材，特別研定以作為消費者辨識省水產品的一種標誌 ②獲得省水標章的產品並無嚴格測試，所以對消費者並無一定的保障 ③省水標章能激勵廠商重視省水產品的研發與製造，進而達到推廣節水良性循環之目的 ④省水標章除有用水設備外，亦可使用於冷氣或冰箱上。

(　) 56. 對於擴散捕集法而言，下列敘述何者不正確？ ①不須校準流率 ②捕集不受環境氣流、氣溫之影響 ③採集設備質量輕 ④不必使用空氣驅動裝置。

(　) 57. 若勞工工作性質需與陌生人接觸、工作中需處理不可預期的突發事件或工作場所治安狀況較差，較容易遭遇下列何種危害？ ①組織內部不法侵害 ②組織外部不法侵害 ③潛涵症 ④多發性神經病變。

(　) 58. 下列何者非屬防止搬運事故之一般原則？ ①以機動車輛搬運 ②以機械代替人力 ③採取適當之搬運方法 ④儘量增加搬運距離。

(　) 59. 對電子煙的敘述，何者錯誤？ ①會有爆炸危險 ②可以幫助戒菸 ③含有毒致癌物質 ④含有尼古丁會成癮。

(　) 60. 在何種儀器設備上，有需要裝設樣本注入口分流裝置？ ①GC 填充管柱 ②HPLC 毛細管柱 ③GC 毛細管柱 ④HPLC 填充管柱。

複選題：

(　) 61. 對於紅外線感測元件，下列敘述何者正確？ ①不易受水氣干擾 ②不能測氫氣 ③濃度與吸光度有關 ④不易受二氧化碳干擾。

(　) 62. 依危害性化學品標示及通識規則之規定，對裝有危害性化學品容器之標示包含那些項目？ ①警示語 ②危害圖式 ③聯合國編號 ④危害成分。

(　) 63. 結晶型二氧化矽樣本分析，下列敘述何者正確？ ①以 X 光繞射分析儀定量 ②以原子吸收光譜儀定量 ③以位相差顯微鏡定量 ④以 X 光繞射分析儀定性。

(　) 64. 下列何者是可呼吸性粉塵採樣時必須要注意的問題？ ①欲監測粉塵所含的物質種類 ②採樣泵的流率範圍 ③旋風分離器的材質種類 ④採樣前後濾紙的稱重。

(　) 65. 法規中有關粉塵容許濃度之敘述，下列那些正確？ ①總粉塵含可呼吸性粉塵及可吸入性粉塵 ②石綿係指纖維長度為 3 微米以上，且長寬比在 5 以上之粉塵 ③第一種粉塵，其 SiO_2 含量愈多，容許濃度愈低 ④第二種粉塵，其 SiO_2 含量愈多，容許濃度愈低。

(　) 66. 下列何者是採樣時流率主要決定的因素？ ①採樣當天的氣溫 ②作業環境空氣中的濃度高低 ③採樣人員的數量 ④採樣介質種類。

(　) 67. 作業環境中之二甲苯濃度較高時，應考量之措施為下列何者？ ①採分段多樣本採樣 ②增加採樣時間 ③評估調整降低採樣流率 ④增加採樣流量率。

(　) 68. 某勞工之可吸入性粉塵監測之濃度為 $100mg/m^3$，則可能為下列何種情形？ ①胸腔性粉塵為 $60mg/m^3$ ②可呼吸性粉塵為 $50mg/m^3$ ③總粉塵為 $110mg/m^3$ ④可呼吸性粉塵加上胸腔性粉塵為 $120mg/m^3$。

(　) 69. 關於有害物在人體的吸收，下列敘述那些適當？ ①消化道的吸收一般大於呼吸道及皮膚的吸收 ②夏天高溫作業會提高經由皮膚的吸收 ③兼具水溶性及脂溶性之有害物容易經由皮膚吸收 ④經由呼吸攝入有害物，重體力的勞動者受影響較大。

(　) 70. 進行採樣泵的流率校準時，應注意下列何者？ ①採樣泵的種類 ②採樣時作業環境的溫度與大氣壓力 ③採樣組合的正確性 ④採樣前後的流率差異。

(　) 71. 製造、處置或使用下列何種化學物質之作業場所應每 6 個月監測其濃度 1 次以上？ ①硫酸 ②氯化氫 ③鉛 ④鉻酸。

( ) 72. 對硫化氫樣本分析，下列敘述何者正確？ ①以分光光譜儀定量 ②以 X 光繞射分析儀定性 ③以原子吸收光譜儀定量 ④以吸收液補集。

( ) 73. 應屬厭惡性粉塵採樣之有害物為下列何者？ ①非游離二氧化矽 ②硫酸鈣 ③三氧化二砷 ④石英。

( ) 74. 氣狀有害物的比重大於空氣者，包括下列何者？ ①乙醇 ②一氧化碳 ③二氯甲烷 ④正己烷。

( ) 75. 設有中央管理方式之空氣調節設備之建築物室內作業場所，應每 6 個月監測二氧化碳濃度 1 次以上，但下列何種之作業場所，不在此限？ ①作業時間短暫 ②臨時性作業 ③作業期間短暫 ④間歇性作業。

( ) 76. 對於觸媒燃燒式感測元件，下列敘述那些正確？ ①產生還原反應 ②具有白金線圈 ③可於無氧狀態監測 ④具有觸媒催化。

( ) 77. 鋼鐵廠的澆鑄作業，可能會有下列那些化學暴露？ ①一氧化碳 ②石綿 ③金屬燻煙 ④甲醛。

( ) 78. 下列何者屬直讀式氣體監測設備？ ①四用氣偵測器 ②檢知器 ③位相差顯微鏡 ④原子吸收光譜儀。

( ) 79. 進行粒狀物質作業環境監測時，下列何者是正確的採樣介質描述？ ①重金屬的物質一般是以纖維樹脂濾紙 ②石綿採樣的濾紙直徑一般是 25mm ③纖維樹脂濾紙的濾紙直徑一般是 37mm ④所有的粒狀物質都可以用玻璃濾紙。

( ) 80. 「危害性化學品標示及通識規則」中所制約的危害信息傳遞工具，為下列何者？ ①教育訓練 ②標示 ③安全資料表 ④化學物採購單。

111 年 3 月化學性因子作業環境監測甲級技術士技能檢定學科測試試題（答案）

解答：

1.(3)	2.(2)	3.(3)	4.(4)	5.(3)	6.(3)	7.(1)	8.(4)	9.(1)	10.(2)
11.(2)	12.(3)	13.(2)	14.(3)	15.(1)	16.(3)	17.(1)	18.(3)	19.(4)	20.(2)
21.(1)	22.(1)	23.(2)	24.(4)	25.(2)	26.(1)	27.(1)	28.(4)	29.(4)	30.(4)
31.(2)	32.(4)	33.(3)	34.(4)	35.(1)	36.(1)	37.(3)	38.(2)	39.(3)	40.(1)
41.(3)	42.(4)	43.(3)	44.(2)	45.(2)	46.(3)	47.(3)	48.(1)	49.(2)	50.(2)
51.(1)	52.(2)	53.(2)	54.(2)	55.(3)	56.(2)	57.(2)	58.(4)	59.(2)	60.(3)

61.(23) 62.(124) 63.(14) 64.(1234) 65.(13) 66.(24) 67.(13) 68.(123) 69.(234) 70.(234)
71.(14) 72.(14) 73.(12) 74.(134) 75.(123) 76.(24) 77.(134) 78.(12) 79.(123) 80.(123)

詳解：

6. 處新臺幣 3 萬元以上 15 萬元以下罰鍰。

18. 鉛合金：指鉛與鉛以外金屬之合金中，鉛佔該合金重量 10%以上者。

24. 藉氫氣及空氣將樣品離子化以測定導電度。

27. ECD 以氬或氦氣為載流氣體。

65. 第一種粉塵容許濃度與二氧化矽含量相反；第二種粉塵容許濃度與二氧化矽無關。

74. 比分子量 CO 分子量 12+16=28，小於空氣分子量 29。

附錄十一 APPENDIX 111 年 3 月乙級技術士技能檢定學科測試試題

111 年 3 月化學性因子作業環境監測乙級技術士技能檢定學科測試試題

本試卷有選擇題 80 題【單選選擇題 60 題，每題 1 分；複選選擇題 20 題，每題 2 分】，測試時間為 100 分鐘，請在答案卡上作答，答錯不倒扣；未作答者，不予計分。

單選題：

( ) 1. 關於建築中常用的金屬玻璃帷幕牆，下列敘述何者正確？ ①玻璃帷幕牆的使用能節省室內空調使用 ②臺灣的氣候濕熱，特別適合在大樓以金屬玻璃帷幕作為建材 ③玻璃帷幕牆適用於臺灣，讓夏天的室內產生溫暖的感覺 ④在溫度高的國家，建築使用金屬玻璃帷幕會造成日照輻射熱，產生室內「溫室效應」。

( ) 2. 進行石綿採樣前，採樣組合流率校正應將皂泡計接於下列何位置？ ①採樣泵進氣口 ②校正瓶出氣口 ③採樣泵出氣口 ④校正瓶進氣口。

( ) 3. 關於個人資料保護法之敘述，下列何者「錯誤」？ ①外國學生在臺灣短期進修或留學，也受到我國個人資料保護法的保障 ②公務機關執行法定職務必要範圍內，可以蒐集、處理或利用一般性個人資料 ③間接蒐集之個人資料，於處理或利用前，不必告知當事人個人資料來源 ④非公務機關亦應維護個人資料之正確，並主動或依當事人之請求更正或補充。

( ) 4. 完成二甲苯樣本採集後，除用管套封口外應用下列何者密封？ ①電氣膠帶 ②紙膠帶 ③PVC 膠帶 ④石蠟膜。

( ) 5. 有關觸電的處理方式，下列敘述何者錯誤？ ①把電源開關關閉 ②使用絕緣的裝備來移除電源 ③通知救護人員 ④立即將觸電者拉離現場。

( ) 6. 根據性騷擾防治法，有關性騷擾之責任與罰則，下列何者錯誤？ ①對他人為性騷擾者，由直轄市、縣（市）主管機關處 1 萬元以上 10 萬元以下罰鍰 ②對他人為性騷擾者，如果沒有造成他人財產上之損失，就無需負擔金錢賠償之責任 ③意圖性騷擾，乘人不及抗拒而為親吻、擁抱或觸摸其臀部、胸部或其他身體隱私處之行為者，處 2 年以下有期徒刑、拘役或科或併科 10 萬元以下罰金 ④對於因教育、訓練、醫療、公務、業務、求職，受自己監督、照護之人，利用權勢或機會為性騷擾者，得加重科處罰鍰至二分之一。

( ) 7. 勞工作業場所容許暴露係指下列何條件下之濃度？ ①20℃，1atm ②STP(0℃，1atm) ③15℃，1atm ④NTP(25℃，1atm)。

( ) 8. 下列何者是海洋受污染的現象？ ①形成紅潮 ②形成黑潮 ③臭氧層破洞 ④溫室效應。

( ) 9. 對於吸附劑之吸附能力，下列敘述何者為正確？ ①水蒸氣不會影響極性吸附劑之吸附能力 ②有害物濃度高時，活性碳可採集空氣樣品體積會降低 ③吸附作用均屬吸熱反應 ④溫度越高吸附能力越高。

( ) 10. 粒狀有害物在人體呼吸道的沈積與下列何種因子影響較小？ ①流速 ②潮氣量 ③空氣溫度 ④粒徑。

( ) 11. 下列關於個人資料保護法的敘述，下列敘述何者錯誤？ ①我的病歷資料雖然是由醫生所撰寫，但也屬於是我的個人資料範圍 ②不管是否使用電腦處理的個人資料，都受個人資料保護法保護 ③公務機關依法執行公權力，不受個人資料保護法規範 ④身分證字號、婚姻、指紋都是個人資料。

( ) 12. 以下何者不是發生電氣火災的主要原因？ ①漏電 ②電纜線置於地上 ③電氣火花 ④電器接點短路。

( ) 13. 下列何者為環境保護的正確作為？ ①不隨手關燈 ②自己開車不共乘 ③鐵馬步行 ④多吃肉少蔬食。

( ) 14. 缺氧症預防規則規定，缺氧係空氣中氧氣濃度未滿百分之幾之狀態？ ①十九 ②十七 ③二十 ④十八。

( ) 15. 下列何有害物採樣前後，採集介質及樣本須經調適(condition)？ ①石綿 ②聯苯胺 ③石油醚 ④含游離二氧化矽粉塵。

( ) 16. 下列何者為直讀式儀器之缺點？ ①精密度及準確度較差 ②不須經常校準 ③費用昂貴 ④使用簡易。

( ) 17. 檢舉人應以何種方式檢舉貪污瀆職始能核給獎金？ ①委託他人檢舉 ②以真實姓名檢舉 ③以他人名義檢舉 ④匿名。

( ) 18. 對於工作場所所使用之化學品，下列何者屬危害認知？ ①實施危害通識教育訓練 ②實施環境改善 ③實施作業環境監測 ④加強防護具之使用訓練。

( ) 19. 有關良好生物偵測方法，下列何者為誤？ ①可以正確反應經由職業暴露之劑量 ②可作為職業病鑑定之佐證 ③可以反應經由各種暴露途徑進入人體之總劑量 ④可以彌補現有作業環境監測之不足。

( ) 20. 對於具高沸點或對熱呈不穩定之有機化合物，通常使用下列何種儀器進行分析？ ①氣相層析儀 ②離子層析儀 ③高效率液相層析儀 ④原子吸收光譜儀。

( ) 21. 依行政院勞動部之採樣分析建議方法，監測下列何類物質時，不須製作檢量線？ ①有機物 ②總粉塵 ③重金屬 ④氰化物。

( ) 22. 用於混合之有機物定量分析效果較佳者為下列何者？ ①位相差顯微鏡 ②可見光光譜儀 ③原子吸收光譜儀 ④紅外線光譜儀。

( ) 23. 無機鉛主要以何種型態存在於空氣中？ ①粉塵 ②氣體 ③霧滴 ④蒸氣。

( ) 24. 軟焊作業場所設置整體換氣裝置之換氣量，應為每一從事鉛作業勞工平均每分鐘多少立方公尺以上？ ①2 ②1. 5 ③1. 67 ④1。

( ) 25. 紫外線／可見光光譜儀之分析原理為下列何者？ ①散射率 ②折射率 ③吸收度 ④反射率。

( ) 26. 電鍍作業使用鉻酸，容易以下列何種形態造成勞工之暴露？ ①蒸氣 ②霧滴及蒸氣 ③燻煙 ④氣體。

( ) 27. 過濾捕集法所得之粉塵濃度為下列何者？ ①絕對濃度 ②相對濃度 ③摩爾(mole)濃度 ④體積比(V/V)濃度。

( ) 28. 波長為 500nm 之電磁波屬於下列何者？ ①紫外線 ②可見光 ③X-射線 ④紅外線。

( ) 29. 在生物鏈越上端的物種其體內累積持久性有機污染物(POPs)濃度將越高，危害性也將越大，這是說明 POPs 具有下列何種特性？ ①生物累積性 ②持久性 ③半揮發性 ④高毒性。

( ) 30. 危害性化學品容器標示之圖式形狀為下列何者？ ①直立 45° 角正方形 ②三角形 ③圓形 ④長方形。

( ) 31. 苯之八小時日時量平均容許濃度為 1ppm(3.2mg/m^3)，其短時間時量平均容許濃度為何？ ①15ppm ②2ppm ③3mg/m^3 ④1.5ppm。

( ) 32. 採集乙硫醇之採集介質為下列何者？ ①活性碳管加乾燥管 ②玻璃纖維濾紙裱敷醋酸汞 ③XAD2 ④活性碳管裱敷硫酸鉛。

( ) 33. 一般而言，粉塵氣動粒徑小於多少微米者，較易進入肺泡？ ①500 ②100 ③10 ④50。

( ) 34. 印刷電路板軟焊作業中，錫主要以下列何種型態存在於空氣中？ ①蒸氣 ②霧滴 ③粉塵 ④燻煙。

( ) 35. 完成硫化氫樣本採集後，應以下列何者潤洗管壁？ ①樣本吸收液 ②二硫化碳 ③純水 ④酒精。

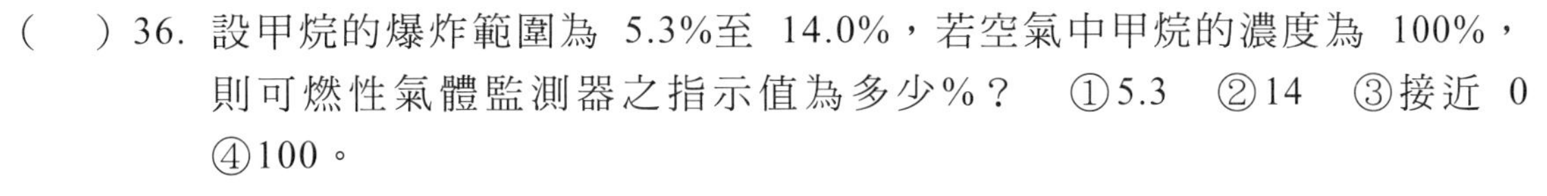

(　) 36. 設甲烷的爆炸範圍為 5.3%至 14.0%，若空氣中甲烷的濃度為 100%，則可燃性氣體監測器之指示值為多少%？ ①5.3 ②14 ③接近 0 ④100。

(　) 37. 採集石綿所使用之採集介質為下列何者？ ①銀膜濾紙 ②PVC 濾紙 ③玻璃纖維濾紙 ④混合纖維樹脂濾紙。

(　) 38. 下列哪些廢紙類不可以進行資源回收？ ①雜誌 ②包裝紙 ③報紙 ④紙尿褲。

(　) 39. 勞工作業場所容許暴露標準附表中有那一註記，則表示該物質經證實或疑似對人類會引起腫瘤之物質？ ①癌 ②瘤 ③皮 ④高。

(　) 40. 下列何種機構可辦理粉塵作業勞工健康追蹤檢查？ ①辦理勞工一般體格及健康檢查之認可醫療機構 ②辦理勞工特殊體格及健康檢查之認可醫療機構中聘有職業醫學科專科醫師 ③巡迴勞工體格及健康檢查醫療機構 ④辦理勞工特殊體格及健康檢查之認可醫療機構。

(　) 41. 合成皮製造工廠使用二甲基甲醯胺之塗布作業，容易以下列何種形態造成勞工之暴露？ ①霧滴 ②蒸氣 ③燻煙 ④氣體。

(　) 42. 透過淋浴習慣的改變就可以節約用水，以下的何種方式正確？ ①淋浴時抹肥皂，無需將蓮蓬頭暫時關上 ②等待熱水前流出的冷水可以用水桶接起來再利用 ③淋浴流下的水不可以刷洗浴室地板 ④淋浴沖澡流下的水，可以儲蓄洗菜使用。

(　) 43. 一有害物有八小時日時量平均容許濃度，如一勞工正常作業時間僅連續暴露一小時，因此評估時最好針對下列何種濃度評估是否超過較適當？ ①八小時時量平均暴露濃度 ②最高十五分鐘之短時間時量平均暴露濃度及工作日時量平均暴露濃度 ③最高暴露濃度 ④一小時之時量平均暴露濃度。

(　) 44. 火燄離子偵測器(GC-FID)之氣相層析儀分析樣本時，最常用的脫附溶劑為何？ ①香蕉油 ②水 ③二硫化碳 ④汽油。

(　) 45. 某儀器分析甲物質之靈敏度為 0.05mg/mL，最終分析液量為 1mL，容許濃度為 100mg/m^3，其採氣流率為 100mL/min，則最低採樣時間應達多少分鐘？ ①50 ②5 ③200 ④100。

(　) 46. 下列何者非氣相層析法之用途？ ①定量 ②定性 ③監測金屬離子 ④監測有機物。

(　) 47. 個人採樣之捕集裝置吸入口應固定於勞工之何位置處？ ①手腕 ②衣領 ③褲帶 ④腰帶 上。

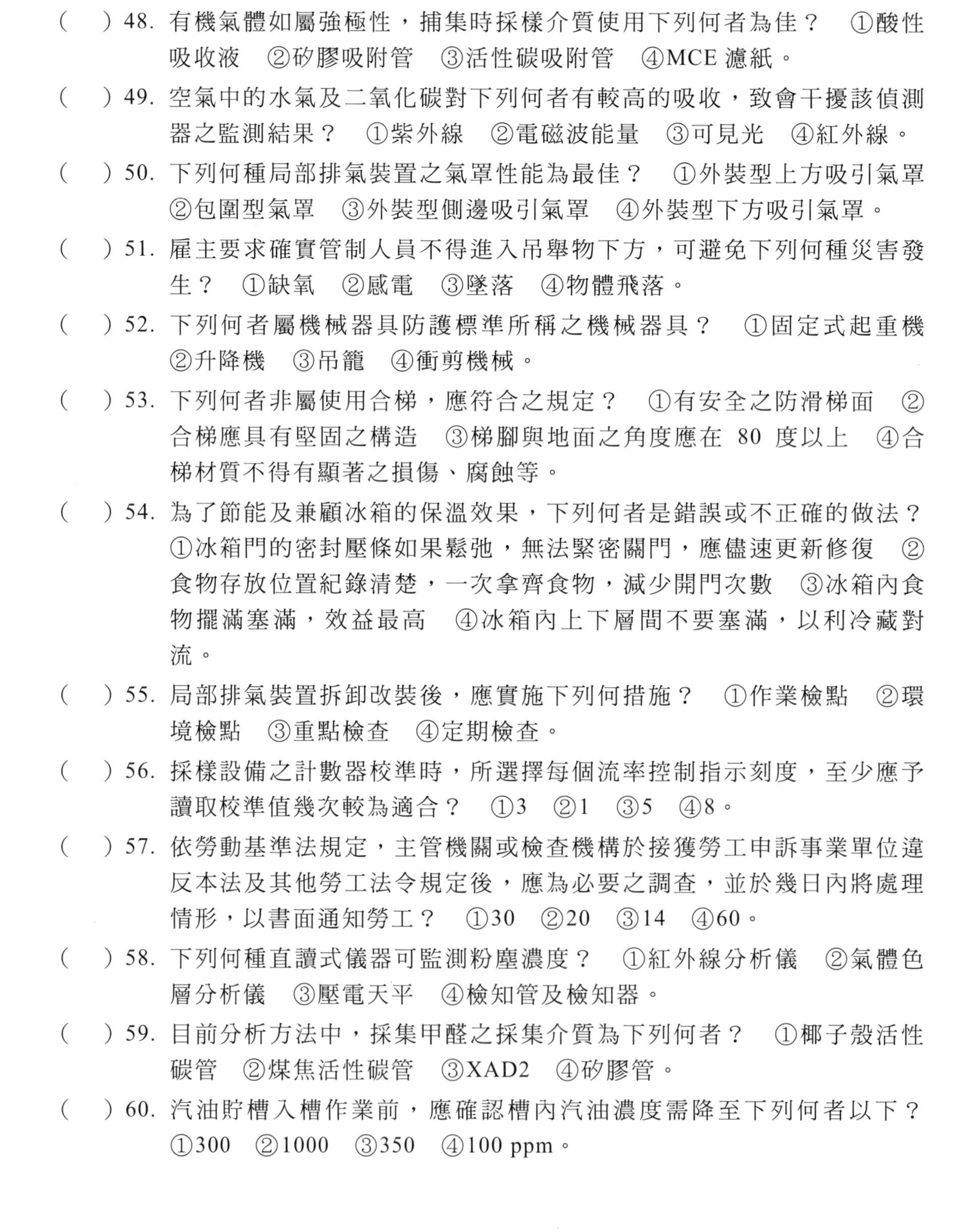

(　) 48. 有機氣體如屬強極性，捕集時採樣介質使用下列何者為佳？ ①酸性吸收液 ②矽膠吸附管 ③活性碳吸附管 ④MCE 濾紙。

(　) 49. 空氣中的水氣及二氧化碳對下列何者有較高的吸收，致會干擾該偵測器之監測結果？ ①紫外線 ②電磁波能量 ③可見光 ④紅外線。

(　) 50. 下列何種局部排氣裝置之氣罩性能為最佳？ ①外裝型上方吸引氣罩 ②包圍型氣罩 ③外裝型側邊吸引氣罩 ④外裝型下方吸引氣罩。

(　) 51. 雇主要求確實管制人員不得進入吊舉物下方，可避免下列何種災害發生？ ①缺氧 ②感電 ③墜落 ④物體飛落。

(　) 52. 下列何者屬機械器具防護標準所稱之機械器具？ ①固定式起重機 ②升降機 ③吊籠 ④衝剪機械。

(　) 53. 下列何者非屬使用合梯，應符合之規定？ ①有安全之防滑梯面 ②合梯應具有堅固之構造 ③梯腳與地面之角度應在 80 度以上 ④合梯材質不得有顯著之損傷、腐蝕等。

(　) 54. 為了節能及兼顧冰箱的保溫效果，下列何者是錯誤或不正確的做法？ ①冰箱門的密封壓條如果鬆弛，無法緊密關門，應儘速更新修復 ②食物存放位置紀錄清楚，一次拿齊食物，減少開門次數 ③冰箱內食物擺滿塞滿，效益最高 ④冰箱內上下層間不要塞滿，以利冷藏對流。

(　) 55. 局部排氣裝置拆卸改裝後，應實施下列何措施？ ①作業檢點 ②環境檢點 ③重點檢查 ④定期檢查。

(　) 56. 採樣設備之計數器校準時，所選擇每個流率控制指示刻度，至少應予讀取校準值幾次較為適合？ ①3 ②1 ③5 ④8。

(　) 57. 依勞動基準法規定，主管機關或檢查機構於接獲勞工申訴事業單位違反本法及其他勞工法令規定後，應為必要之調查，並於幾日內將處理情形，以書面通知勞工？ ①30 ②20 ③14 ④60。

(　) 58. 下列何種直讀式儀器可監測粉塵濃度？ ①紅外線分析儀 ②氣體色層分析儀 ③壓電天平 ④檢知管及檢知器。

(　) 59. 目前分析方法中，採集甲醛之採集介質為下列何者？ ①椰子殼活性碳管 ②煤焦活性碳管 ③XAD2 ④矽膠管。

(　) 60. 汽油貯槽入槽作業前，應確認槽內汽油濃度需降至下列何者以下？ ①300 ②1000 ③350 ④100 ppm。

複選題：

(　) 61. 下列何者可以使用於比較化學物質的毒性？ ①八小時日時量平均容許濃度標準 ②有效劑量 ③半致死濃度 ④半致死劑量。

(　) 62. 正己烷中毒造成多發性神經病變與下列那些正己烷代謝物無關？ ①環己酮 ②四氫呋喃 ③2,5 己二酮 ④2,5 己二醇。

(　) 63. 下列何有害物之個人採樣，使用之設備不需組裝分粒裝置？ ①石綿 ②總粉塵 ③鉛塵 ④可呼吸性粉塵。

(　) 64. 對原子吸收光譜儀所使用的樣品前處理包括下列那些？ ①氫化物產生法 ②消化法 ③冷汞蒸氣法 ④光激發法。

(　) 65. 氣狀物之化學性危害因子的型態為下列那些？ ①蒸氣 ②氣體 ③液態有害物 ④燻煙。

(　) 66. 我國「作業場所容許暴露標準中」，「符號」欄標示中，包括下列何者？ ①瘤 ②皮 ③高 ④癌。

(　) 67. 每次配戴輸氣管面罩進行作業時，下列何者不符合法令規定？ ①可連續作業 3 小時 ②可連續作業 2.5 小時 ③可連續作業 1 小時 ④可連續作業 2 小時。

(　) 68. 現場採樣人員無須於採樣現場製備之樣本為下列何者？ ①現場空白樣本 ②分析空白樣本 ③溶劑空白樣本 ④介質空白樣本。

(　) 69. 粉塵採樣時，若預估環境污染物濃度較高，為避免超過介質負載量(loading)，應採之措施下列何者措施？ ①加裝旋風分粒器 ②多樣本採樣 ③額外加裝濾紙 ④適度調整降低採樣流率。

(　) 70. 下列那些場所應進行硫化氫之監測？ ①下水道作業 ②室內硫化氫作業 ③廢水處理場 ④電子軟焊作業。

(　) 71. 隧道掘削之建設工程之場所，依法令規定應每六個月監測粉塵、二氧化碳之濃度一次以上，但在何種情況下可以免實施上述監測？ ①工期落後須趕工 ②作業時間短暫 ③臨時性作業 ④作業期間短暫。

(　) 72. 下列何者化學物質實施作業環境監測紀錄應保存三十年？ ①硫酸 ②媒焦油 ③氯乙烯 ④鹽酸。

(　) 73. 我國職業安全衛生法規定，勞工的義務包括下列何者？ ①遵守安全衛生工作守則 ②接受安全衛生教育訓練 ③嚴格遵守節能減碳 ④接受體格、健康檢查。

(　) 74. 下列何種是以氣相層析法作為分析儀器常用的採樣介質？ ①混合纖維濾紙 ②矽膠管 ③活性碳管 ④玻璃纖維濾紙。

( ) 75. 使用觸媒燃燒式感測元件之可燃性氣體監測器，下列何者敘述正確？ ①勿須定期校正 ②不受空氣氧氣影響 ③僅可測可燃性物質 ④監測物未具選擇性。

( ) 76. 關於有害物的暴露，下列敘述何者不正確？ ①暴露劑量等於內劑量 ②內劑量與生物有效劑量無關 ③內劑量等於生物有效劑量 ④生物有效劑量與生物效應有最直接的關係。

( ) 77. 應使用混合纖維樹脂濾紙為採集介質之採樣為下列何者？ ①煤焦油 ②氯 ③砷 ④鉛。

( ) 78. 下列何者屬於特定管理物質？ ①四羰化鎳 ②苯胺紅 ③二氯聯苯胺及其鹽類 ④鎘及其化合物。

( ) 79. 對層析儀器使用的內容，下列那些描述為正確？ ①氨及硫酸的樣品一般都是以離子層析儀進行監測 ②醇類與酯類的樣品一般都是以氣相層析儀進行監測 ③聯苯胺及酚類的樣品一般都是以液相層析儀進行監測 ④酮類與醛類的樣品一般都是以液相層析儀進行監測。

( ) 80. 對於直讀式儀器使用，下列何者敘述不正確？ ①感測元件容易老化 ②不受混合物干擾 ③簡易操作 ④不須校正。

111 年 3 月化學性因子作業環境監測乙級技術士技能檢定學科測試試題（答案）

解答：

1.(4)	2.(4)	3.(3)	4.(4)	5.(4)	6.(2)	7.(4)	8.(1)	9.(2)	10.(3)
11.(3)	12.(2)	13.(3)	14.(4)	15.(4)	16.(1)	17.(2)	18.(1)	19.(1)	20.(3)
21.(2)	22.(4)	23.(1)	24.(3)	25.(3)	26.(2)	27.(1)	28.(2)	29.(1)	30.(1)
31.(2)	32.(2)	33.(3)	34.(4)	35.(1)	36.(3)	37.(4)	38.(4)	39.(2)	40.(2)
41.(2)	42.(2)	43.(2)	44.(3)	45.(2)	46.(3)	47.(2)	48.(2)	49.(4)	50.(2)
51.(4)	52.(4)	53.(3)	54.(3)	55.(3)	56.(1)	57.(4)	58.(3)	59.(3)	60.(1)
61.(234)	62.(124)	63.(123)	64.(123)	65.(12)	66.(123)	67.(124)	68.(234)	69.(24)	70.(123)
71.(234)	72.(123)	73.(124)	74.(23)	75.(34)	76.(12)	77.(34)	78.(123)	79.(123)	80.(24)

詳解：

28. 電磁波譜頻率從低到高分別列為無線電波、微波、紅外線、可見光、紫外線、X 射線和伽瑪射線。紅外線波長為 1000nm 可見光波長為 500nm 紫外線波長為 10nmX 射線波長為 0.1nm。

31. 1×2＝2，變量係數為 2。

36. 濃度超過爆炸下限，儀器測值為 0。

43. 8 小時時量平均濃度及短時間時量平均濃度都要符合標準。

45. 0.05×1000000÷(100×T)＝100，T＝5 分。

52. 前三個都是危險性機械。

59. 氨、硫化氫是用吸收液氣體吸收瓶；苯胺、硫酸、甲醇是用矽膠；甲醛適用 XAD-2 吸附管。

70. 汙水、廢水會產生硫化氫。

72. 三氯乙烯、四氯乙烯、硫酸、煤焦油、石綿、苯，測定記錄保存 30 年。

78. 特化物質危害預防標準所稱特定管理物質，指下列規定之物質：
二氯聯苯胺及其鹽類、α-萘胺及其鹽類、鄰-二甲基聯苯胺及其鹽類、二甲氧基聯苯胺及其鹽類、次乙亞胺、氯乙烯、3,3-二氯-4,4-二胺基苯化甲烷、四羰化鎳、對-二甲胺基偶氮苯、β-丙內酯、環氧乙烷、奧黃、苯胺紅、石綿（不含青石綿、褐石綿）、鉻酸及其鹽類、砷及其化合物、鎳及其化合物、重鉻酸及其鹽類、1,3-丁二烯及甲醛（含各該列舉物占其重量超過 1%之混合物）。

附錄十二 APPENDIX 112 年 3 月甲級技術士技能檢定學科測試試題

112 年 3 月化學性因子作業環境監測甲級技術士技能檢定學科測試試題

本試卷有選擇題 80 題【單選選擇題 60 題，每題 1 分；複選選擇題 20 題，每題 2 分】，測試時間為 100 分鐘，請在答案卡上作答，答錯不倒扣；未作答者，不予計分。

單選題：

( ) 1. 甲苯、二甲苯、甲醛，二氯乙烷混存之作業環境，同時採樣需幾組不同之採樣設備？ ①1 ②4 ③2 ④3。

( ) 2. 從事專業性工作，在服務顧客時應有的態度為何？ ①不必顧及雇主和顧客的立場 ②選擇工時較長、獲利較多的方法服務客戶 ③選擇最安全、經濟及有效的方法完成工作 ④為了降低成本，可以降低安全標準。

( ) 3. 每 1mL 溶液中含有甲苯 12.5 μg，則該溶液之甲苯濃度為多少 mg/mL？ ①0.0125 ②1.25 ③12.5 ④0.125。

( ) 4. 雇主實施作業環境監測時，應由設置或委託監測機構辦理，惟不包括下列何者？ ①僱用乙級以上之作業環境監測人員 ②委由經中央主管機關認可之作業環境監測機構 ③委由執業之工礦衛生技師 ④僱用衛生管理師。

( ) 5. 為預防有缺氧之虞作業場所造成缺氧事故所採取的措施，下列何者為誤？ ①開始作業前，檢點呼吸防護具及安全帶等 ②進出該作業場所人員之檢點 ③開始作業前，測量氧氣的濃度 ④為保持空氣中氧氣濃度在 18% 以上，應以純氧進行換氣。

( ) 6. 下列何者極性最強？ ①乙醇 ②乙醛 ③丙酮 ④二氯甲烷。

( ) 7. 在 30℃、一大氣壓下監測二硫化碳所得之暴露濃度為 20ppm，換算為 NTP 下之濃度時，則較實測濃度為何？ ①大 ②小 ③相等 ④可能較大亦可能較小。

( ) 8. 下列何作業非屬特別危害健康作業？ ①異常氣壓作業 ②苯之處置作業 ③缺氧危險作業 ④游離輻射作業。

( ) 9. 下列何者非節省能源的做法？ ①電冰箱溫度長時間調在強冷或急冷 ②影印機當 15 分鐘無人使用時，自動進入省電模式 ③汽車不行駛

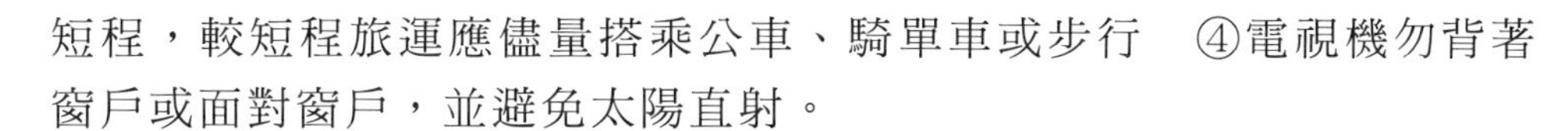

短程，較短程旅運應儘量搭乘公車、騎單車或步行 ④電視機勿背著窗戶或面對窗戶，並避免太陽直射。

( ) 10. 下列何者為環境保護的正確作為？ ①不隨手關燈 ②自己開車不共乘 ③鐵馬步行 ④多吃肉少蔬食。

( ) 11. 一般而言，螢光燈的發光效率與長度有關嗎？ ①無關，發光效率只與燈管直徑有關 ②無關，發光效率只與色溫有關 ③有關，越長的螢光燈管，發光效率越低 ④有關，越長的螢光燈管，發光效率越高。

( ) 12. 以分光光度法分析時，對溶液吸收度之敘述下列何者正確？ ①為透光度倒數之對數 ②與透光度成正比 ③與透光度無關 ④與透光度成反比。

( ) 13. 實施作業環境監測前最先應決定之事項為何？ ①數據統計方法 ②分析方法 ③採樣目的 ④校正採樣設備。

( ) 14. 有立即發生危險之虞之工作場所雇主或工作場所負責人應即令停止作業，並使勞工退避至安全場所，下列何者不屬有立即發生危險之虞之工作場所？ ①室內作業場所從事鉛作業，有鉛塵溢散時 ②隧道營建工程中，因出水致生災害 ③缺氧危險作業，該作業場所有發生缺氧危險之虞時 ④自設備洩漏大量危險物，如過氧化丁酮，有引起爆炸致生災害之緊急危險時。

( ) 15. 下列何種生活小習慣的改變可減少細懸浮微粒($PM_{2.5}$)排放，共同為改善空氣品質盡一份心力？ ①少吃燒烤食物 ②每天喝 500c.c.的水 ③養成運動習慣 ④使用吸塵器。

( ) 16. 粉塵作業勞工特殊健康檢查結果，健康管理之劃分為第三級管理者，應如何實施健康管理？ ①每三年定期實施健康檢查 ②請職業醫學科專科醫師實施追蹤檢查 ③應予療養 ④每二年定期實施健康檢查。

( ) 17. 依規定雇主應至少多久定期使用真空除塵器或以水沖洗等不致發生粉塵飛揚之方法，清除室內粉塵作業場所之地面？ ①每日 ②每季 ③每週 ④每月。

( ) 18. 衝擊瓶後端連接卻水器之目的為下列何者？ ①保護採集介質溶液 ②防止破出 ③增加吸收效率 ④保護採樣泵。

( ) 19. 為防止勞工感電，下列何者為非？ ①避免不當延長接線 ②使用防水插頭 ③電線架高或加以防護 ④設備有金屬外殼保護即可免裝漏電斷路器。

(　) 20. 下列何者為 TDI（異氰酸甲酯）暴露所造成之主要健康危害？ ①多發性神經病變 ②氣喘 ③肝功能異常 ④血液危害。

(　) 21. 同一時段，同一作業場所中之不同位置，其濃度分布常以下列何者描述之？ ①對數常態分布 ②t 分布 ③常態分布 ④z 分布。

(　) 22. 職業安全衛生法所稱中央主管機關指定之機械、器具，不包括下列何者？ ①木材加工用圓盤鋸 ②動力衝剪機械 ③壓力容器 ④手推刨床。

(　) 23. 完成作業環境空氣中氨之採樣後，衝擊瓶管壁應以下列何種溶液洗滌，並將洗滌液加入樣本中？ ①1N HNO_3 ②1N H_2SO_4 ③1N NaOH ④1N HCl。

(　) 24. 下列何者狀況不是採樣過程中採樣口阻塞所造成？ ①毀損採集介質 ②流率降低 ③污染物低估 ④採樣泵停止運轉。

(　) 25. 依法規規定，下列何種有機溶劑之危害性較大？ ①第一種 ②第三種 ③第四種 ④第二種。

(　) 26. 分光光度儀對物質濃度的監測所依據的理論為下列何者？ ①Beer's Law ②Boyle's Law ③Dalton's Law ④Fourier Transform。

(　) 27. 下列何種有害物其濃度可用 f/cc 表示？ ①棉塵 ②石綿纖維 ③岩棉纖維 ④石英砂。

(　) 28. 下列何者適合以光離子偵檢器監測？ ①二氧化碳 ②苯 ③氧氣 ④氮氣。

(　) 29. 小美是公司的業務經理，有一天巧遇國中同班的死黨小林，發現他是公司的下游廠商老闆。最近小美處理一件公司的招標案件，小林的公司也在其中，私下約小美見面，請求她提供這次招標案的底標，並馬上要給予幾十萬元的前謝金，請問小美該怎麼辦？ ①收下錢，將錢拿出來給單位同事們分紅 ②應該堅決拒絕，並避免每次見面都與小林談論相關業務問題 ③退回錢，並告訴小林都是老朋友，一定會全力幫忙 ④朋友一場，給他一個比較接近底標的金額，反正又不是正確的，所以沒關係。

(　) 30. 含鉛塗料指含有下列何者之塗料？ ①鉛混合物 ②鉛化合物 ③鉛混存物 ④鉛合金。

(　) 31. 某次作業環境監測，採集甲苯(MW=92)樣本 5L(於 NTP)，分析結果前段為 1.5mg，後段為 0.05mg，則空氣中甲苯之濃度為多少 ppm？ ①5.83 ②79.7 ③屬無效樣本 ④82.4。

( ) 32. 專利權又可區分為發明、新型與設計三種專利權，其中發明專利權是否有保護期限？期限為何？ ①有，20 年 ②有，50 年 ③無期限，只要申請後就永久歸申請人所有 ④有，5 年。

( ) 33. 依法令規定，安全資料內容計有多少項？ ①十三 ②二十 ③十六 ④十。

( ) 34. 下列何者為危害性化學品標示及通識規則所列的兩大配合措施之一？ ①標示 ②訂定危害通識計畫 ③教育訓練 ④安全資料表。

( ) 35. 皂泡計校準設備屬何級標準？ ①一級標準 ②二級標準 ③國家標準 ④中間標準。

( ) 36. 對裝有交通法規已列管之危害性化學品之船舶或運送車輛之標示，應依下列何種機關規定辦理？ ①國際勞工局 ②國際海事組織 ③勞動部 ④交通部。

( ) 37. 採集游離二氧化矽之濾紙直徑為多少 mm？ ①25 ②37 ③17 ④47。

( ) 38. 電源插座堆積灰塵可能引起電氣意外火災，維護保養時的正確做法是？ ①可以先用刷子刷去積塵 ②應先關閉電源總開關箱內控制該插座的分路開關 ③可以用金屬接點清潔劑噴在插座中去除銹蝕 ④直接用吹風機吹開灰塵就可以了。

( ) 39. 可燃性氣體偵測器之應用，下列者為非 ①可燃性氣體供應設施自動遮斷設施之偵測元件 ②油桶槽吹淨程式之效果評估 ③環境中可燃性氣體，有火災爆炸之虞之警報設施 ④密閉桶槽內作業人員有害物暴露評估。

( ) 40. 透過淋浴習慣的改變就可以節約用水，以下的何種方式正確？ ①淋浴流下的水不可以刷洗浴室地板 ②淋浴沖澡流下的水，可以儲蓄洗菜使用 ③淋浴時抹肥皂，無需將蓮蓬頭暫時關上 ④等待熱水前流出的冷水可以用水桶接起來再利用。

( ) 41. 危害性化學品標示之圖式形狀為直立四十五度角之何種形狀？ ①三角形 ②正方形 ③長方形 ④圓形。

( ) 42. 依勞動部採樣分析建議方法，下列有關檢量線之敘述何者為正確？ ①使用分光光譜儀檢量線品管樣品之誤差值小於10% ②至少配製3種以上不同濃度之標準溶液 ③配製濃度＝預估現場濃度×採樣流率 ④相關係數不得小於0.95。

( ) 43. 下列何種有害物採樣時，濾紙匣須採開口方式？ ①石綿 ②總粉塵 ③鉻粉塵 ④鉛粉塵。

( ) 44. 下列何者是造成臺灣雨水酸鹼(pH)值下降的主要原因？ ①森林減少 ②降雨量減少 ③工業排放廢氣 ④國外火山噴發。

( ) 45. 二胺基聯苯被歸類為致癌物，會誘發下列何器官之癌症？ ①肝 ②肺 ③腎 ④膀胱。

( ) 46. 可呼吸性粉塵中，氣動粒徑 10 μm 者有多少%可進入肺泡且沈積於肺泡區？ ①3 ②10 ③5 ④1。

( ) 47. 要評估一作業環境監測結果是否符合規定，有害物之濃度應換算為 NTP 下，NTP 係指下列何者？ ①25℃、一大氣壓 ②採樣現場之溫度壓力 ③20℃、一大氣壓 ④0℃、一大氣壓。

( ) 48. 下列何者非屬於工作場所作業會發生墜落災害的潛在危害因子？ ①開口未設置護欄 ②未確實配戴耳罩 ③屋頂開口下方未張掛安全網 ④未設置安全之上下設備。

( ) 49. 下列有機溶劑作業中，何作業勞工有機溶劑暴露濃度較高？ ①噴漆 ②附逆流凝縮機去脂作業 ③室外油漆粉刷 ④油漆密閉攪拌。

( ) 50. 下列哪一項不是危害性化學品通識的基本工作？ ①健康檢查 ②教育訓練 ③標示 ④安全資料表。

( ) 51. 二硫化碳之採集介質為下列何者？ ①XAD2 ②活性碳管 ③矽膠管 ④XAD7。

( ) 52. 有關菸害防制法規範，「不可販賣菸品」給幾歲以下的人？ ①18 ②19 ③20 ④17。

( ) 53. 下列敘述何者不適當？ ①牙齒之酸蝕症容易發生於使用硫酸、硝酸、鹽酸等作業者 ②水銀體溫計製造的從業者有發生汞中毒的可能 ③鋅熔融作業可能造成金屬燻煙熱 ④塗裝作業者最易發生錳中毒。

( ) 54. 高壓氣體之消費設備中，有氣體洩漏致積滯之虞之場所，應設置可探測該洩漏氣體，且發出自動警報之設備，但下列何物質除外？ ①液氧 ②液氯 ③液化石油氣 ④液氨。

( ) 55. 從事於易踏穿材料構築之屋頂修繕作業時，應有何種作業主管在場執行主管業務？ ①施工架組配 ②屋頂 ③擋土支撐組配 ④模板支撐。

( ) 56. 勞工常處於高溫及低溫間交替暴露的情況、或常在有明顯溫差之場所間出入，對勞工的生（心）理工作負荷之影響一般為何？ ①不一定 ②無 ③增加 ④減少。

( ) 57. 下列何者是監測分子中各鍵結原子產生振動及轉動時之能量變化？ ①可見光 ②紅外線 ③微波 ④紫外線。

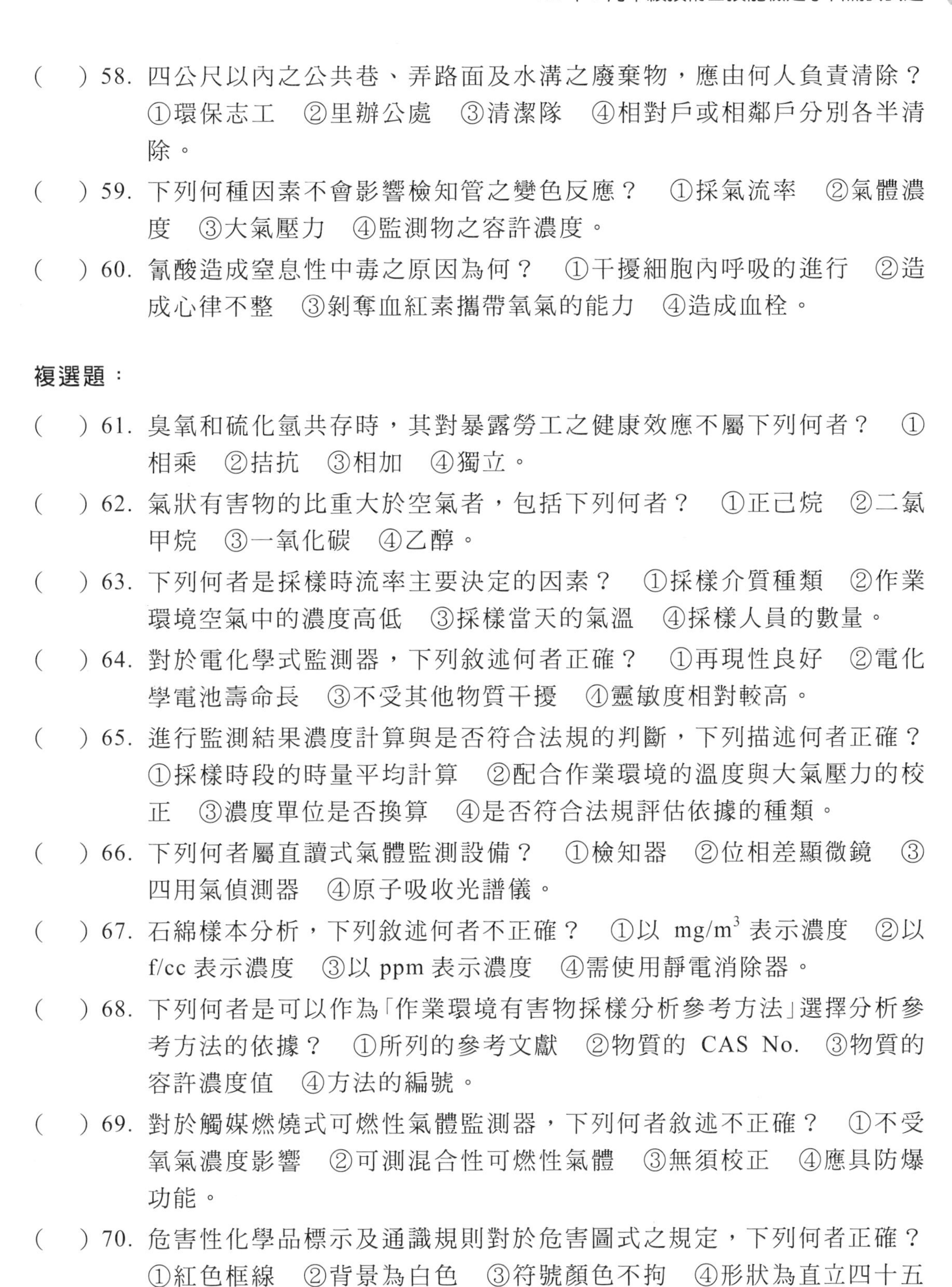

(　　) 58. 四公尺以內之公共巷、弄路面及水溝之廢棄物，應由何人負責清除？ ①環保志工 ②里辦公處 ③清潔隊 ④相對戶或相鄰戶分別各半清除。

(　　) 59. 下列何種因素不會影響檢知管之變色反應？ ①採氣流率 ②氣體濃度 ③大氣壓力 ④監測物之容許濃度。

(　　) 60. 氰酸造成窒息性中毒之原因為何？ ①干擾細胞內呼吸的進行 ②造成心律不整 ③剝奪血紅素攜帶氧氣的能力 ④造成血栓。

複選題：

(　　) 61. 臭氧和硫化氫共存時，其對暴露勞工之健康效應不屬下列何者？ ①相乘 ②拮抗 ③相加 ④獨立。

(　　) 62. 氣狀有害物的比重大於空氣者，包括下列何者？ ①正已烷 ②二氯甲烷 ③一氧化碳 ④乙醇。

(　　) 63. 下列何者是採樣時流率主要決定的因素？ ①採樣介質種類 ②作業環境空氣中的濃度高低 ③採樣當天的氣溫 ④採樣人員的數量。

(　　) 64. 對於電化學式監測器，下列敘述何者正確？ ①再現性良好 ②電化學電池壽命長 ③不受其他物質干擾 ④靈敏度相對較高。

(　　) 65. 進行監測結果濃度計算與是否符合法規的判斷，下列描述何者正確？ ①採樣時段的時量平均計算 ②配合作業環境的溫度與大氣壓力的校正 ③濃度單位是否換算 ④是否符合法規評估依據的種類。

(　　) 66. 下列何者屬直讀式氣體監測設備？ ①檢知器 ②位相差顯微鏡 ③四用氣偵測器 ④原子吸收光譜儀。

(　　) 67. 石綿樣本分析，下列敘述何者不正確？ ①以 mg/m^3 表示濃度 ②以 f/cc 表示濃度 ③以 ppm 表示濃度 ④需使用靜電消除器。

(　　) 68. 下列何者是可以作為「作業環境有害物採樣分析參考方法」選擇分析參考方法的依據？ ①所列的參考文獻 ②物質的 CAS No. ③物質的容許濃度值 ④方法的編號。

(　　) 69. 對於觸媒燃燒式可燃性氣體監測器，下列何者敘述不正確？ ①不受氧氣濃度影響 ②可測混合性可燃性氣體 ③無須校正 ④應具防爆功能。

(　　) 70. 危害性化學品標示及通識規則對於危害圖式之規定，下列何者正確？ ①紅色框線 ②背景為白色 ③符號顏色不拘 ④形狀為直立四十五度角之正方形。

(　) 71. 下列何者是可呼吸性粉塵採樣時必須要注意的問題？　①旋風分離器的材質種類　②採樣前後濾紙的稱重　③欲監測粉塵所含的物質種類　④採樣泵的流率範圍。

(　) 72. 設有中央管理方式之空氣調節設備之建築物室內作業場所，應每 6 個月監測二氧化碳濃度 1 次以上，但下列何種之作業場所，不在此限？　①作業期間短暫　②臨時性作業　③作業時間短暫　④間歇性作業。

(　) 73. 關於勞工作業場所容許暴露標準，下列敘述何者正確？　①可以當作空氣汙染的指標　②標準只考量大多數勞工健康的保護　③暴露有害物的時間是重要的考量　④適用於各種年齡及各種健康狀況的人。

(　) 74. 應使用矽膠管採樣之有害物為下列那些？　①硫酸　②汽油　③苯　④甲醇。

(　) 75. 下列有關「採樣策略規劃」之敘述，何者正確？　①應對各相似暴露群評估風險　②先行辨識危害，劃分相似暴露群　③法規要求之必要項目　④優先監測低風險群組。

(　) 76. 以矽膠管為採集介質之說明，下列那些正確　①大部分以鹼性脫附劑脫附　②易吸附醇類有機有害物　③可採集硫酸霧滴　④不適於極低濕度環境採樣。

(　) 77. 關於有害物在人體的吸收，下列敘述那些適當？　①兼具水溶性及脂溶性之有害物容易經由皮膚吸收　②經由呼吸攝入有害物，重體力的勞動者受影響較大　③夏天高溫作業會提高經由皮膚的吸收　④消化道的吸收一般大於呼吸道及皮膚的吸收。

(　) 78. 下列那些化學物質之作業環境監測紀錄應保存 30 年？　①苯　②重鉻酸鈉　③正己烷　④石綿。

(　) 79. 一般而言，下列那些可以當作有害物職業暴露容許的參考值？　①ACGIH-TLV　②NIOSH-REL　③LC_{50}　④OSHA-PEL。

(　) 80. 無機酸樣本分析，下列敘述何者正確？　①常使用氣相層析儀定量　②常使用離子層析儀定量　③常使用活性碳管採集　④常使用矽膠管採集。

112 年 3 月化學性因子作業環境監測甲級技術士技能檢定學科測試試題（答案）

解答：

1.(3)	2.(3)	3.(1)	4.(4)	5.(4)	6.(2)	7.(2)	8.(3)	9.(1)	10.(3)
11.(4)	12.(1)	13.(3)	14.(1)	15.(1)	16.(2)	17.(4)	18.(4)	19.(4)	20.(2)
21.(1)	22.(3)	23.(2)	24.(1)	25.(1)	26.(1)	27.(2)	28.(2)	29.(2)	30.(2)
31.(4)	32.(1)	33.(3)	34.(2)	35.(1)	36.(4)	37.(2)	38.(2)	39.(4)	40.(4)
41.(2)	42.(1)	43.(1)	44.(3)	45.(4)	46.(4)	47.(1)	48.(2)	49.(1)	50.(1)
51.(2)	52.(1)	53.(4)	54.(1)	55.(2)	56.(3)	57.(2)	58.(4)	59.(4)	60.(1)
61.(134)	62.(124)	63.(12)	64.(14)	65.(1234)	66.(13)	67.(134)	68.(24)	69.(13)	70.(124)
71.(1234)	72.(123)	73.(23)	74.(14)	75.(123)	76.(123)	77.(123)	78.(124)	79.(124)	80.(24)

詳解：

3. 濃度＝12.5μg/ml＝0.0125mg/ml。

12. 吸收度＝log（1/穿透率）。

28. 選有機溶劑。

31. (1.5+0.05)÷(0.005)x24.45÷92＝82.4。

42. 至少配置 5 種以上，相關係數不能小於 0.995。

46. 若是 4μm 就有 50%會進入肺泡區。

57. 紫外光及可見光光譜儀係偵測電子轉移的能量變化。

70. 符號顏色是黑色。

74. 汽油及苯是用活性碳採樣。

112 年 3 月乙級技術士技能檢定學科測試試題

112 年 3 月化學性因子作業環境監測乙級技術士技能檢定學科測試試題

本試卷有選擇題 80 題【單選選擇題 60 題，每題 1 分；複選選擇題 20 題，每題 2 分】，測試時間為 100 分鐘，請在答案卡上作答，答錯不倒扣；未作答者，不予計分。

單選題：

( ) 1. 四公尺以內之公共巷、弄路面及水溝之廢棄物，應由何人負責清除？ ①里辦公處 ②清潔隊 ③環保志工 ④相對戶或相鄰戶分別各半清除。

( ) 2. 下列何種採樣方法係利用分子之擴散原理捕集有害物？ ①固體捕集法 ②過濾捕集法 ③液體捕集法 ④擴散捕集法。

( ) 3. 下列何者為石綿濃度之單位？ ①f/cc ②ppm ③mg/m^3 ④%。

( ) 4. 以氣相層析儀分析二甲苯時，下列何者為最佳偵檢器？ ①火燄游離偵檢器(FID) ②熱傳導偵檢器(TCD) ③火焰光度偵檢器(FPD) ④電子捕捉偵檢器(ECD)。

( ) 5. 依法令規定，於噪音之室內作業場所，勞工工作日時量平均音壓級未達多少分貝，不需定期實施噪音監測？ ①九十 ②九十五 ③八十 ④八十五。

( ) 6. 下列何者非作業環境空氣中粒狀有害物之濃度表示方法？ ①f/c.c. ②mg/m^3 ③ppm ④MPPCM。

( ) 7. 下列何者可作為捕集可呼吸性粉塵之採樣頭？ ①附吸收液之滌氣瓶 ②二段式濾紙匣 ③三段式濾紙匣 ④符合規格之分粒裝置加濾紙匣。

( ) 8. 勞工作業場所容許暴露標準中之短時間時量平均容許濃度是指下列何者？ ①八小時時量平均濃度 ②任何時間之濃度 ③十五分鐘的平均濃度 ④十五分鐘時量平均濃度。

( ) 9. 油性塗料製造過程中滾碾研磨作業，工作者最可能暴露下列何種型態的物質？ ①有毒燻煙 ②霧滴 ③有機蒸氣 ④粉塵。

( ) 10. 氯乙烯單體被肯定為人類致腫瘤的化學物，下列何者為其癌變原發的器官？ ①肝 ②胃 ③肺 ④骨骼。

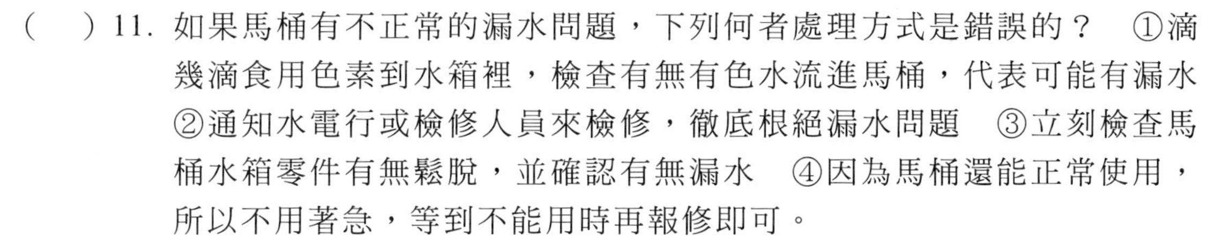

(　) 11. 如果馬桶有不正常的漏水問題，下列何者處理方式是錯誤的？　①滴幾滴食用色素到水箱裡，檢查有無有色水流進馬桶，代表可能有漏水　②通知水電行或檢修人員來檢修，徹底根絕漏水問題　③立刻檢查馬桶水箱零件有無鬆脫，並確認有無漏水　④因為馬桶還能正常使用，所以不用著急，等到不能用時再報修即可。

(　) 12. 將試料空氣通過固體粒子層予以吸著等，將監測對象物質捕集之方法稱為下列何者？　①凝結捕集法　②固體捕集法　③過濾捕集法　④液體捕集法。

(　) 13. 勞工一般體格及健康檢查紀錄至少應保存幾年？　①三年　②三十年　③五年　④七年。

(　) 14. 因故意或過失而不法侵害他人之營業秘密者，負損害賠償責任該損害賠償之請求權，自請求權人知有行為及賠償義務人時起，幾年間不行使就會消滅？　①5年　②2年　③7年　④10年。

(　) 15. 依規定事業單位應由何人依職權指揮、監督所屬執行安全衛生管理事項？　①職業安全衛生人員　②雇主　③對事業具有管理權限之雇主代理人　④工作場所負責人及各級主管。

(　) 16. 下列關於直讀式儀器之敘述，下列何者為非？　①不需要校準即可直接讀取分析結果　②直讀式儀器之操作較簡單容易，不需經長時間訓練的技術人員即可使用　③使採樣與分析在同一套儀器內完成　④需要的監測結果在很短時間內可由儀器直接讀取。

(　) 17. 依法令規定，通風充分之室內作業場所，其窗戶對外之開口部分面積至少為地板面積之多少？　①1/2　②1/4　③1/10　④1/20。

(　) 18. 下列何種採樣方法須於採樣前後，將採集介質進行溫溼度調適者？　①鉻酸　②鉛粉塵　③石綿　④呼吸性粉塵。

(　) 19. 衝擊瓶後端連接卻水器之目的為下列何者？　①保護採集介質溶液　②防止破出　③保護採樣泵　④增加吸收效率。

(　) 20. 聯苯胺之採集於標準分析參考方法中，建議使用之採集介質為下列何者？　①聚氯乙烯濾紙＋矽膠管　②衝擊瓶內裝甲醇　③活性碳管＋矽膠管　④玻璃纖維濾紙＋矽膠管。

(　) 21. 採樣設備流率範圍為 20~100ml/min，則該設備不適於採集下列何種有害物？　①氫氟酸　②二甲苯　③苯　④四氯化碳。

(　) 22. 碘可能以下列何種形態存在於勞工作業環境空氣中?　①燻煙　②蒸氣　③氣體　④霧滴。

(　)23. 作業環境中空氣有鉛粉塵之暴露，則評估勞工暴露量時，應依規定應將採樣分析下列何者？ ①呼吸性粉塵含量 ②原物料鉛含量 ③厭惡性粉塵含量 ④粉塵鉛含量。

(　)24. 「危害性化學品標示及通識規則」所訂之標示內容不必包含下列何者? ①危害成分 ②圖式 ③製造日期 ④危害防範措施。

(　)25. 原子吸光譜儀之應用，一般吸收度應落在何種範圍時，可減少誤差？ ①0.2~0.8 ②0.9~1.5 ③0.01~0.1 ④1.5~3.0。

(　)26. 有機溶劑作業以整體換氣裝置為控制設施時，其必要換氣能力由下列何者決定？ ①有機溶劑的種類及消費量 ②整體換氣裝置之型式 ③有機溶劑的種類 ④有機溶劑的消費量。

(　)27. 根據環保署資料顯示，世紀之毒「戴奧辛」主要透過何者方式進入人體？ ①透過飲食 ②透過雨水 ③透過呼吸 ④透過觸摸。

(　)28. 就個人採樣而言，下列何種採樣方式最佳 ①全程連續多樣本採樣 ②部份時間連續多樣本採樣 ③全程單一樣本採樣 ④瞬間多樣品採樣。

(　)29. 職業安全衛生法所稱有母性健康危害之虞之工作，不包括下列何種工作型態？ ①長時間站立姿勢作業 ②駕駛運輸車輛 ③人力提舉、搬運及推拉重物 ④輪班及夜間工作。

(　)30. 有關商標權的下列敘述何者錯誤？ ①在夜市買的仿冒品，品質不好，上網拍賣，不會構成侵權 ②要取得商標權一定要申請商標註冊 ③商標註冊後，3 年不使用，會被廢止商標權 ④商標註冊後可取得10 年商標權。

(　)31. LC50 意指下列何者？ ①時量平均容許濃度 ②短時間時量平均容許濃度 ③半數致死濃度 ④最高容許濃度。

(　)32. 廠商某甲承攬公共工程，工程進行期間，甲與其工程人員經常招待該公共工程委辦機關之監工及驗收之公務員喝花酒或招待出國旅遊，下列敘述何者正確？ ①某甲與相關公務員均已涉嫌觸犯貪污治罪條例 ②只要工程沒有問題，某甲與監工及驗收等相關公務員就沒有犯罪 ③因為不是送錢，所以都沒有犯罪 ④公務員若沒有收現金，就沒有罪。

(　)33. 以可見光光譜儀定量某物質，其檢量線常用下列何種座標？ ①波長－吸收度 ②濃度－吸收度 ③波長－透光度 ④濃度－透光度。

(　)34. 粉塵作業勞工之健康管理分幾級？ ①四級 ②三級 ③二級 ④一級。

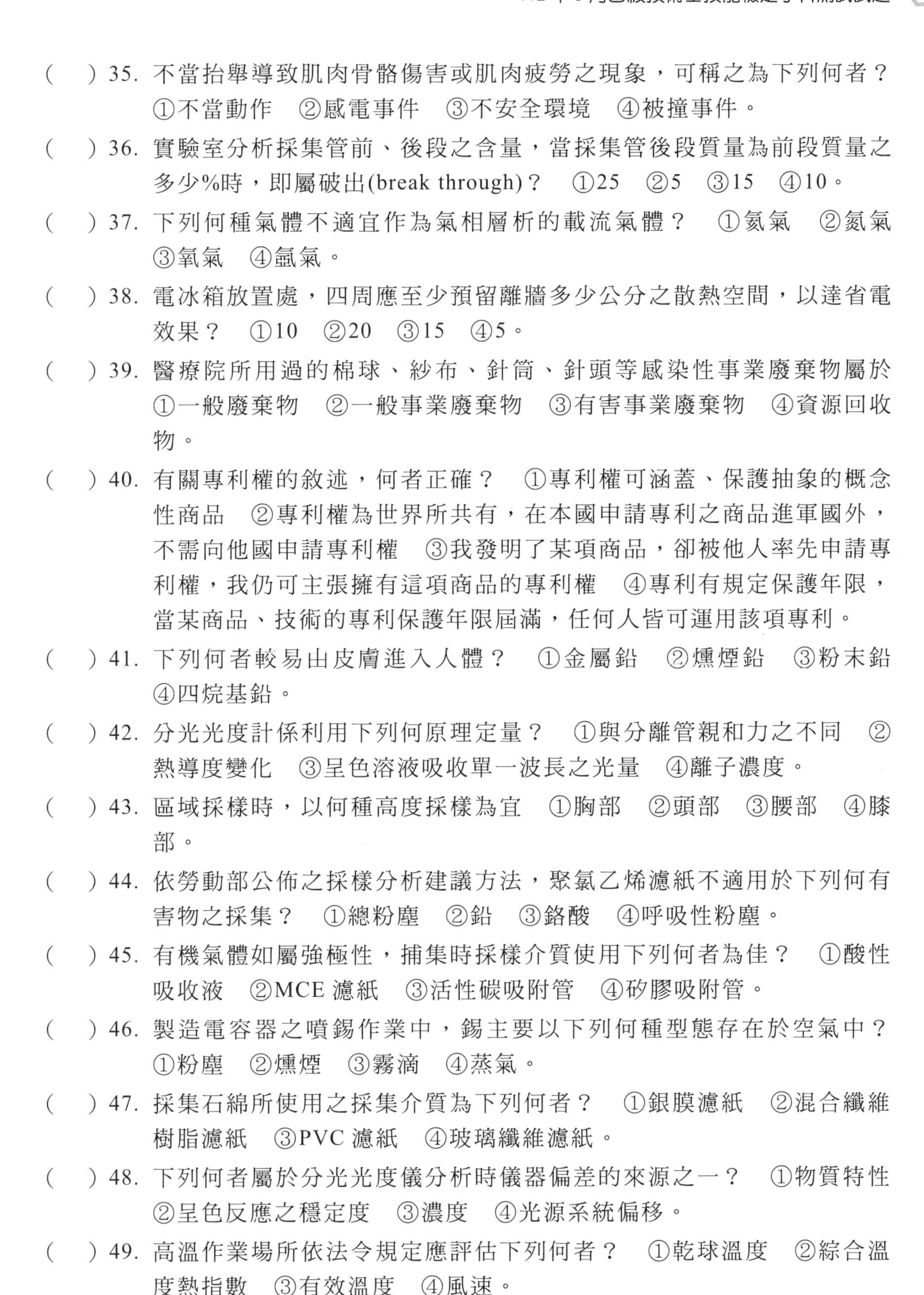

(　) 35. 不當抬舉導致肌肉骨骼傷害或肌肉疲勞之現象，可稱之為下列何者？ ①不當動作　②感電事件　③不安全環境　④被撞事件。

(　) 36. 實驗室分析採集管前、後段之含量，當採集管後段質量為前段質量之多少%時，即屬破出(break through)？　①25　②5　③15　④10。

(　) 37. 下列何種氣體不適宜作為氣相層析的載流氣體？　①氦氣　②氮氣　③氧氣　④氬氣。

(　) 38. 電冰箱放置處，四周應至少預留離牆多少公分之散熱空間，以達省電效果？　①10　②20　③15　④5。

(　) 39. 醫療院所用過的棉球、紗布、針筒、針頭等感染性事業廢棄物屬於 ①一般廢棄物　②一般事業廢棄物　③有害事業廢棄物　④資源回收物。

(　) 40. 有關專利權的敘述，何者正確？　①專利權可涵蓋、保護抽象的概念性商品　②專利權為世界所共有，在本國申請專利之商品進軍國外，不需向他國申請專利權　③我發明了某項商品，卻被他人率先申請專利權，我仍可主張擁有這項商品的專利權　④專利有規定保護年限，當某商品、技術的專利保護年限屆滿，任何人皆可運用該項專利。

(　) 41. 下列何者較易由皮膚進入人體？　①金屬鉛　②燻煙鉛　③粉末鉛　④四烷基鉛。

(　) 42. 分光光度計係利用下列何原理定量？　①與分離管親和力之不同　②熱導度變化　③呈色溶液吸收單一波長之光量　④離子濃度。

(　) 43. 區域採樣時，以何種高度採樣為宜　①胸部　②頭部　③腰部　④膝部。

(　) 44. 依勞動部公佈之採樣分析建議方法，聚氯乙烯濾紙不適用於下列何有害物之採集？　①總粉塵　②鉛　③鉻酸　④呼吸性粉塵。

(　) 45. 有機氣體如屬強極性，捕集時採樣介質使用下列何者為佳？　①酸性吸收液　②MCE 濾紙　③活性碳吸附管　④矽膠吸附管。

(　) 46. 製造電容器之噴錫作業中，錫主要以下列何種型態存在於空氣中？ ①粉塵　②燻煙　③霧滴　④蒸氣。

(　) 47. 採集石綿所使用之採集介質為下列何者？　①銀膜濾紙　②混合纖維樹脂濾紙　③PVC 濾紙　④玻璃纖維濾紙。

(　) 48. 下列何者屬於分光光度儀分析時儀器偏差的來源之一？　①物質特性 ②呈色反應之穩定度　③濃度　④光源系統偏移。

(　) 49. 高溫作業場所依法令規定應評估下列何者？　①乾球溫度　②綜合溫度熱指數　③有效溫度　④風速。

( ) 50. 有關高風險或高負荷、夜間工作之安排或防護措施，下列何者不恰當？ ①參照醫師之適性配工建議 ②考量人力或性別之適任性 ③獨自作業，宜考量潛在危害，如性暴力 ④若受威脅或加害時，在加害人離開前觸動警報系統，激怒加害人，使對方抓狂。

( ) 51. 流率校準設備中，下列何者為一級標準？ ①皮托管 ②皂泡管 ③孔口流量計 ④浮子流量計。

( ) 52. 一勞工作業時，分別暴露於苯及甲苯，八小時日時量平均暴露濃度分別為 0.6ppm 及 50ppm，而苯及甲苯之八小時日時量平均容許濃度分別為 1ppm 及 100ppm，則該勞工之暴露為下列何者？ ①等於 0 ②不符規定 ③不能判定 ④符合規定。

( ) 53. 蓮蓬頭出水量過大時，下列何者無法達到省水？ ①換裝有省水標章的低流量(5~10L/min)蓮蓬頭 ②調整熱水器水量到適中位置 ③洗澡時間盡量縮短，塗抹肥皂時要把蓮蓬頭關起來 ④淋浴時水量開大，無需改變使用方法。

( ) 54. 以下何者不是發生電氣火災的主要原因？ ①電器接點短路 ②漏電 ③電氣火花 ④電纜線置於地上。

( ) 55. 下列何項較不適合直讀式儀器之使用？ ①檢查員判定作業場所空氣中有害物濃度違反規定之絕對依據 ②緊急應變狀況對事故環境之即時瞭解 ③作業環境監測對象之初步篩選 ④侷限空間作業中對可燃性氣體之持續監測。

( ) 56. 下列何者不屬進入儲槽內部作業前可採取之槽內有害物濃度監測方法？ ①氧濃度電化學監測法 ②硫化氫檢知管法 ③可燃性蒸氣活性碳管採樣分析法 ④一氧化碳紅外線監測法。

( ) 57. 下列何者不是自來水消毒採用的方式？ ①紫外線消毒 ②加入臭氧 ③加入二氧化碳 ④加入氯氣。

( ) 58. 有關再生能源的使用限制，下列何者敘述有誤？ ①不易受天氣影響 ②需較大的土地面積 ③設置成本較高 ④風力、太陽能屬間歇性能源，供應不穩定。

( ) 59. 呼吸域係指勞工鼻孔周圍多少立方呎(ft^3)範圍內？ ①3~4 ②5~6 ③7~8 ④1~2。

( ) 60. 直讀式粉塵監測儀器之監測結果，一般可得下列何項數據？ ①厭惡性粉塵量 ②致過敏性粉塵量 ③含游離二氧化矽粉塵量 ④總粉塵量。

複選題：

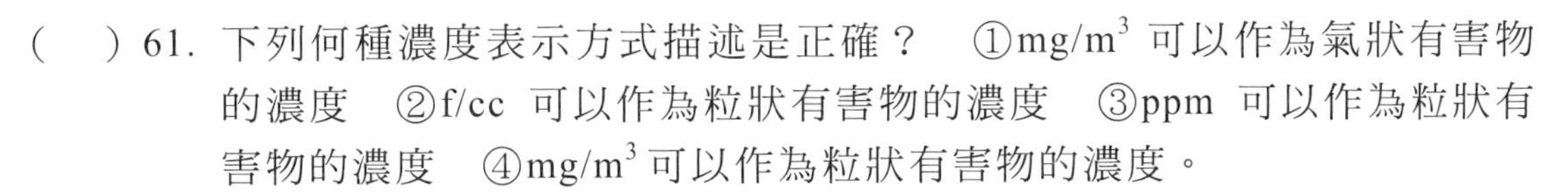

( ) 61. 下列何種濃度表示方式描述是正確？ ①mg/m^3 可以作為氣狀有害物的濃度 ②f/cc 可以作為粒狀有害物的濃度 ③ppm 可以作為粒狀有害物的濃度 ④mg/m^3 可以作為粒狀有害物的濃度。

( ) 62. 實施勞工個人之可呼吸性粉塵的採樣介質組裝，包含下列何者？ ①旋風分離器 ②二件式濾紙匣 ③三件式濾紙匣 ④附吸收液之衝擊瓶加卻水瓶。

( ) 63. 下列何種因素會影響皮膚對於有害物之吸收？ ①體表流汗 ②體表傷害 ③有害物之性質 ④體表油脂。

( ) 64. 下列何者屬於特定管理物質？ ①四羰化鎳 ②苯胺紅 ③二氯聯苯胺及其鹽類 ④鎘及其化合物。

( ) 65. 下列何者非屬採樣之系統誤差？ ①採樣設備組裝錯誤 ②泵之流率校正不正確 ③採樣時環境風速之變異 ④採樣時環境溫度之變異。

( ) 66. 經由呼吸途徑進入人體的有害物，其在呼吸系統的分布與吸收，一般受下列何種因素影響？ ①有害物的氣味 ②有害物的氣／液分配係數 ③有害物的狀態 ④有害物的溶解度。

( ) 67. 作業環境監測之採樣策略應包含下列那些？ ①採樣對象 ②危害辨識 ③監測處所 ④預算編列。

( ) 68. 勞工作業場所容許暴露標準之符號欄中註記的文字包括下列何者？ ①瘤 ②中 ③高 ④皮。

( ) 69. 對層析儀器使用的內容，下列那些描述為正確？ ①酮類與醛類的樣品一般都是以液相層析儀進行監測 ②聯苯胺及酚類的樣品一般都是以液相層析儀進行監測 ③醇類與酯類的樣品一般都是以氣相層析儀進行監測 ④氨及硫酸的樣品一般都是以離子層析儀進行監測。

( ) 70. 四氯化碳可能在人體造成下列何種生物效應？ ①肝炎 ②周邊神經病變 ③黃疸 ④麻醉。

( ) 71. 使用衝擊瓶採樣，附加卻水裝置之使用目的為下列何者？ ①收集與阻擋吸收液 ②增加採集效率 ③保護採樣吸引裝置 ④防止破出(breakthrough)。

( ) 72. 使用觸媒燃燒式感測元件之可燃性氣體監測器，下列何者敘述正確？ ①監測物未具選擇性 ②僅可測可燃性物質 ③勿須定期校正 ④不受空氣氧氣影響。

(　) 73. 依勞工作業場所容許暴露標準之規定，石綿纖維應符合之條件為下列何者？ ①纖維長度在五微米以上 ②纖維長度在四微米以上 ③長寬比在二以上 ④長寬比在三以上。

(　) 74. 流率控制範圍為 300~1500 毫升／分之採樣設備，適合採集下列何種有害物？ ①二甲苯 ②二硫化碳 ③氫氟酸 ④石綿。

(　) 75. 直讀式儀器實施採樣流量校正時，可透過下列者實施？ ①皮式管 ②皂泡計 ③風速計 ④紅外線流量校正器。

(　) 76. 雇主於僱用勞工從事特別危害健康作業時，應實施下列那些檢查？ ①特殊體格檢查 ②特殊健康檢查 ③一般體格檢查 ④一般健康檢查。

(　) 77. 下列何者為窒息性有害物？ ①氰酸 ②光氣 ③一氧化碳 ④氫氰酸。

(　) 78. 石綿採樣時應考量下列何者？ ①採樣流率 ②環境靜電 ③照度 ④紫外線。

(　) 79. 製造、處置或使用下列何種物質之作業場所，依法令規定應每六個月監測其濃度一次以上？ ①二氧化碳 ②甲醇 ③丁酮 ④二甲苯。

(　) 80. 下列何者是氣狀有害物常使用的監測儀器？ ①離子層析儀 ②位相差顯微鏡 ③氣相層析儀 ④液相層析儀。

112 年 3 月化學性因子作業環境監測乙級技術士技能檢定學科測試試題（答案）

解答：

1.(4)	2.(4)	3.(1)	4.(1)	5.(4)	6.(3)	7.(4)	8.(4)	9.(3)	10.(1)
11.(4)	12.(2)	13.(4)	14.(2)	15.(4)	16.(1)	17.(4)	18.(4)	19.(3)	20.(4)
21.(1)	22.(2)	23.(4)	24.(3)	25.(1)	26.(1)	27.(1)	28.(1)	29.(2)	30.(1)
31.(3)	32.(1)	33.(2)	34.(1)	35.(1)	36.(4)	37.(3)	38.(1)	39.(3)	40.(4)
41.(4)	42.(3)	43.(2)	44.(2)	45.(4)	46.(2)	47.(2)	48.(4)	49.(2)	50.(4)
51.(2)	52.(2)	53.(4)	54.(4)	55.(1)	56.(3)	57.(3)	58.(1)	59.(4)	60.(4)
61.(14)	62.(12)	63.(1234)	64.(123)	65.(34)	66.(234)	67.(123)	68.(134)	69.(234)	70.(134)
71.(13)	72.(12)	73.(14)	74.(34)	75.(24)	76.(13)	77.(13)	78.(12)	79.(234)	80.(134)

詳解：

5. 若大於 90 分貝，就須採控制策略並予標示。
17. 《職業安全衛生設施規則》第 313 條各工作場所之窗面面積比率不得小於室內地面面積十分之一。
21. 有機溶劑採樣流率為 20~100ml/min，粉塵採樣流率 1~2.5l/min。
25. 太高或太低，會增加誤差。
45. 若屬非極性，適合用活性碳採樣。
51. 浮子流量計，計數器為二級標準。
52. 0.6/1+50/100＝1.1，不浮規定。
56. 活性碳採樣無法立即知道結果。
69. 液相層析儀適合非溶劑類有機物。
74. 石綿流率為 0.5~1.6l/min，粉塵流率 1~2.5l/min。
76. 若是勞工在職，實施的是健康檢查或特殊健康檢查。
80. 位相差顯微鏡是針對石綿分析。

REFERENCES 參考文獻

1. 勞工作業環境測定訓練教材，勞工行政雜誌社，1991。
2. 化學性因子作業環境測定教材(2)，行政院勞工委員會，1997。
3. 甲級化學性因子作業環境測定人員訓練教材，行政院勞工委員會，1995。
4. Michael S.B., P.K. James, Industrial Hygiene Evaluation Methods, Lewis Publishers, 1995.
5. 作業環境空氣中採樣分析建議方法－通則篇，行政院勞工委員會，1997。
6. 作業環境控制（第四版），新文京開發出版股份有限公司，2015。

MEMO

國家圖書館出版品預行編目資料

化學性作業環境監測：含甲、乙級技能檢定學科試題/陳淨修編著. -- 第九版. -- 新北市：新文京開發出版股份有限公司, 2023.07
面；　公分

ISBN　978-986-430-934-4（平裝）

1. CST：化學工業　2. CST：工業管理

461　　112009330

化學性作業環境監測
－含甲、乙級技能檢定學科試題（第九版）　（書號：B219e9）

編著者　陳淨修
出版者　新文京開發出版股份有限公司
地址　新北市中和區中山路二段362號9樓
電話　(02) 2244-8188（代表號）
FAX　(02) 2244-8189
郵撥　1958730-2
第三版　2009年08月20日
第四版　2013年07月25日
第五版　2016年07月10日
第六版　2017年12月15日
第七版　2019年07月26日
第八版　2021年05月20日
第九版　2023年07月15日

　建議售價：495元
法律顧問：蕭雄淋律師
ISBN　978-986-430-934-4

New Wun Ching Developmental Publishing Co., Ltd.

New Age · New Choice · The Best Selected Educational Publications — NEW WCDP